高等院校纺织服装类“十三五”规划教材

总主编 张祖芳

服装CAD基础与实训

FOUNDATION AND TRAINING OF GARMENT CAD

主编 刘洋洋 朱勤明 李 婧

中国海洋大学出版社
· 青岛 ·

图书在版编目（CIP）数据

服装CAD基础与实训 / 刘洋洋，朱勤明，李婧主编. — 青岛：中国海洋大学出版社，2021.7

ISBN 978-7-5670-2870-8

Ⅰ. ①服… Ⅱ. ①刘… ②朱… ③李… Ⅲ. ①服装设计－计算机辅助设计－高等学校－教材 Ⅳ. ①TS941.26

中国版本图书馆 CIP 数据核字（2021）第 138314 号

出版发行 中国海洋大学出版社
社　　址 青岛市香港东路 23 号　　**邮政编码** 266071
出 版 人 杨立敏
策 划 人 王　炬
网　　址 http://pub.ouc.edu.cn
电子信箱 tushubianjibu@126.com
订购电话 021-51085016
责任编辑 矫恒鹏　　**电　　话** 0532-85902349
印　　制 上海万卷印刷股份有限公司
版　　次 2021 年 9 月第 1 版
印　　次 2021 年 9 月第 1 次印刷
成品尺寸 210 mm×270 mm
印　　张 14.5
字　　数 304 千
印　　数 1 ～ 3000
定　　价 59.00 元

发现印装质量问题，请致电 021-51085016，由印刷厂负责调换

前言

服装计算机辅助设计（Garment Computer Aided Design）在服装工业化生产中占据越来越重要的地位。运用服装 CAD 技术可以最大限度地提高服装企业的生产效率、缩短设计周期、降低技术难度，进而实现服装企业的“快速反应”。因此，熟练地掌握服装 CAD 技术既是服装企业对于人才的外在需要，也是服装从业人员和服装专业学生专业素养的内在要求。

为了适应服装产业发展的需求以及服装高等院校教育培养应用型、复合型、创新型人才的教学要求，根据实践教学经验，在大量参考其他服装 CAD 教材的编写案例与编写体例的基础上，结合大型服装企业对于服装 CAD 技术人才的要求，对本教材的编写定位进行了全方位的思考和讨论。

本教材在系统阐述服装 CAD 的概念、理论和原理的基础上，以富怡和智尊宝纺为实操软件，以裙子、衬衫、女西装、马裤、风衣等为教学案例，重点讲解了款式设计、板样设计等操作功能。在案例示范中力求图文并茂，做到每一步都有步骤图片和相应文字描述，尽量满足学习者看书即可自学的要求。在编写体例上，既突破以往服装 CAD 教材中系统功能与实例应用分开介绍的形式，也摒弃了部分教材只讲案例而不注重原理介绍的不足，做到了理论与实践相结合。本教材不仅有利于教师课堂教学效率的提高，而且对于学生自学能力的培养也有十分重要的意义。

本教材包括入门篇、富怡篇、智尊宝纺篇三大部分，理论联系实际，深入浅出，既可作为高等院校服装专业学生的教材，也可作为服装 CAD 技术从业人员的参考书籍。

本教材虽凝聚了多所院校服装 CAD 教学的实践经验，但难免存在不足之处，敬请广大读者提出宝贵的意见和建议，以便再版时改进。

编者

2021 年 2 月

内容简介

本教材在系统地阐述服装 CAD 的概念、理论与原理的基础上，选取具有代表性的富怡和智尊宝纺服装 CAD 系统软件，理论联系实际、文字与图片相结合，深入浅出，重点讲解了款式设计、板样设计等操作功能以及放码、排料等方面的相关操作。本书可作为普通高等院校服装专业学生的教材，也可作为服装 CAD 从业人员的技术参考书。

参考课时安排

建议课时数：58 课时

篇	章	内容	课时
入门篇	1	服装 CAD 概述	2
富怡篇	2	富怡 CAD 软件简介	8
	3	富怡制板实践操作	20
智尊宝纺篇	4	智尊宝纺软件简介	8
	5	智尊宝纺实践操作	20

目录

入门篇

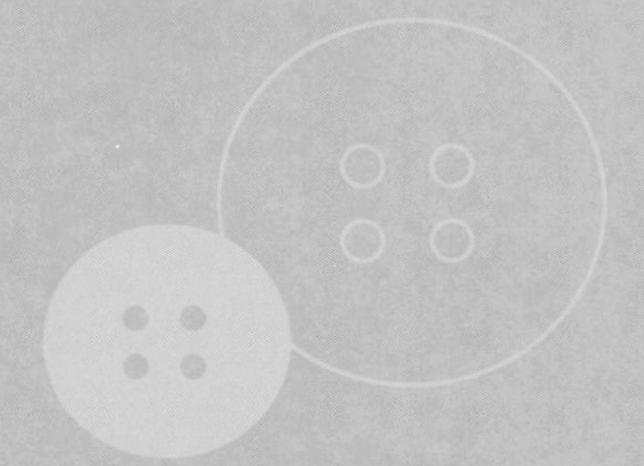

1 服装CAD概述

众所周知，目前中国服装业规模庞大、结构复杂，服装市场竞争激烈。面临着结构调整的服装产业，在向市场经济的转变和规范发展的进程中，如何进一步加快改革步伐、优化结构、加强科技创新？如何进一步发挥潜力，寻找新的经济增长点？如何在迅速变化的市场竞争中赢得优势？这些都成为服装业内人士所关注的焦点。面对国内外市场需求和我国服装行业的现状，21世纪的中国服装企业只有强化创新意识，高度重视和利用科学技术对企业经营、管理、技术和产品进行改造，才能获得新的发展。服装企业应积极采用计算机辅助设计、制造及生产管理系统，以快速提高企业的劳动生产率和产品的科技含量；利用先进的网络与国内外同行交流，以实现我国服装行业由工业经济向知识经济的顺利过渡。

1.1 CAD的基本概念

1989年，美国国家工程科学院将CAD（Computer Aided Design，计算机辅助设计）技术评为人类25年间（1965—1989年）十项最杰出的工程技术成就之一，CAD技术名列第四。

美国国家科学基金会指出，CAD/CAM对直接提高生产率比电气化以来的任何发展都具有更大的潜力，应用CAD/CAM技术将是提高生产率的关键。

CAD，也就是使用计算机和信息技术来辅助设计师、工程师进行产品或工程设计。CAD技术是一项综合性、迅速发展和广泛应用的高新技术。

CAD在其70余年的演变历史中，经历了巨大发展，其技术发展进程如图1-1-1和图1-1-2所示。

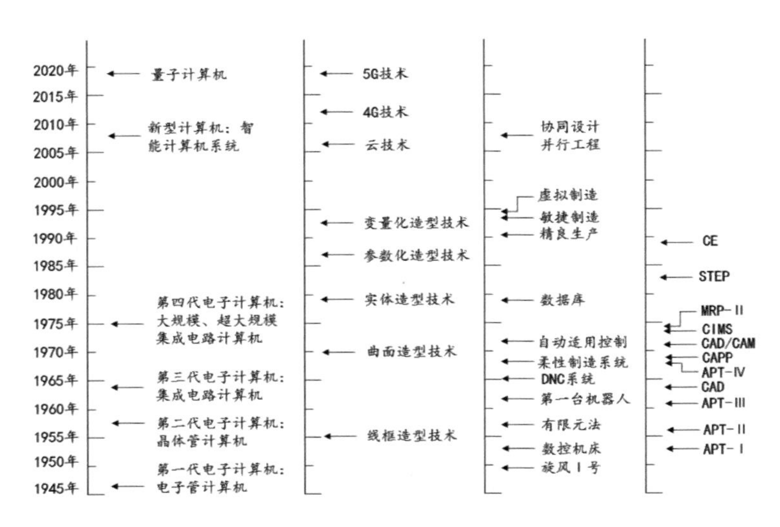

图1-1-1　CAD相关技术的发展

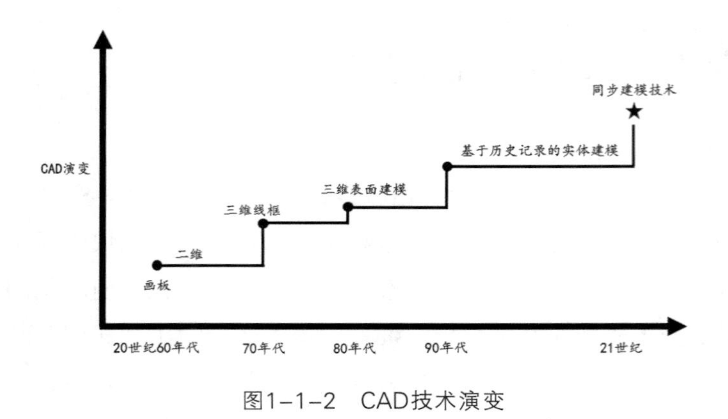

图1-1-2　CAD技术演变

CAD技术的发展经历了五个阶段，即孕育形成阶段（20世纪50年代）、快速发展阶段（20世纪60年代）、成熟推广阶段（20世纪70年代）、广泛应用阶段（20世纪80年代）和标准化、智能化、集成化阶段（20世纪80年代后期至今）。

1.1.1　孕育形成阶段（20世纪50年代）

“电脑”（Computer）一词出现时，设计它的最初目的是要用来解决科学家们最头痛的庞大的数学运算和资料储存问题。而对CAD的发展来说，20世纪50年代中期程序化设计（FORTRAN之类，现在统称为高级电脑程序语言）的诞生，使软件设计师得以利用程序语言来设计更好用的软件。这应该也是CAD的源头（如AutoCAD就是用C语言来写的）。

该阶段最大的成果是1950年麻省理工学院研制出的“旋风Ⅰ号”（Whirlwind Ⅰ）图形显示器。该显示器类似于示波器，虽然它只能用于显示简单的图形且显示精度很低，但它是CAD技术酝酿开始的标志。随后，1958年，Calcomp公司和Gerber公司先后研制出了滚筒式绘图仪和平板式绘图仪。显示器和绘图仪的发明，表明该时期的硬件具有了图形输出功能。

1.1.2　快速发展阶段（20世纪60年代）

1960年初，美国麻省理工学院的史凯屈佩特教授以1955年林肯实验室的SAGE系统所开发出的全世界第一支光笔为基础，提出了所谓“交谈式图学”的研究计划。这个计划就是将一阴极射线管接到一台电脑上，再利用一手持的光笔来输入资料，使电脑通过光笔上的感应物来感应屏幕上的位置，并获取其坐标值将之存于内存内。

此时的电脑是很庞大且简陋的，其功能比一台286电脑还要差很多。不过，无论如何，这个计划开启了CAD的实际起步。

该时期的CAD系统主要是二维系统，三维CAD系统也只是简单的线框造型系统，且规模庞大，价格昂贵。线框造型系统只能表达几何体基本的几何信息，不能有效表达几何体间的拓扑信息，也就无法实现CAM和CAE。

1.1.3 成熟推广阶段（20世纪70年代）

到了20世纪70年代，由于小型电脑费用已经下降，交谈式图学系统开始在美国的工业界广泛使用。该时期比较有名的交谈式图学软硬件系统是数据公司（Digital）的一套名为Turnkey的系统。

曲面造型系统的出现是这一时期在CAD技术方面取得的重大成果，被认为是第一次CAD技术革命。20世纪70年代初，美国IBM公司和法国Dassault公司联合开发了CATIA系统，该系统以自由曲面造型方法表达零件的表面模型，将人们从简单的二维工程图样中解放出来。

那么为什么CAD要和CAM名词连在一起呢？这是因为早期的CAD软件大都应用在机械制造业上，而CAM（Computer Aided Manufacture）就是电脑辅助制造的意思。在电脑出现以前，产品图是在手制样品完成后再用手工画的，然后在修改手制样品后，依手制样品来制造，因此在这之前的一般用品的质量就比较粗糙而且不统一。所以，现在除了手工艺术品外，CAD/CAM应用率的多少也已成为一个国家是否属于先进国家的指标。换句话说，自动化的CAD/CAM应用也是国家工业升级的重要方针之一。一个典型的CAD/CAM运行流程如图1-1-3所示。

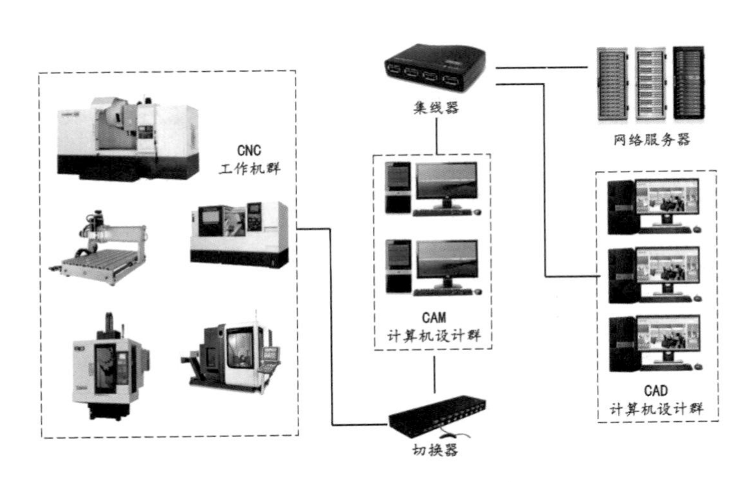

图1-1-3 CAD/CAM运行流程

1.1.4 广泛应用阶段（20世纪80年代）

事实上，此时CAD一词的意义应该是Computer Aided Design，也就是“计算机辅助设计”。因为使用CAD的人多半是设计师，而应用软件的发展方向也是着重于某专业的辅助设计上，所以自然被称之为“计算机辅助设计”。但我们现在所说的CAD一般是指“计算机辅助画图”（Computer Aided Drafting），这是因为现在的CAD使用者层面已扩大，不局限于设计师使用。因此，自1985年以后，就普遍将CAD统称为“计算机辅助画图”，而另用“计算机辅助设计绘图”（Computer Aided Design & Drafting，CADD）一词来强调计算机辅助设计画图的功能。换句话说，由于时代科技和应用方式的演进，有些名词的意义也会因在各自领域范畴下愈分愈细而产生变化。所以，CAD和CADD也与相关CAD软件的类别划分有所关联。

这一时期在CAD技术方面主要的特征是实体造型理论的建立和几何建模方法的出现，构造实体几何法（CSG）和边界表示法（B-rep）等实体表示方法在CAD软件开发中得到广泛应用。由于实体造型技术的出现，统一了CAD、CAE、CAM的表达模型，从而使得CAE技术成为可能并逐渐得到应用。

1.1.5 标准化、智能化、集成化阶段（20世纪80年代后期至今）

20世纪80年代后期，CORE图形标准、应用程序接口有关的标准、与图形存储和传输有关的标准和与虚拟设备接口有关的标准等的制定和采用为CAD技术的推广起到了重要作用。

将人工智能引入CAD系统是CAD技术发展的必然趋势，这种结合大大提高了设计的自动化程度。基于标准化的要求，我国也制定了相应的国家标准（表1-1-1）。

表1-1-1 CAD相关的部分国家标准

标准名	标准号
CAD通用技术规范	GB/T 17304—2009
CAD电子文件光盘存储、归档与档案管理要求第一部分：电子文件归档与档案管理	GB/T 17678.1—1999
CAD文件管理	GB/T 17825.1～17825.10—1999
机械工程CAD制图规则	GB/T 14665—2012
CAD电子文件光盘存储、归档与档案管理要求第二部分：光盘信息组织结构	GB/T 17678.2—1999
CAD电子文件光盘存储归档一致性测试	GB/T 17679—1999

这一时期，CAD的概念在原有基础上进行了扩充，即CAD是指以计算机为辅助工具，通过计算机和CAD软件对设计产品进行分析、计算、仿真、优化与绘图。在这一过程中，把设计人员的创造思维、综合判断能力与计算机强大的记忆、数值计算、信息检索等能力相结合，各尽所长，完成产品的设计、分析、绘图等工作，最终达到提高产品设计质量、缩短产品开发周期、降低产品生产成本的目的。

1.2 服装CAD的基本概念

服装CAD技术，即计算机辅助服装设计技术，是按照服装设计的基本要求，利用计算机的软、硬件技术，对服装新产品及服装工艺过程进行输入、设计及输出等的一项专门技术，是一项集计算机图形学、数据库、网络通信等计算机及其他领域知识于一体的综合性高新技术，用以实现产品技术开发和工程设计。它被人们称为艺术和计算机科学交叉的边缘学科，是以尖端科学为基础的不同于以往任何一门艺术的全新艺术流派。

服装CAD系统主要包括：款式设计系统（Fashion Design System）、结构设计系统（Pattern Design System）、放码设计系统（Grading System）、排料设计系统（Marking System）、试衣设计系统（Fitting Design System）、服装管理系统（Management System）等（图1-2-1）。

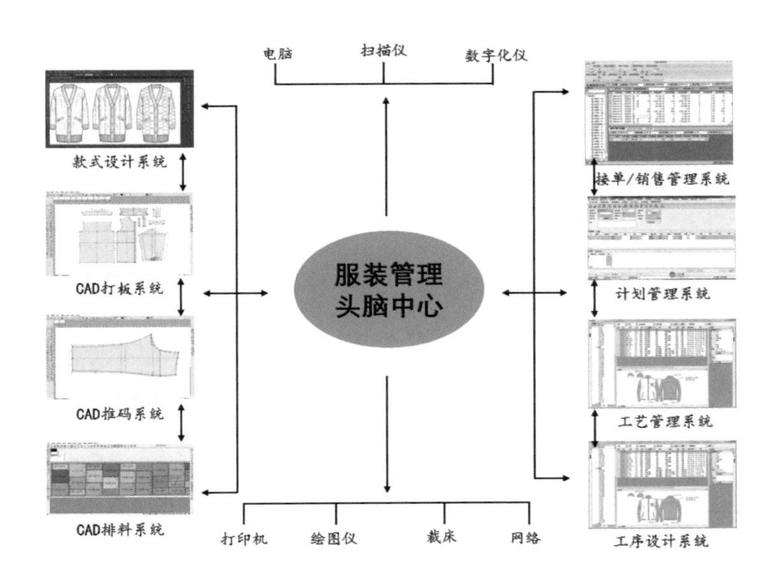

图1-2-1　服装CAD模块框架

服装CAD是于20世纪70年代初在美国发展起来的，目前美国、日本等发达国家的服装CAD普及率已达到90%以上。我国的服装CAD技术起步较晚，虽然发展的速度很快，但是和国外技术相比还是有很大差距（图1-2-2）。服装CAD软件的使用和推广是我国服装业进一步发展的必然趋势。

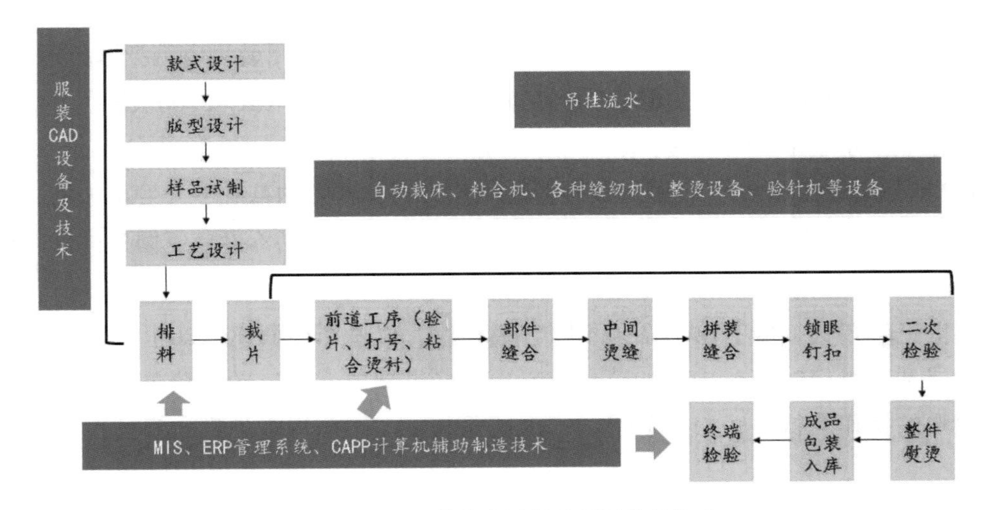

图1-2-2　服装生产过程及所需设备技术

1.2.1 国外服装CAD技术的发展概况

CAD技术在服装行业的应用始于20世纪70年代初。1972年美国研制出首套服装CAD系统——MARCON，在此基础上美国Gerber公司开发出具有放码和排料两大功能的服装CAD系统，并将其推向市场，取得了良好的效果，受到了众多服装企业的欢迎，大大缓解了工业化大批量服装制作过程中的瓶颈环节——服装工艺设计。在世界各国拥有数千用户的Gerber公司占据了服装CAD技术的领先地位并形成新的技术产业。之后，一些技术发达国家如法国、日本、英国、西班牙、瑞士等也纷纷向这一技术领域进军，推出了类似的系统，在世界范围内进行激烈的竞争。由于当时个人计算机还没有出现，这些系统是基于单片机设计的，因此庞大而且昂贵，安装CAD/CAM系统的几乎全是大型服装生产企业。

随着计算机技术的高速发展，尤其在图形、图像处理上巨大潜力的发挥，计算机在艺术领域的应用取得长足进展。20世纪90年代初以美国Gerber公司为首推出的打板系统，利用计算机进行样片设计逐渐被服装设计师们所接受。由服装款式设计、衣片结构设计和放码、排料等分系统组成的服装CAD系统，覆盖了服装设计的全部过程，它使设计师的灵感和经验与科学的算法和信息处理紧密结合，大大缩短了设计周期，提高了服装企业的生产效率。同时，出现了计算机集成制造系统（CIMS）的服装企业，特别是近几年通信网络技术的发展、国际互联网的应用，使一个服装企业的产品信息可以在瞬间传输到世界各地。计算机技术和电子通信网络技术给服装生产带来了一场深刻的变革。

1.2.2 国内服装CAD技术的发展概况

20世纪80年代中期，我国在引进、消化和吸收国外软件的基础上开始了服装CAD的研制。随着各行业研究开发人员的迅速投入，我国服装CAD系统较快地从研究开发阶段进入实用化、商品化和产业化阶段。目前性能较好、功能比较完善、市场推广力强、商业化运作比较成功的国内服装CAD系统主要有：航天工业总公司710所研制的ARISA系统、杭州爱科电脑技术公司的ECHO系统、北京日升天辰电子有限责任公司的NAC-700系统（现已升级到NAC-2000系统）、深圳富怡电脑机械有限责任公司的RICIIPEACE系统、智尊宝纺CAD系统等。

国产服装CAD系统是在结合我国服装企业的生产方式与特点的基础上开发出来的，常用的款式设计、打板、放码、排料等二维CAD模块在功能和实用性方面已不逊色于国外同类软件。系统提供了全汉化的操作界面和提示信息，使得软件操作更方便快捷，简单易学。

进入20世纪90年代，服装CAD系统不断升级换代，仅操作界面就从20世纪80年代初的命令语言格式发展到20世纪80年代中期的菜单式界面，又发展成多窗口图形菜单，出现了多媒体用户界面，用户的操作变得更轻松、容易了，因此服装CAD的应用得到进一步的提高是理所当然的事情。

1.3　服装CAD程序设计方法

1.3.1　服装CAD适用的设计方法

CAD方法与设计过程的层次密切相关，常见的有以下四种。

（1）对象法（Picture Oriented）。

对象法简称PO法，系统内没有完整的设计对象数据结构或数据结构的层次较少，表达的对象主要是二维的，适用于“范例修改法”，即利用计算机强大的图形变换、复制、修改、着色、图像处理等图形编辑功能对优秀设计范例加以修改，形成新的设计。这种方法速度快、成本低、创造性设计能力差。交互式服装效果设计和纸样设计软件就属此类。PO法设计同一对象不同方案之间容易出现不相容现象，这是因为系统内部没有设计对象统一的数据库所致。

（2）计算法（Computation Oriented）。

计算法简称CO法，CO法一般被认为仅是CAD的局部手段，但当CO法与PO法结合时，可以构成基于计算和绘图的实用CAD系统。例如，服装自动打板系统，输入必要的服装款式信息和主要参数，通过图形编辑程序进行纸样设计。

（3）模型法（Model Oriented）。

模型法简称MO法，可以表达三维对象，主要操作是对实体的几何变换和交、并、差等集合运算。不同设计方案是由同一实体对象的不同投影或分解而来，因此能保持不同设计方案之间的一致性，从而避免了设计方案审核的烦恼。MO法的另一个优点是可以以三维或仿真的方式显示设计对象，视觉直观，且可动态考察对象，仿真性极佳，其核心软件是模型软件。但在绝大多数情况下，设计对象的综合生成过程仍是将对象输入系统的过程，也就是说，真正的综合过程还是事先产生于设计者的头脑之中而并非自动生成。

（4）综合法（Synthesis Oriented）。

综合法简称SO法，设计方案的综合是设计过程中思维最敏捷、最活跃、最复杂的阶段。SO法常常需要采用人工智能中的搜索、推理、约束满足等技术，并结合形象思维的特点构造设计对象。它兼容低层次的CAD方法，界面简洁、命令概括、使用方便、设计效率高，是当今服装CAD发展的前沿和热点。

1.3.2　实现智能化服装CAD的相关技术

一般人工智能技术（Artificial Intelligence，简称AI）介入服装CAD有两种形式：一是设计专家系统；二是将人工智能技术结合到CAD的设计过程之中。

专家系统开发工具提供设计知识的表达、知识库管理、推理机制以及计算机学习等功能。当用户恰当地完成某领域的专家知识表达时，专家系统开发工具就可以生成一个该领域的特定专家系统。但它常常局限于以逻辑思维为主的局部，善于进行是与非的判断、符号规则的替代和线型生成，而对设计的核心问题——形状的综合缺乏有效的处理方法。

因为服装CAD是一个既有逻辑思维，又有形象思维；既有大量精确的、数学的或逻辑的运算，又有模糊的经验和说不清、道不明的“灵感”，所以将AI与CAD结合绝非易事，需要对AI技术有相对深刻的了解。我国CAD技术专家潘云鹤教授指出，与CAD密切相关的AI技术有以下几种。

（1）启发式搜索技术。

它将设计表示为一个由可能性刻画的设计空间，可帮助设计者在这个设计空间中迅速地发现符合要求的设计目标。

（2）决策推力技术。

它将设计知识表示为一组相互关联的逻辑规则，对规则进行演绎、推理、判断等，从而得出符合设计要求、与设计对象相关的一系列特征值，即完成设计。

（3）约束满足技术。

它将设计对象描述为一组特征变量的集合，变量之间具有约束条件，这些约束称为初始约束。设计将在逐步满足初始约束以及满足随设计过程的展开而暴露出来的隐含约束的过程中完成。

（4）计算机视觉技术。

提供对设计对象分析与综合的各种方法，使设计能被计算机所理解，从而使计算机能自动识别包含有设计信息或设计经验的资料，自动构造设计对象或CAD系统的知识库和规则库等。

（5）知识工程技术。

将设计师的经验表达为知识，在知识的指导下进行设计，并通过对知识的学习不断更新知识，提高系统的设计能力。它提供多种知识的表达形式、知识的管理和利用手段、知识获取的方法等，如设计对象产生的方式、符合设计对象特征的框架、系统与设计对象相关的语义网络等。

1.3.3 程序设计的一般途径

计算机程序的设计最重要的是程序运行的效率及其正确性。程序运行的效率取决于算法；程序运行正确性的标志是程序的可读性、可靠性和可维护性。俗话说，金无足赤、人无完人，十全十美的程序设计是不存在的，重要的是对程序设计方法本质的理解和灵活的应用。

（1）结构法。

程序的设计需要对设计对象进行不断分解、精益求精，直至子问题完全明确，再开始用高级语言进行描述。用这种结构程序设计方法设计的程序结构合理、易写易读，易于修改和维护。

（2）逐步求精法。

将一个完整的问题分解成若干个相对独立的问题，无论问题多么复杂，按照这一分解原则不断细化下去，问题终将得到较好的解决。在问题的分解过程中务必遵循相对独立（互不相交）和不断细化（足够简单）两个原则。

（3）模块化法。

为了降低大型软件系统结构的复杂性，通常需要进行分解和抽象，主次分明、分而治之。这样，程序就形成了模块层次结构，主程序位于高层，那些被抽象出来的次要细节模块处于低层，而未来软件的运行环境——操作系统是程序的底层模块。

（4）形式推导法。

基于最弱前置条件的概念和注重于形式证明的概念相互结合与平衡是该方法的核心。所谓最弱前置条件就是从细小的、最容易的问题着手，注重程序运行的结果，因为这些结果对后续的程序开发具有明显的启示作用。

（5）智能化CAD方法。

智能化CAD方法的目的是解决设计问题，而且把设计看成一个问题求解过程。美国卡耐基梅隆大学（Carnegie Mellon University，简称CMU）著名人工智能学者H. A. Simon教授将求解问题的过程归纳为三类，即搜索、推理、约束满足，主要取决于看问题的角度。智能化是服装CAD发展的主要趋势之一，所以有必要进一步深入了解。

综上所述，诸多的程序设计方法并非格格不入、截然分开，它们是循序渐进的，也是深入浅出的。在此仅简要介绍了它们的概念和特征，要了解更深层次的知识需要经过专门的学习与训练。

1.3.4 曲线与曲面的分类

在服装CAD中，无论是二维结构设计还是三维效果设计，常常要用到曲线或曲面。这些曲线或曲面有时很难用数学公式表示出来，即使能表示，也很复杂。在实际应用中，往往是将已知的离散点按照其预定走向连接起来，生成相应的曲线或曲面。

服装CAD中的曲线经常使用二次参数曲线或三次参数曲线，如三次Hermite样条曲线、三次参数样条曲线、Bezier曲线、B样条曲线。

三维服装CAD中，除了应用曲线外还需要应用曲面来拟合或逼近人体曲面和服装曲面。服装CAD中的常用曲面有孔斯曲面、Bezier曲面、B样条曲面等。

1.4 服装CAD系统

随着计算机技术的迅猛发展，目前服装CAD系统专用软件主要包含有款式效果设计、纸样结构设计、放码和排料等。系统的主要硬件配置由三部分构成：计算机主机，包括处理器、存储器、运算器、控制器；输入设备，包括键盘、鼠标、光笔、扫描仪、数字化仪、摄像仪或数码相机等；输出设备，包括打印机、绘图仪、切割机、自动铺布机、电脑裁床等。

专用软件与硬件既互相匹配又可成为相对独立的系统。

款式效果设计系统CASDS（Computer Aided Styling Design System），其硬件配置包括主机、键盘、鼠标或光笔、显示器、彩色扫描仪、彩色打印机、数码相机等。

纸样结构设计系统CAPDS（Computer Aided Pattern Design System），其硬件配置包括主机、键盘、鼠标或光笔、显示器、数字化仪、绘图仪或切割机等。

放码和排料系统CAG/MDS（Computer Aided Grading/Marking Design System），其硬件配置包括主机、键盘、鼠标或光笔、显示器、数字化仪、绘图仪、切割机等。

1.4.1 服装CAD系统主要专用软件

（1）服装款式效果设计（CASDS）。

计算机辅助服装款式效果设计的主要目标是辅助设计师构思出新的服装款式，快速准确地表达出设计效果。主要是应用计算机图形和图像处理技术，为服装设计师提供各种绘画工具和规模庞大的颜色库、面料库等，使设计师能够随心所欲地进行创作。

如图1-4-1（a）所示，软件由工具库、素材库、面料设计、图案设计、着装效果图设计、款式输出等模块构成。计算机提供各类作图工具，使用电子调色板，借助输入设备，在显示屏幕上直接绘制效果图。或如图1-4-1（b）所示，根据需要及创意，将当前最流行的款式输入计算机内，再对其进行修改、变形、换色，做编辑再创造工作；可调用库存的花型、图案，实时生成新的花型覆盖到指定的图形区域内；可调用图形库内的服装部件、服饰配件等对其装配进行修改，也可实时生成新的部件以进行部件装配组合，激发设计师的创作灵感。技术基础涉及消隐处理、浓淡处理、纹理处理、颜色处理等。

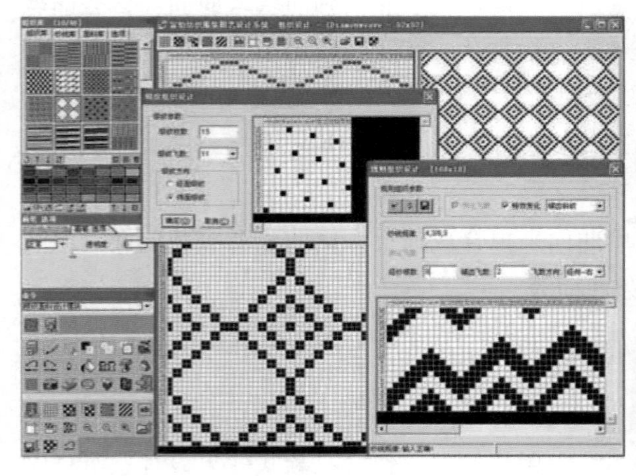
（a）

（b）

图1-4-1　服装款式效果设计软件功能界面

（2）服装纸样结构设计（CAPDS）。

目前成熟的服装纸样结构设计系统可分为两大类：一类是以国内软件为代表的服装纸样参数

化设计软件系统，它是把服装设计师常用的服装平面结构设计方法和设计过程通过人机交互教授给计算机，设计师可任意确定纸样的规格，计算机按照给定的设计规则进行快速自动仿真设计；另一类是如图1-4-2所示的以国外软件为代表的“设计师借助系统所提供的若干图形设计功能——设计工具，将手工操作的方法移植到计算机屏幕上”的结构设计软件系统。服装纸样结构计算机辅助设计可以有多种设计方法，如原型法、基型法、母型法、比例法、D式法、结构连接设计法和自动设计方法等，打板灵活，可定寸输入或公式输入，并在设计样片过程中能非常方便地对衣片进行转省、移省、剪切、展开、变形、修改，最后存储备用。还可将存储在计算机内的裁片进行调用、修改，使之成为另一相近款式的裁片，并可自动完成推档、加放缝边、加丝绺线、对位刀眼等操作，样片完成后可通过绘图机等输出设备绘制出纸样。

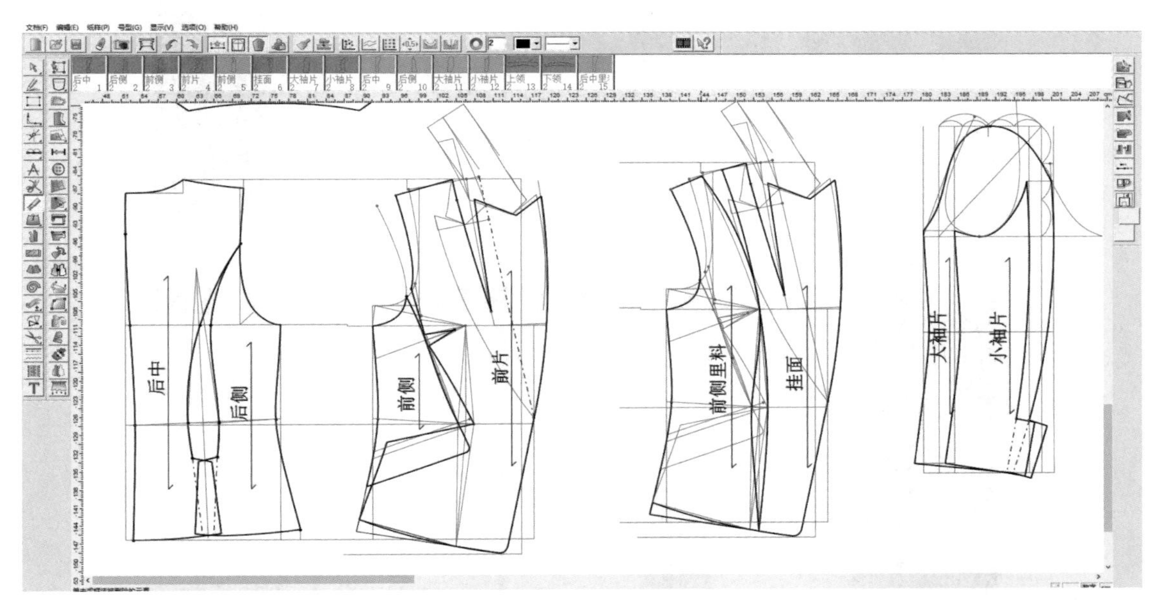

图1-4-2　服装纸样结构设计软件功能界面

较先进的软件不仅提供各种绘图制板工具，还提供曲线板、自由曲线、弧线等曲线设计工具以及各种打板方法。随着计算机技术的不断进步和服装CAD应用研究的深入展开，软件大多已向智能化度身打板方向发展，应用知识工程、机器学习、专家系统、神经网络等智能化技术，使系统具有学习功能，智能记忆，联动修改，自动完成多号型推档制板工作，特别适于款式的变化和修改。当同一款式尺寸改变时，其样板也随之变化，不需再重新打板，避免了重复操作，也可根据不同体型及不同款式的需要进行局部修改等，使得打板工作更为方便快捷，进入高度科学化、自动化和智能化的时代，提高了打板的质量和工作效率。

依靠三维图形学技术的发展，把二维平面的服装结构和立体的人体模型结合起来，把立体裁剪方法搬到计算机上进行，使结构设计更加科学、准确，将是服装结构设计系统从二维平面向三维立体转化的发展方向。如图1–4–3（a）是将设计好的二维平面结构设计图在左界面转换成三维着装的效果，随着二维结构设计图的修改，三维着装效果也随之发生改变；图1–4–3（b）是直接在三维人台上进行设计，在右界面自动生成二维服装结构设计图，二维平面结构图随着三维款式变化而变化。以上两种三维服装设计方法使服装设计更科学、方便、快捷，能有效地辅助设计师完成服装设计。

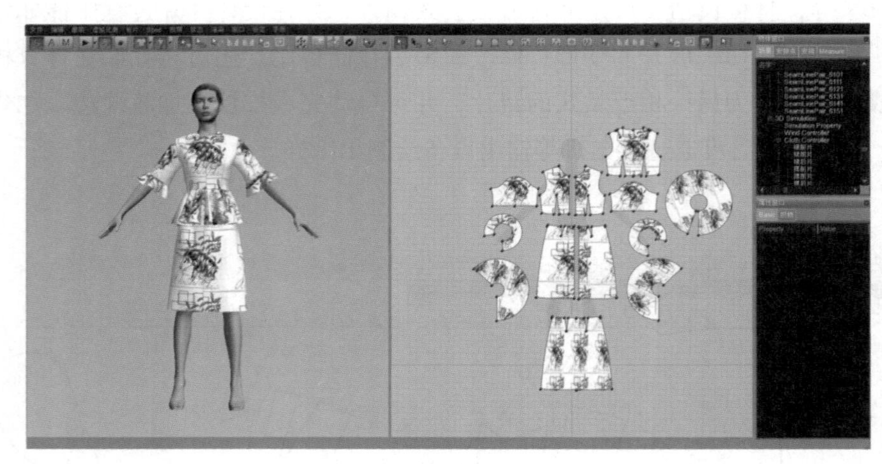

（a）

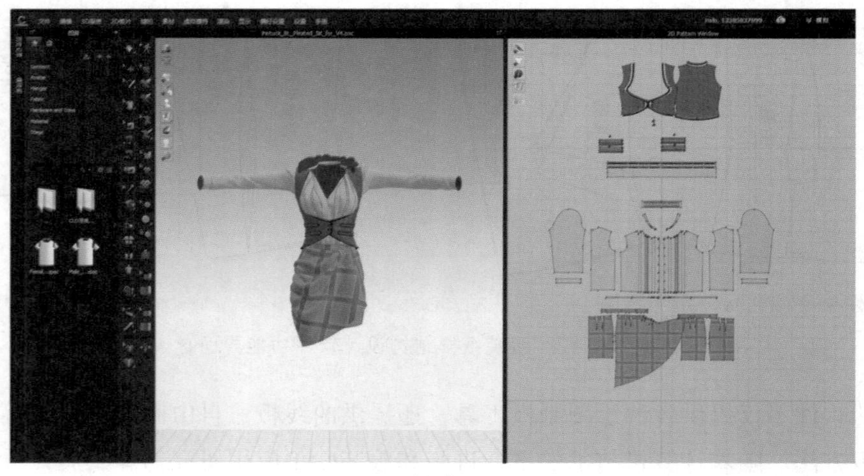

（b）

图1–4–3　三维服装设计界面

（3）放码（Grading）。

服装纸样放缩也叫放码、推档和扩号等，放码系统是服装CAD系统中最早研制成功、应用最为广泛、技术最为成熟、普及率最高的功能。电脑放码的基本原理是通过大幅面数字化仪，把设计师手工绘制的样板输入计算机，或利用服装结构设计系统直接在屏幕上打板，建立起用直线、曲线、点等图形元素描述的样板的数字化模型，按一定的放码规则，如逐点位移法、公式法等，对各号型样板进行放缩计算，系统迅速生成各种成套标准规格及非标准规格的样板。在操作过程中，可对裁片进行诸如对称、旋转、拼接、组合、测量、加缝边、贴边、缩水、修改等处理，并可对关键部位曲线进行测量调整，以利于装配（图1-4-4）。

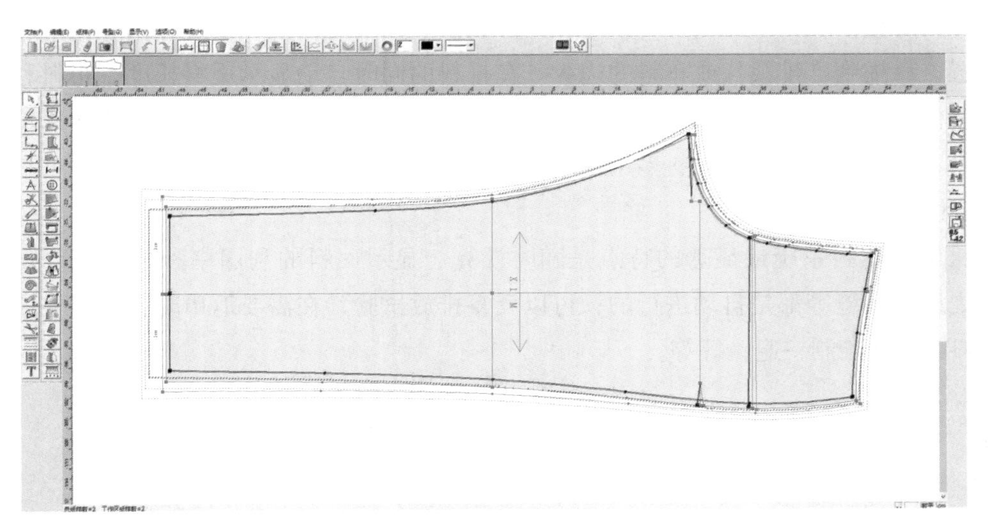

图1-4-4　服装放码软件功能界面

放码完成后，可通过绘图仪或打印机等输出设备按一定比例绘制出各种号型裁片，以供下一道工序使用，也可在计算机内直接将放码处理好的样板传送给排料系统，进行排料工作。它与人工放码相比，具有效率高、精度高、裁片拼接质量好、产品一致性好、劳动强度低、技术难度低等优点，有利于企业科学管理和市场竞争。

（4）排料（Marking）。

如图1-4-5所示，排料系统的设计目标是在计算机的显示屏幕上给排料师建立起模拟裁床的工作环境。操作人员将已完成放码、放缝等工作的各种号型的服装样板，在给定布幅宽度、布纹方向、花格对齐、尺码搭配等限制条件下，用数学计算方法，合理、优化地确定裁片在布料上的位置，无漏排、错排现象，将排料信息传递到数控裁床，实现省时省料、剪裁自动化。一般计算机辅助排料系统可分为交互式排料和自动排料两类。

① 交互式排料。

交互式排料指按照人机交互的方式，由操作者操作各种不同款式、不同号型的裁片。排料师先要组织和编辑全部的待排裁片并让其显示在屏幕上方，在操作过程中可随时根据需要将裁片进行平移、旋转、翻转等。当要排定裁片时，只要选中裁片向所需方向轻轻滑动鼠标，裁片便会自动寻找合适的位置，快速紧靠，算法保证它与其他裁片邻接而不重叠（除非强制重叠）。每排定一个裁片，系统会随时显示已排定的裁片数、待排裁片数、用料长度和用布率等信息，并可根据需要选择需显示的布纹线、码号、裁片名称等。交互式排料模仿了人工排料过程，可以充分发挥排料师的作用。同时，因为是在计算机屏幕上操作，裁片排放位置的调整和重放无痕迹，操作灵活方便，无需铺布和占用裁床，大大缩短了排料时间，降低了劳动强度，提高了工作效率，并可进行多次试排，大幅度提高了面料的利用率。

② 自动排料。

自动排料是指系统按预先设置的数学计算方法和事先确定的裁片配置方式，让裁片自动寻找合适的位置，靠拢到已排裁片或布料的边缘。在排料的同时自动显示用料长度、布料利用率、待排裁片数等信息，在预先设置的优化次数中，电脑将会反复进行各种方案的计算和比较，从中选出最优结果，速度较快。自动排料多用于承接贸易订单时估算用料，核计成本，也可与交互式排料方法结合使用。

计算机辅助排料系统最显著的特点是随时计算、显示面料的利用率和板长等重要参数；判重、分割之后的放缝等都是自动进行的；可以反复排放试验；在需要返单时，可轻松地将已经储存好的排料图重新绘制一遍；等等。

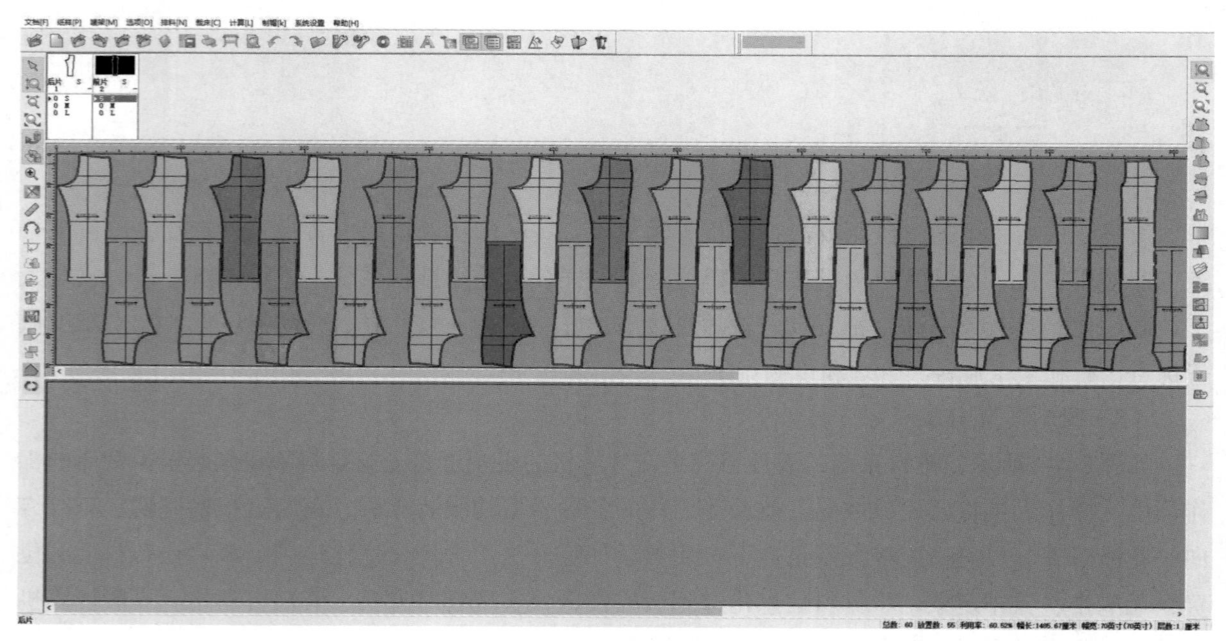

图1-4-5　服装排料软件功能界面

1.4.2　服装CAD系统主要专用硬件设备

（1）主机。

建议主机配置：Intel酷睿i5 CPU，4G以上内存，250G硬盘空间，2G独立显卡，1440×900屏幕分辨率显示器。

（2）输入设备。

输入设备指的是用于图像输入的彩色扫描仪、数码相机等，只需利用一个串联接口就可以与计算机直接相连，特别是数码相机对三维的物体拍摄后，可以直接将图像输送到计算机里。

数字化仪是一种实现图形数据输入的电子图形数据转换设备，由一块图形输入板（读图板）和一个游标定位器（或触笔）组成，输入板的下面是网格状的金属丝，不同位置产生不同的感应电压而代表不同的X、Y位置。数字化仪是一个独立的工作站，读图时完全不影响计算机的操作，从而提高该系统的利用率。通过读图板菜单可以输入以下资料：样板（包括名称、内线、钻孔、剪口等），放缩点的编号，放缩规则。图1-4-6为一款读图板，即数字化仪。

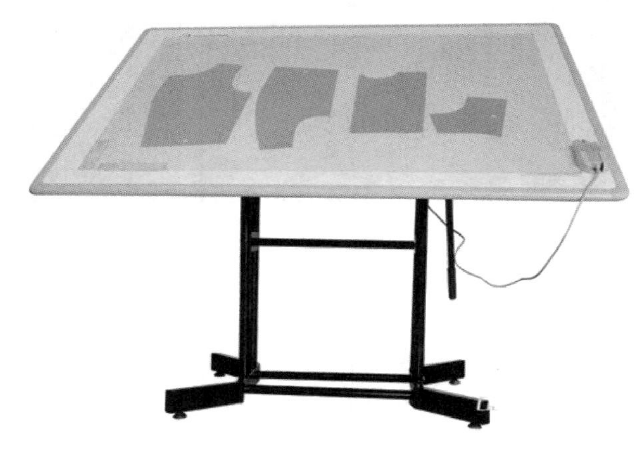

图1-4-6 数字化仪

典型的读图板台面尺寸为1115mm×1520mm，配备一个16个按钮的读图游标。

随后发明的电子绘图桌和摄像输入仪可以对设计稿、样板进行绘制和摄像输入。

（3）输出设备。

打印机：用于生成系统报告的彩色喷墨打印机或激光打印机。

绘图机：绘图机是把计算机产生的图形用绘图笔绘制在绘图纸上的设备，由于一般服装排料图的宽度就是面辅料的宽度，尺寸较大，所以一般较少使用通用绘图设备。服装CAD专用的大型绘图机也有多种类型，绘图机的主要技术指标有绘图速度、步距（分辨率）、绘图精度、重复精度、定位精度、有效绘图宽度等。常见的有滚筒笔式绘图机（图1-4-7）、平板笔式绘图机、喷墨绘图机（图1-4-8）等。其中，有的滚筒笔式绘图机和平板笔式绘图机有切割功能。

图1-4-7 滚筒笔式绘图机

图1-4-8 喷墨绘图机

切割机：如前所述，有的绘图机也具有切割功能，但是由于服装工业化生产中使用着大量的"净板"，而且一般要求较高，有时还需要配置切割机。如图1-4-9所示，这种类型的切割机配置不同的切割头，可以切割不同厚度、不同材料的物品，如纸、纺织品、皮革、塑料等。

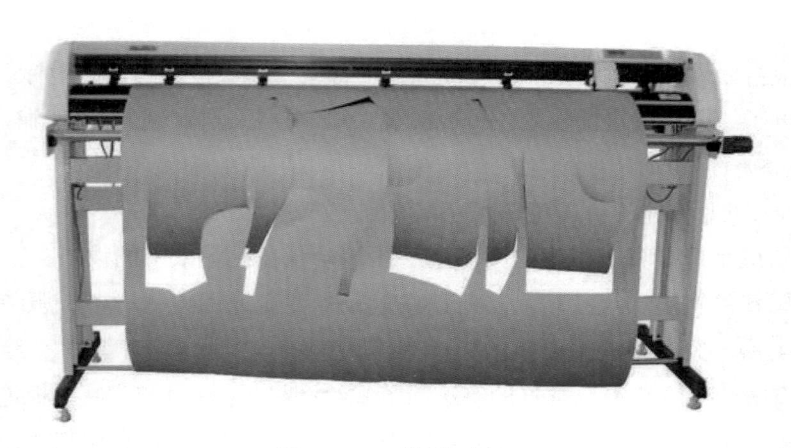

图1-4-9 样板切割机

（4）计算机辅助裁剪系统。

裁剪是服装工业化生产的重要工序，服装CAD系统的排料图可通过磁盘文件的方式传送给计算机辅助裁剪系统——CAM系统，自动完成裁剪工作。计算机辅助裁剪系统可协助服装生产者有效地进行服装纸样放缩、样板检修、排料、自动验布及布料切割等，然后对每个裁片设置裁剪下刀点，以保证符合裁剪工艺。由计算机控制的自动裁床（割刀裁床、激光裁床、高压喷水裁床等）及辅助的拉布机、布料疵点检测设备等，使裁片的裁剪工序实现高度自动化，提高了裁片的质量，减少了因误裁、漏裁、多裁等所造成的损失。

裁片自动裁剪机按裁断布料的方式分为接触式与非接触式两类；按裁剪头的动力形式可分为机械刀、水刀及激光刀三种。目前国际上能够作为商品推出的主要有美国Gerber公司、法国Lectra公司、西班牙Inves公司等的产品。典型产品，如美国Gerber公司的GT7250型电脑自动裁床，具有裁割路径智能化、刀具智能化、分区真空智能化的特点，保证了从上层到底层的裁割精度；自动确定布层在裁割机中的通过量，机上诊断和全过程的高可靠性组件，保证了机器的正常运行和高生产率。

1.4.3 服装CAD的作用

服装CAD技术将人和计算机有机地结合起来，其目的在于最大限度地提高服装企业对市场的“快速反应”能力，以适应愈来愈激烈的市场竞争形势。服装CAD技术在服装企业的设计和生产中发挥了不可替代的作用，提高了企业的经济效益和社会效益。

服装CAD的作用主要体现在以下几个方面。

（1）提高服装的设计质量。

计算机内可储存大量款式和花型图案，还可通过网络进行资料的查询，有成千上万种颜色可供选择，同时它所具有的面料组织、花纹图案的设计、款式和色彩的组合、快速修改调用、彩色画面的输入输出等功能，大大激发了设计师的想象力和创造力，必要时还可与用户一起随时进行选择和修改，并可直接在屏幕上进行试衣。进行裁片设计时，其优点主要体现在绘制精确度高、辅助功能强，像曲线板、转省、打褶等辅助工具使裁片的设计质量得到改善。设计质量相比传统方式大为提高。

（2）缩短设计和加工周期。

在服装产品的加工制造过程中，产品开发设计环节和裁片准备环节历来都是瓶颈环节。应用服装CAD之后，其简便的款式设计及试裁功能，快速的裁片结构设计，特别是放码、排料功能在几分钟内就可完成，如用传统方式设计一个款式要几个小时甚至几天，而现在可缩短至几十分钟甚至几分钟。裁片放码用手工方式要花费大量的时间和精力，应用CAD技术可以又快又准确地完成，这样企业便有余力进行服装的更新换代，从而提高企业自身的活力。特别是一些繁杂的重复性工作，计算机可以不厌其烦地、及时准确地完成。这些对于当今以“多品种、小批量、高品质、短周期”为特色的服装加工业来讲无疑是雪中送炭。

（3）降低生产成本。

由于大量款式和纸样可存储在计算机内，因此可大为减少甚至取消大量纸样的存放，取代纸样库房；提高了查询、检索效率，便于样板管理；本来由多人完成的工作，可以由少数人员操作电脑来完成，节省了人员和场地。就计算机排料来讲，由于可以方便准确地计算出布料的利用率，对于利润逐年下降的服装加工制造业来说，仅节省布料的费用就是十分可观的。

（4）减少技术难度。

设计绘制服装效果图、纸样、排料图等大量的技巧性和重复性工作都是在软件的支持下由计算机来完成，所以设计师的劳动强度减轻了，技术难度减少了。设计师可以一心一意地进行创造性的劳动，尽心尽力地发挥自己积累的丰富而宝贵的经验。例如，绘画技能较差，但对服装理解较深的设计师在电脑的支持下同样能设计出出类拔萃的服装效果图。具有人工智能功能的服装CAD系统可以使企业做到人尽其才、物尽其用。

（5）提高企业的现代化管理水平及对市场的快速反应能力。

服装设计的信息存储在计算机内可随时调用，便于管理。如与其他系统实行联网，则可进行信息传递，并可根据生产需要随时提供设计资料。如排料系统可根据生产需要随时绘制相应的排料图；如果要签定合同订单可立即提供粗排图，以便快速估料；如果用于下达任务单可提供小样图，供加工单位参考与核定成本；如用于裁剪，可提供1：1的排料图；如果服装CAD系统与计算机辅助制造（CAM）、柔性加工线（FMS）、生产管理（PMS）、经营管理（BMS）、质量管理（QMS）等系统结合起来，可使服装设计、制造、生产、管理和经营等合为一体，成为一个便于管理的高效率、现代化服装生产企业。面对日趋激烈的市场竞争，企业可以利用服装CAD技术及时准确地将高品质产品投放市场，快速反应能力明显增强。

服装业属于加工业，因此产品的生产成本是决定生产效益的重要因素。使用Gerber公司的AM-5服装CAD系统排料，利用率可提高1.5%～3%。产品生产周期由几个星期缩短为几天，平均生产率可较人工作业高3倍以上。AM-5与S-91电脑自动裁剪系统相连接，可使生产成本进一步降低，据统计，可使裁剪成本降低30%～40%，车缝成本降低2%～6%，服装材料由占总成本的40%降低到33%，而效率提高了3倍。“量身定做”已成为某些服装企业发展的必然趋势。

综上所述，服装CAD技术在服装工业化生产中起着不可替代的桥梁作用，可以说这项技术的应用是现代化生产的起始，因此大力推广服装CAD技术不仅可行，而且十分必要。

1.5 服装CAD的选型

虽然现在服装厂都在使用生产、加工的服装CAD/CAM系统，却没有某一个服装CAD/CAM系统已形成了固定的垄断模式。在这些服装CAD/CAM系统中，既有进口品牌，也有国产品牌，它们各有利弊，同时相互借鉴发展。目前在服装行业中主要应用的国内外服装CAD系统有：中国航天科技集团第710研究所的Arisa系统、北京日升天辰的Nacpro系统、深圳市盈瑞恒科技有限公司的富怡系统、布易科技有限公司的ET2009系统、北京六合生的智尊宝纺Modasoft系统、杭州爱科的Echo系统等国内系统和美国格伯系统（Gerber）、法国力克系统（Lectra）、德国艾斯特系统（Assyst）、日本东丽系统（ACS）、美国匹基姆系统（PGM）、日本Dressing Sim系统等。

1.5.1　总体评价

一般国内服装CAD系统的软件适应性和亲和性较好，硬件的通用性和灵活性较高。国内系统的性价比一般高于国外系统，适合于机制灵活、生产周期短的中小型服装企业。随着服装CAD技术的不断进步，其市场平分秋色的格局开始被打破，而且国内服装CAD系统会越来越丰富，市场的占有率会日益提高。而国外服装CAD系统的软件可靠性和稳定性较高，硬件的先进性和配套性较好，适合发展势头较好、经济技术实力较为雄厚的大型服装企业，特别是外贸加工型企业。

（1）国内系统。

① 中国航天科技集团第710研究所：Arisa。

20世纪80年代中期中国航天科技集团凭借其雄厚的技术实力，在国家科学技术委员会的支持下，率先开发国内服装CAD技术，特别是90年代初，在大力推广研发技术的同时较早地瞄准国外先进技术，成为用户数量最多的国内服装CAD开发商与供应商。目前的代表作航天Arisa服装CAD系统包括款式设计、纸样设计、放码、排料、电脑试衣、摄像输入等系列CAD软件及通用系列数字化仪和绘图机等硬件设备。

② 北京日升天辰电子有限责任公司：Nacpro。

Nacpro系统是20世纪90年代中期在日本服装CAD技术的基础上发展起来的一套服装CAD系统，它较好地适应了国内服装业的实际需求并较早地开发了生产管理功能。特别是近几年在服装工业化制板、数据标准化方面做了一些扎实的开发工作，并获得了很好的实用效果，赢得了业内的好评和用户的支持，树立了良好的品牌形象。系统功能包括原型制作、数字化仪输入、纸样设计、自动打板、纸样放缩、排料设计、生产管理、绘图输出等。2011年该软件升级后，能够实现边打板边推板，打板完成即推板完成，并且推板很精细，减少了推板的工作量，深受设计师的喜爱。

③ 深圳市盈瑞恒科技有限公司：Richpeace。

富怡产品建立了以服装企业、服装院校和服装技能培训机构为主体的多元化营销渠道。富怡产品拥有著名企业adidas、李宁、波司登、森马、美特斯邦威、阿依莲等5 000多家大中型企业用户群，近20 000个工作站在全国使用，其中全国有300余所大中专院校采用富怡软件作为专业教材；在全国有200余家授权推广教育中心等培训机构采用富怡软件；多家出版社出版了以“富怡服装CAD软件”为内容的专业教材。至今，公司已经直接或间接地为社会输送了数万名服装CAD专业人才。

④ 布易科技有限公司：ET 2009。

布易科技推出服装工艺CAD软件——ET SYSTEM是具有世界领先水平的集成服装CAD系统。该系统不仅拥有完善和智能化的二维服装设计平台，更提供了技术先进、功能强大的三维服装设计系统。ET SYSTEM与ET3D将工艺服装设计空间从二维拓展到三维，为服装设计师提供流畅的多维设计帮助。在二维服装CAD技术的基础上，推出的功能强大的三维服装CAD系统（ET3D），不仅能与二维系统互动工作，更具有三维立裁设计的强大功能。ET3D不但可以使设计信息从二维流动到三维，也可以直接从三维流动到二维，真正实现了二维、三维一体化设计的概念。

⑤ 北京六合生科技发展有限公司：Modasoft。

北京六合生科技发展有限公司依托于清华大学，在服装数字化领域开辟了一片新天地，承办了“智尊宝纺”杯首届全国服装CAD结构设计大奖赛，提高了服装结构设计师的社会地位，并促进了服装CAD技术的推广和应用。其同时与东华大学、北京服装学院、苏州大学、江南大学、西安工程大学等开展广泛的合作，加速了服装数字化设计的进程。系统功能包括款式设计、读图输入、纸样设计、放码、排料、工艺单设计及管理系统等。

⑥ 杭州爱科电脑技术有限公司：Echo。

Echo“九五”期间曾被列为省级服装CAD商品化推广应用项目，1999年杭州爱科电脑技术有限公司与中国服装集团股份有限公司联合并被确定为“纺织工业服装CAD推广应用分中心”。公司主导产品Echo一体化系统功能包括服装款式设计、纸样设计、放码、排料、工艺单设计、款式管理系统及服装ERP、CAPP、卫星远程CAI、电子商务系统等软件及通用输入输出设备。系统功能齐全、概念新颖、应用范围广、价格适中，市场占有率逐年增加。该公司根据行业的信息化技术需求情况，已经开展了网络服务模式。

（2）国外系统。

① 日本东丽系统：Acs-Toray。

日本的文化背景与中国比较相似，日本东丽系统相对来说比较符合中国市场，但由于这些软件早期的销售重点不在中国，所以在中国的使用率并不是很高。日本CAD基本都采用平面打板与原型打板，与中国比例打板和数据打板的习惯还是有一定的差别。推板方式也不太一样，采用的是切开线放码，也有些软件加入了点放码。

东丽ACS株式会社的CAD产品在日本服装行业的市场占有率达到80%，并且日本知名服装生产商中的98%都在使用东丽CAD系统。另外，东丽CAD系统作为日本服装类教育领域的指定CAD系统，一直在向未来的服装从业者提供相关的CAD产品知识与技能。

东丽CAD系统的最大特色在于它用信息化的思维模式实践于服装工艺流程。日本在信息化产品上的强大开发能力，决定了东丽CAD系统具有独特的数据库平台。

② 德国艾斯特奔马系统：Assyst-bullmer。

德国艾斯特奔马系统于20世纪90年代末进入中国市场，由于系统适应面广、性能独特，较快地赢得了业内的认可。其软件功能包括服装设计（graph.assyst）、打板和放码（cad.assyst）、交互式智能自动排料（lay.assyst）、网上自动排料（automarker.com）、量身定做（mtm.assyst）、产品数据管理（form.assyst）、成本管理（cost.assyst）、优化裁割（cut.assyst）等软件和Zünd、HPDesign Jet Ioline Summit、Algotex、Mimaki等系列绘图机及多种自动拉布机、高性能单层与多层数控裁床。因其设备稳定性和较好的维护性优势，已逐渐得到中国市场的青睐。2009年，德国拓卡公司获得来自中国的新杰克缝纫机股份有限公司的投资，成功收购德国艾斯特奔马的所有资产，并与后者整合，成立了德国拓卡奔马有限公司。

③ 日本数字时装株式会社：Dressing Sim。

日本数字时装株式会社2000年起接触中国市场，虽然是一个陌生的面孔，却给业内人士留下了深刻的印象。它把人们带进了一个崭新的虚拟世界——栩栩如生的电子模特、梦幻般的着装效果。该公司以其独特的技术延伸了服装CAD的概念和应用领域，怀着对我国市场极大的兴趣开始了与中国同行的合作。

④ 美国格伯系统：Gerber。

美国格伯系统于20世纪80年代初较早进入中国市场，对中国服装CAD技术的应用与开发起到带动和示范作用。为适应中国市场，率先将工作站系统移植到电脑上，使系统价格由几十万降至几万美金，为普及CAD技术奠定了基础。系统功能包括设计、采购、款式开发（Vision Fashion Studio）、系列纸样设计、放码、排料（AccuMark）、师路画开头样（Silhouette）、生产数据管理（Product Data Management）、三维试衣（APDS）、量体裁衣（MTM）等软件系统和AccuPlot 100 / 300 / 700系列专用绘图机与切割机、Synchron系列全自动铺布机系统、GT3250/5250/7250/S91多层自动裁剪系统、Cutting Edge系列单层裁剪系统和GM100型柔性吊挂生产线等性能先进、配套性强的硬件设备。

该公司在北京、上海、广州、武汉、杭州等地设有办事机构，其产品在服装、航天、汽车、家具、产业用纺织品、交通及制鞋等领域已拥有千余家CAD/CAM用户。

⑤ 美国匹吉姆系统：PGM。

美国匹吉姆系统于20世纪90年代中期进入中国市场，由于系统适应性强、营销策略独特，市场占有率迅速提升，短短几年，就在中国市场赢得了较大的份额。其软件功能包括设计系列软件[色彩图案设计（Color way）/款式设计（Draping）/面料设计（Woven）]、纸样设计、放码、排料系列软件[读图（Digitize）/开头样和放码（Tatern Making）/自动放码（Auto Grading）/排料（Marker）]、管理信息系统（CIMS）和Plot CUT系列绘图机与裁床等硬件设备。

⑥ 加拿大派特系统：PAD。

加拿大派特公司是一家服装专业CAD/CAM技术公司，20世纪90年代末开发中国市场，因其操作的简便性和功能的强大性、开放性迅速被中国服装企业接受。派特系统包括PAD服装CAD系统、服装CAM系统、ERP企业管理系统、PAD-LILANAS服装款式设计系统及PAD-PULSE绣花软件系统等功能。

1.5.2 国内外服装CAD/CAM系统研究与现状对比

国内外服装CAD/CAM系统的优劣表现在以下几个方面。

① 国外的服装CAD/CAM系统比较注重软件的专业化和系统的兼容性，在技术上拥有很多优势，而国产服装CAD/CAM系统在硬件配置、软件可靠性、集成性以及稳定性等方面稍差于国外系

统。国产软件由于起步较晚，软件开发平台尚未成熟，仍有待提高。

② 从设备造型和精密程度方面来看，国外系统要明显优于国内系统。就数字化仪来说，Lectra数字化仪的表面附有一层塑料膜，压力可将纸板展平，精确度较高，而爱科的数字化仪是靠人工的方法（用固定磁石或胶带）进行固定的，既损害机器，又会影响精确度。此外，国产系统的打印输出设备也较为简陋。

③ 在系统软件的开发方面，国产服装2D-CAD系统各功能模块的开发和配置已接近国外同类系统的水平，但3D-CAD系统以及2D-CAD系统在网络通信的应用水平上都落后于国外。

同时，在服装CAM、CIMS（Computer Integrated Manufacturing System）的开发上还有空白，与国外同类服装系统相比也存在着较大差距。但是，在国产服装CAD系统中，有不少功能模块是颇具创新性的，比如Arisa系统的试衣镜功能、款式设计功能以及爱科系统的打板功能、衣片处理功能等。

④ 国外软件的持续开发以及升级能力强，相关产品的开发及配套性方面也优于国产软件。服装CAD/CAM系统的生产商都拥有一个庞大的研发、生产机构，拥有几十种，甚至上百种系列产品。国外软件多半是自主研发的，而国产软件一般都是基于国外软件进行研发的，因此，在再开发的过程中会出现难以突破的瓶颈。

⑤ 国产服装CAD/CAM系统在价格上占有明显优势，比如一套基本配置的CAD系统，国产软件的价格仅为进口软件的1/3。许多小型的工厂在进行设备投资时，首先考虑的因素就是资金回笼的问题，因此会较多选用国产的服装CAD/CAM系统。

⑥ 国产软件的界面清晰，便于学习，上手快。国外软件设计时考虑的参数比较大，且国外软件开发商的思维方式与中国的传统思维方式不同，因此，学习时参数大，操作烦琐。现在，服装CAD/CAM的开发商为了更好地推销自己的产品，都会对买方进行相关的系统操作培训。

⑦ 在服装CAD/CAM系统间进行数据转换时，进口软件的转换功能较强，而国产软件在转换后比例会有所变化。在这方面做得最好的是美国Gerber公司和法国Lectra公司，它们所设计的软件的转换功能已经达到了很高的水平，基本上消除了误差。

⑧ 在数据库开发方面，国产的部分服装CAD软件本身并不带有各种款式的资料库，部分CAD软件带有款式资料库，但款式相对老旧，无法紧跟市场需求。这样当服装企业准备生产新款式时，有事需要花费大量的时间重新设计，部分甚至比人工设计的周期还要长，严重地影响了服装CAD软件的应用性。

⑨ 在硬件设备改良方面，国内服装CAD/CAM系统可以根据国内的实际经济状况做出一些改进，比如：爱科的绘图机可以根据厂家需要将喷墨式笔头改为夹笔器，只需安装价格低廉的圆珠笔芯即可进行绘图，而国外的设备没有充分考虑到中国市场的实情，还需要服装厂自行进行人工改进。

1.5.3 如何选择服装CAD系统

服装CAD技术在我国推广已有30多年了，国家和地方有关部门、组织给予了极大的关注、指导和支持。服装企业、科研单位和学校等各方面经过不断地努力，积累了经验和人才，基本上解决了思想认识问题。我国服装CAD技术也已经形成了自己的特色，赢得了一半以上的技术市场。目前突出的是如何解决好市场竞争、人才培养和发挥其应有的作用等几个环节的问题，因此首要的是做好引进服装CAD的选型和论证。

一般国内服装CAD/CAM系统的软件实行性和亲和性较好，硬件的通用性和灵活性较高，国内系统的性价比一般也会高于国外系统，比较适合灵活、生产周期短的中小型服装企业。

选择软件时一般要遵循以下原则。

（1）实事求是的原则，结合企业自身的情况克服盲目性。

在一般情况下，企业引进服装CAD/CAM系统主要是为了提高自身的市场竞争力和快速反应能力。企业要根据自身的生产规模、产品结构、产品档次以及生产方式等选择不同的系统功能和输入、输出设备。

（2）具体情况具体分析的原则。

具体的情况及选型建议，如表1-5-1所示。

表1-5-1 具体情况及选型建议

企业规模	特点	选型建议
大中型企业	技术经济实力强、发展势头较好、年产值达5 000万或职工达400人以上	选择软件功能比较齐全、硬件配套性好的国外系统
中小型企业	投资小、见效快、企业发展迅速	选择软件适应性好、性价比较高的国内系统
接外贸订单	客供技术资料	具有读图、放码和排料功能的国外系统
接内贸订单	客供部分技术资料	具有读图、打板、放码和排料功能的国内系统
自主经营	自己开发产品	具有款式设计、纸样设计、自动放码和排料功能的国内系统

（3）供应商确定原则。

考虑软件供应商的用户数量、分布范围、市场占有率、技术经济实力、专业化水平、服务措施、机构分布、人员素质以及服务质量来确定选择哪款软件。

（4）选型后进行评估。

实践证明，引进服装CAD/CAM系统是服装企业提高生产效率、社会经济效益、管理水平以及对市场的快速反应能力等方面的有效技术措施。但是，要想真正达到引进目的，发挥其应有的作用，企业应在结合自身具体情况、认真进行技术经济论证的同时，做好选型评估工作。一般需要考虑服装CAD/CAM系统的适应性、实用性、先进性、可操作性以及服务水平等因素。

1.5.4 选择服装CAD系统面临的问题

（1）企业购买决定者对软件不熟悉。

企业购买服装CAD软件，往往是从软件公司介绍入手，考虑较多的是价格问题而不是实际生产需求问题，由于企业主自身的素质原因也可能考虑不到实际生产问题。

（2）进口软件价格偏高。

很多企业在选购服装CAD软件时，总认为国外进口软件应该比国产软件成熟、信誉度高。这对于很多中小型规模的服装企业来讲，投资风险明显增大。

（3）企业没有解决人才培养的问题。

近年来培养的服装设计师和计算机人才都不少，但是既懂计算机又懂服装设计的复合型人才不多。比如，目前我国大多数服装行业技术工作人员虽然制板经验丰富，但对计算机的工作方式难以适应和理解。而国内服装院校毕业的大学生，其知识储备很大程度局限于学校的教学水平，他们中的很多人不仅对计算机兴趣不高、能力不强，还严重缺乏设计、制板、生产的实践经验。

（4）CAD软件售后服务不解决根本问题。

软件公司一般都会给购买产品的服装企业提供培训，但这种培训流于形式，并不能从根本上解决问题。软件包中虽然有操作手册和教学演示光盘，但并不保证用户能看懂。软件的免费升级次数只有一次，免费培训只有一次，绘图机的保修期只有一年。软件销售商要做好售后服务工作，售后服务的质量会直接影响用户对产品的评价。

（5）服装CAD软件与其他软件不兼容。

现在很多服装企业做外贸订单，要求生产厂家与订货商有技术交流，CAD软件系统不能与其他软件或系统兼容的问题越来越突出。出于商业利益，各CAD系统都有各自的文件格式，这对服装企业虽有一定的商业机密保护功能，但同时也会影响到生产企业与订货商之间的技术交流。

（6）CAD软件系统不能随意组合硬件设备。

单独一个CAD软件并不能满足服装生产的需要，必须要有相应的输入、输出设备（绘图仪、切割机、数字化仪等）的配套才能真正进行CAD操作。虽然几乎所有的软件公司都配备有与自己软件相配套的硬件设备，但很多公司的硬件是不可互换的。特别是一些国外软件，必须配套使用进口的硬件设备，这就给购买CAD的企业增加了经济负担。

（7）款式设计模块不能满足传统服装设计的需要。

设计者在某些方面存在着对传统教学习惯和对特殊人群考虑不全的问题。目前服装CAD技术发展很快，有不少关于款式设计、效果预演、排料、推板放码的计算机应用软件，但经过熟悉一些品牌的服装CAD软件后，发现其自身也存在着不足。比如，CAD系统的纸样画法不太符合中国大学所采用的传统画法，因为大学里教师教纸样时多采用原型法，将重要的线按照尺寸先标出来，而在CAD中所要求的画法是一定要将整个纸样的轮廓先画出来，然后再在这个框中逐步细化。这就使得我们的学生不太习惯。

服装行业对尺寸的精确度要求并不很高，但是电子计算机在处理问题的时候非常精确，特别是在曲线和坐标系定点的处理上，有时候把传统的设计和打板师傅弄得无所适从。对于那些较复杂的服装板型，工厂样板师们往往是用手工打母版，再用数字化仪将其输入电脑中，然后利用电脑进行修改复制工作，如做缝份、贴边、里布，做净板和烫板，等等，最后再完成放码和排料工作。结果，作为CAD系统重要组成部分的衣片设计系统的很大一部分操作功能就被浪费了。

富怡篇

2　富怡CAD软件简介

富怡服装CAD系统由深圳市盈瑞恒科技有限公司研发，是一套应用于纺织、服装行业生产的专业计算机软件。它是集纸样设计、放码、排料于一体的专业系统，具有操作方便快捷、灵活高效的特点，也是目前我国服装高校与企业使用较多的服装CAD软件之一。

富怡服装CAD系统软件主要由两个部分组成，即纸样设计与放码系统和排料系统。其中，纸样设计模块中具有几十种功能，比如智能笔、三角板、单圆规、双圆规等，这些内容也是我们将要学习的重点。放码系统提供了数种放码方式，如点放码、定型放码等。与传统的纸质制板相比，服装CAD的放码系统具有快捷高效的特点，避免了设计师重复简单的劳动。

2.1　制板流程

富怡CAD软件制板流程如图2-1-1所示。

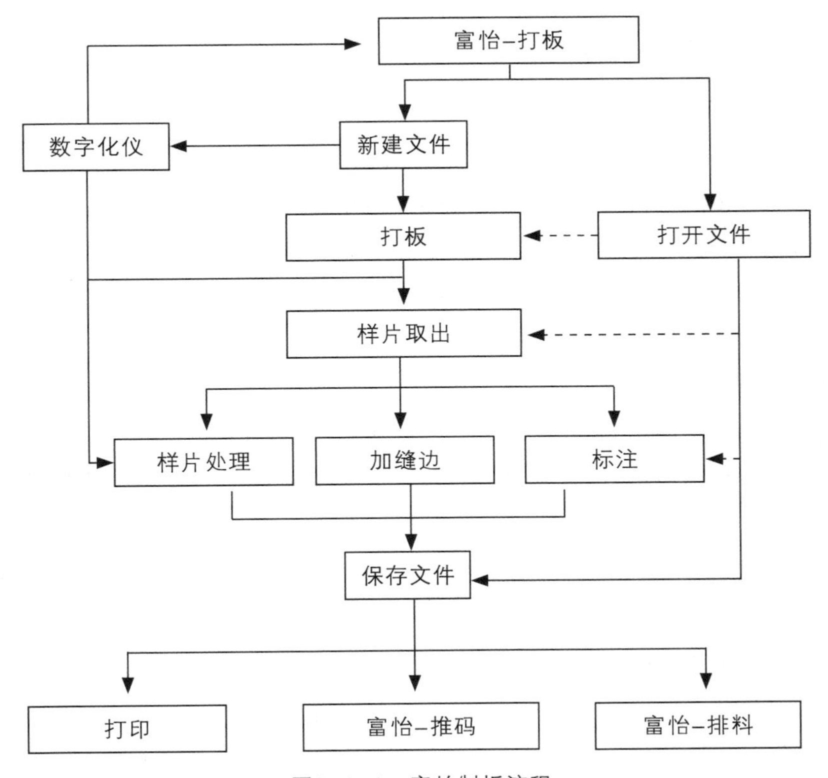

图2-1-1　富怡制板流程

2.2 操作界面介绍

如图2–2–1所示，为标准工具条的常用系统界面。其界面窗口可在“显示”等栏进行设置。

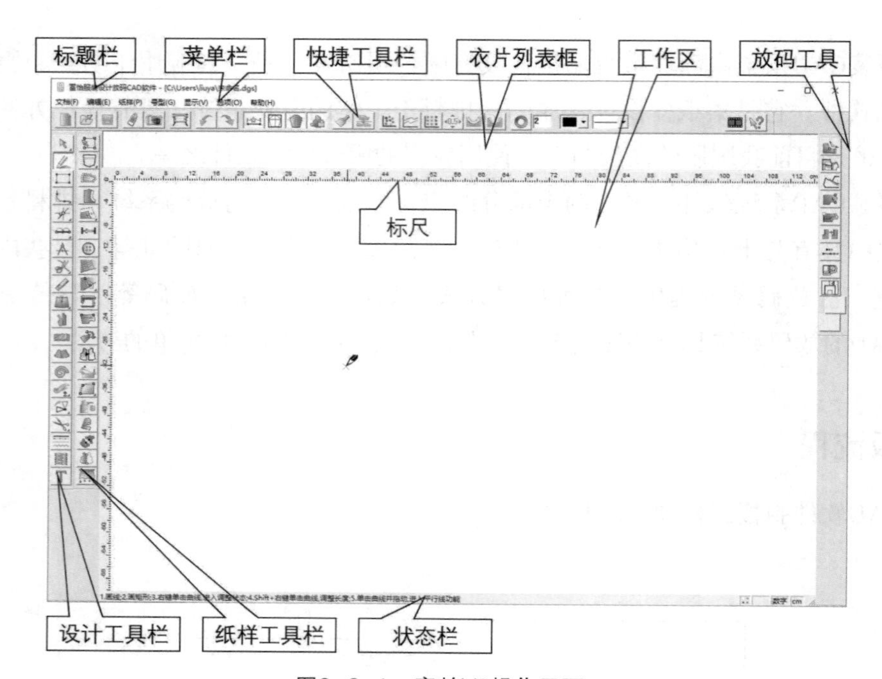

图2–2–1　富怡V9操作界面

① 标题栏。显示当前系统名称及打开文件的存盘路径。

② 菜单栏。该区是放置菜单命令的地方，且每个菜单的下拉菜单中又有各种命令。单击菜单时，会弹出一个下拉式列表，可用鼠标单击选择一个命令；也可以按住Alt键敲菜单后的对应字母，菜单即可选中，再用方向键选中需要的命令。

③ 快捷工具栏。用于放置常用命令的快捷图标，为快速完成设计与放码工作提供了极大的方便。

④ 标尺。显示当前使用的度量单位。

⑤ 衣片列表框。用于放置当前款式中的纸样。每一个纸样放置在一个小格的纸样框中，纸样框布局可通过“选项”—“系统设置”—“界面设置”—“纸样列表框布局”改变其位置。衣片列表框中放置了本款式的全部纸样，纸样名称、份数和次序号都显示在这里，拖动纸样可以调整顺序，不同的布料显示不同的背景色。

⑥ 设计工具栏。该栏放着绘制及修改结构线的工具。

⑦ 纸样工具栏。当用剪刀工具剪下纸样后，可用该栏工具对其进行细部加工，如加剪口、加钻孔、加缝份、加缝迹线、加缩水等。

⑧ 状态栏。状态栏位于系统的最底部，它显示当前选中的工具名称及操作提示。

⑨ 工作区。工作区如一张无限大的纸张，可在此尽情发挥设计师的设计才能。工作区中既可设计结构线，也可以对纸样放码，绘图时可以显示纸张边界。

⑩ 放码工具栏。该栏放着用各种方式放码时所需要的工具。

2.3 基本操作介绍

以自由设计方法，长袖女衬衫制板为例。点击桌面上的“打板”图标，进入系统，点击“文档”中的“新建”，进入富怡CAD打板系统默认界面，可以自由设计样板。可以在菜单栏的“显示”选项中选择需要放到工作界面的工具，选中的工具栏前面会被画钩。

2.3.1 号型编辑

单击“号型”菜单中的“号型编辑”，弹出“设置号型规格表”对话框，可以在此对话框中进行号型编辑，如图2-3-1所示。

设置好号型规格后单击“存储”，将已设置好的规格尺寸保存到电脑文件夹中。在此表中还可以编辑多个号型，单击基码中相应部位的尺寸，在界面左下角方框内输入该部位的档差值，单击组内档差，即可生成其他号型的尺寸，如图2-3-2所示。

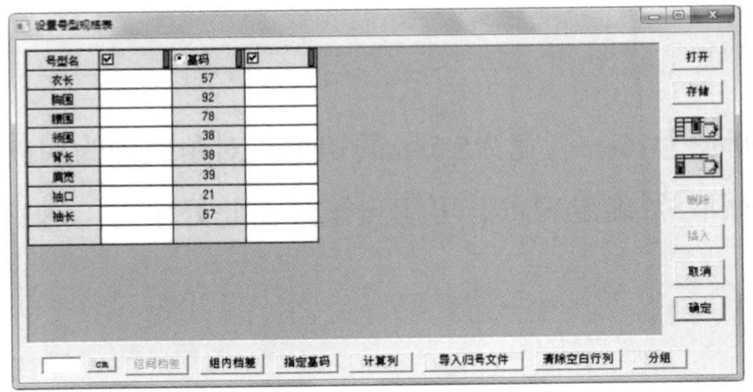

图2-3-1　号型编辑

图2-3-2　设置组内档差

2.3.2 绘制基础结构线

选择智能笔工具，在工作区域空白处绘制衣长（57cm）、后胸围（胸围92/4 - 0.5 = 22.5cm），绘制出腰围线、胸围线、后领深线。在确定背长等长度时，光标移动至关键点或交点上，按回车以该点做偏移，进入画线类操作；或者单击线条上某点，在弹出的“点的位置”对话框中输入长度值，如图2-3-3、图2-3-4所示。

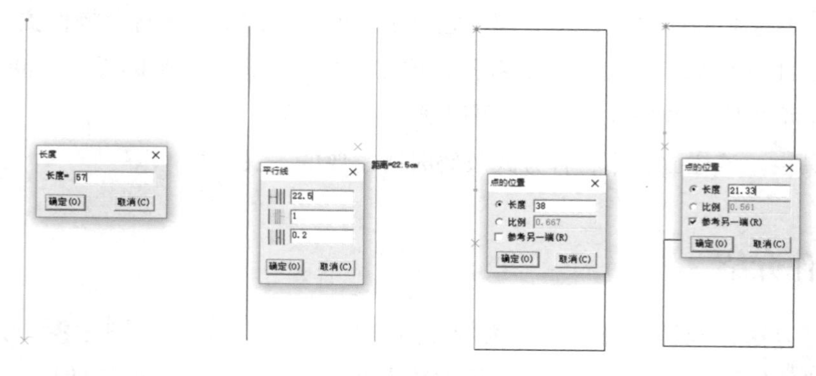

图2-3-3　绘制框架

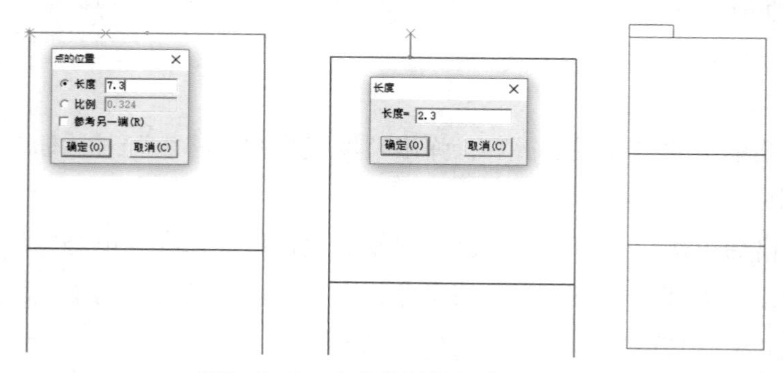

图2-3-4　确定背长与领宽、领深

2.3.3　绘制后肩斜线、背宽线、后腰省位置

（1）绘制后肩斜线。选择智能笔工具，绘制长为16cm、宽为5.5cm的矩形，对角线即为肩斜线。从后颈点测量，在肩斜线上用圆规工具 截取S/2确定肩点，可用点工具在此处单击，对肩点进行标记，如图2-3-5所示。

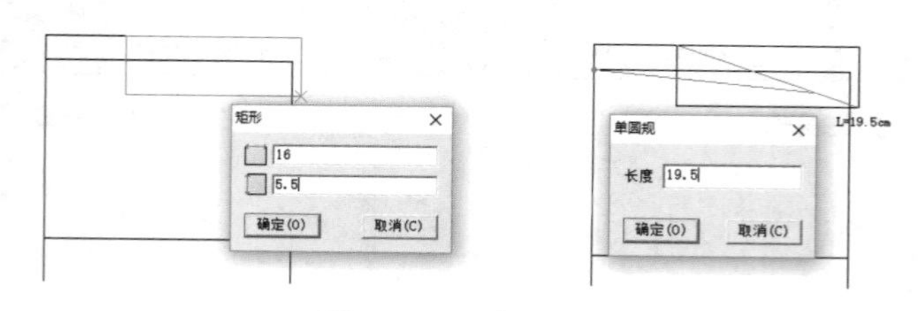

图2-3-5　确定肩斜

（2）绘制背宽线。选择智能笔工具，从肩点处作水平直线，长度为1.8cm，确定背宽线的位置，然后作胸围线的垂线即可，如图2-3-6所示。

（3）绘制后腰省。选择智能笔工具，偏移后中心线9.5cm，胸围线往上2cm，作垂线，如图2-3-7所示。

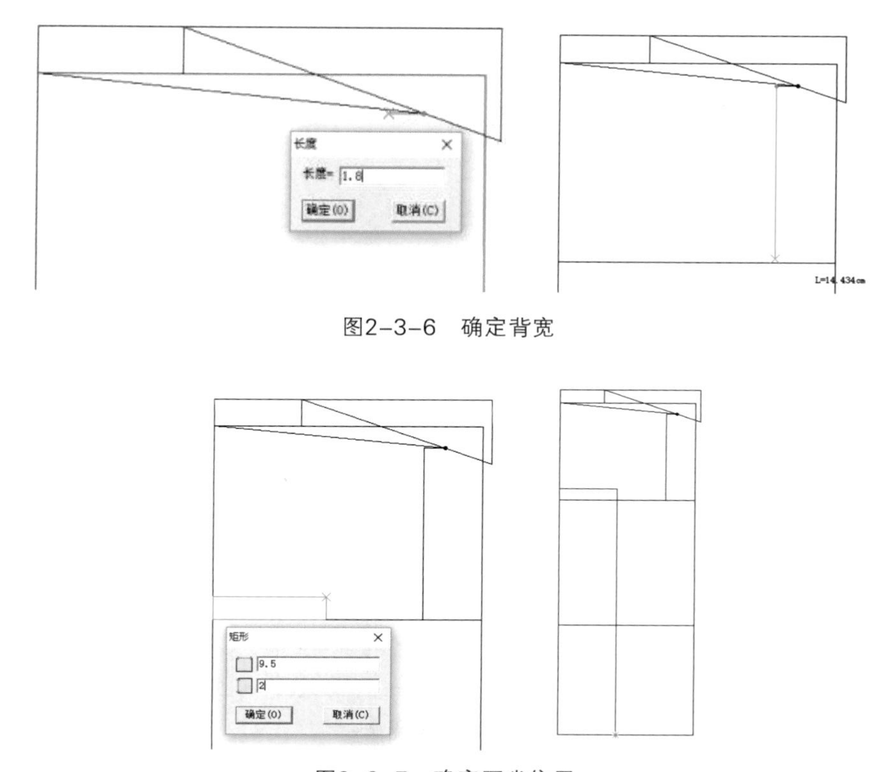

图2-3-6 确定背宽

图2-3-7 确定腰省位置

2.3.4 绘制后领弧线、后袖窿弧线、侧缝线、底摆线

（1）绘制后领弧线。选择智能笔工具，进入曲线功能，连接后颈点与侧颈点；然后用调整工具，单击曲线，调整曲线上的控制点以调整领弧线的形状，如图2-3-8所示。

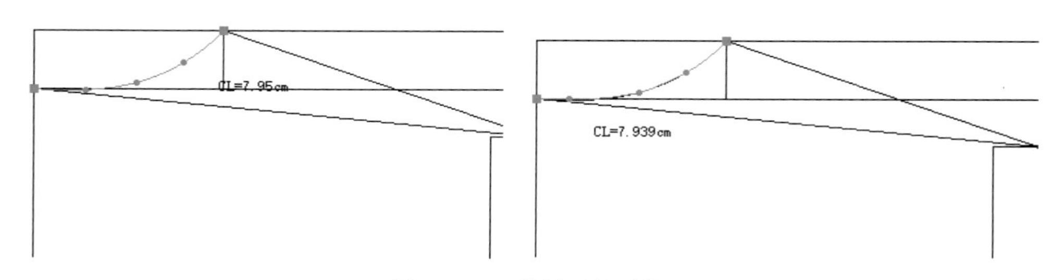

图2-3-8 绘制后领弧线

（2）绘制后袖窿弧线、侧缝线、底摆线。方法与绘制后领弧线一致。在绘制侧缝线时，需要用到智能笔的偏移功能，参照参考点，键盘输入偏移量即可，如图2-3-9至图2-3-11所示。

（3）绘制腰省。选择等分规工具，按Shift键切换，在线上加两等距光标。单击腰线上的省中心点，沿线移动鼠标再单击，在弹出的对话框中输入省的大小即可。再用智能笔工具将点连接（腰省的绘制也可以直接使用智能笔的偏移功能进行操作），完成后如图2-3-12所示。

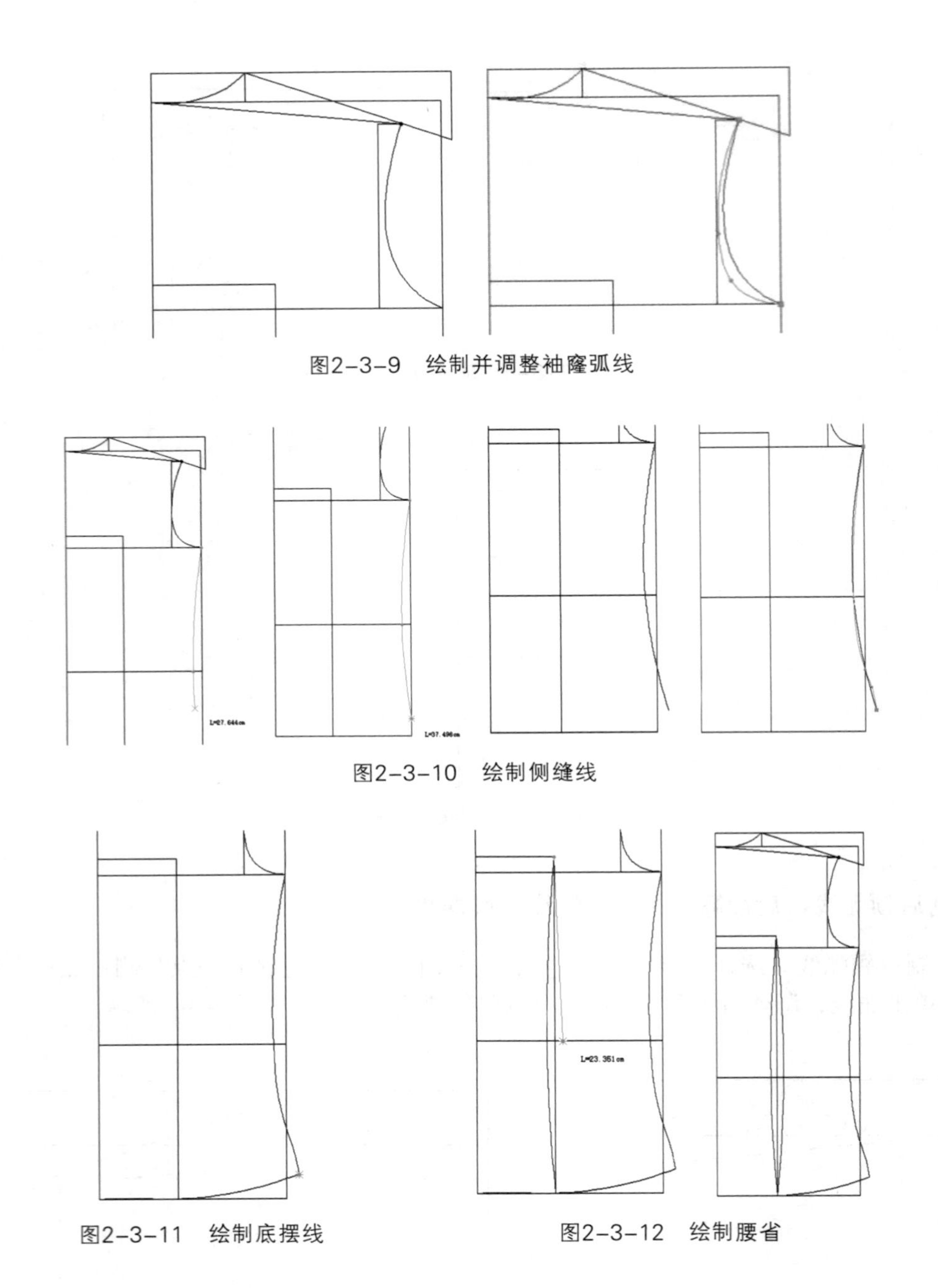

图2-3-9　绘制并调整袖窿弧线

图2-3-10　绘制侧缝线

图2-3-11　绘制底摆线

图2-3-12　绘制腰省

2.3.5　绘制前片基础线

（1）绘制前片基础线。可以直接将后片结构线复制。选择对称工具，该工具可以先单击两点或在空白处单击两点，作为对称轴；然后框选或单击所需复制的点线或纸样，点击右键完成。也可以用移动工具，用该工具框选或点选需要复制或移动的点线，点击右键；单击任意一个参考点，拖动到目标位置后单击即可，如图2-3-13所示。

（2）复制完后片之后，用橡皮擦工具删除不需要的结构线，留下基础线，并用智能笔工具绘制前领弧线的基础线，如图2-3-14所示。

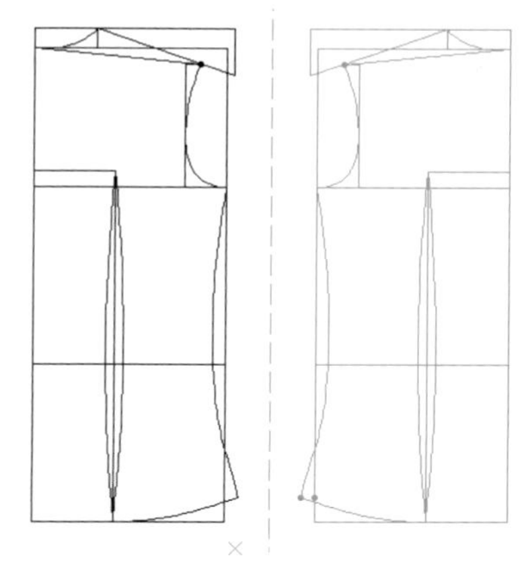

图2-3-13　对称结构线绘制

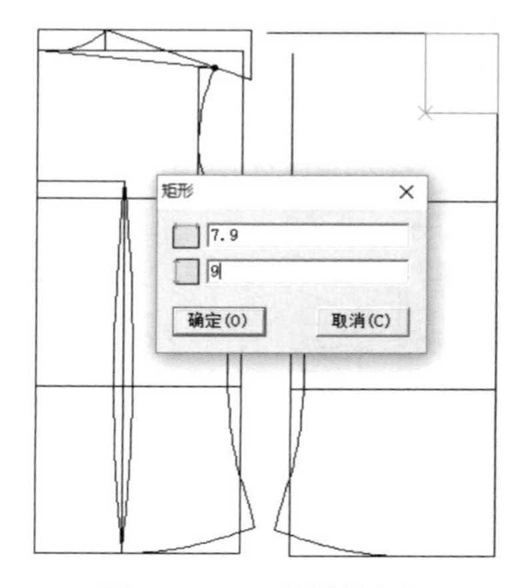

图2-3-14　绘制前领深

2.3.6　绘制前肩斜线、前胸宽线、前腰省位置

（1）绘制前肩斜线。方法与绘制后肩斜线的方法相同，先用智能笔工具作矩形，连接对角线为肩斜线，然后确定肩点。用比较长度工具单击后肩线长度，并做标记，在前肩斜线上用圆规工具量取数值，为后肩线－0.5，确定肩点，如图2-3-15所示。

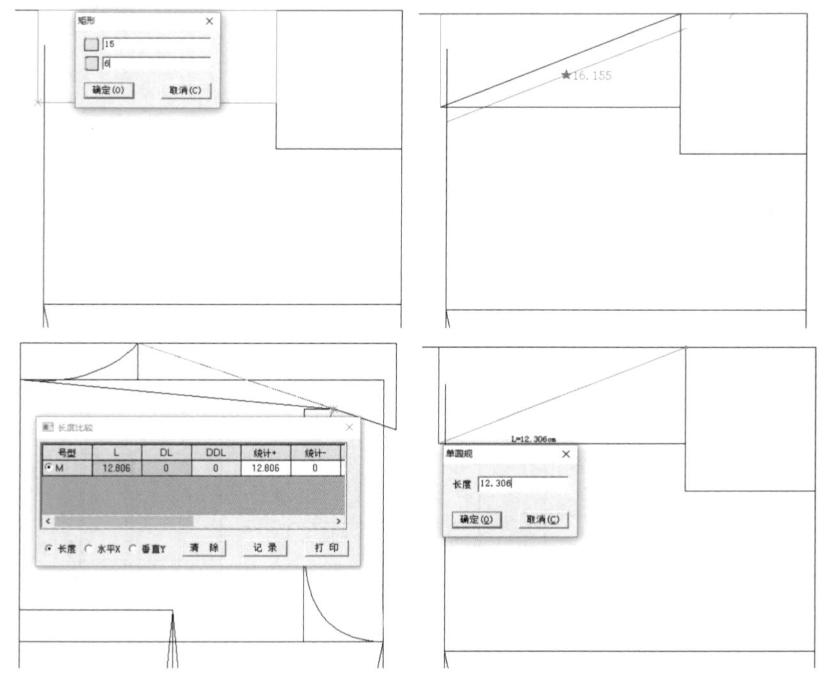

图2-3-15　绘制前肩线

（2）绘制前胸宽线。选择智能笔工具，从肩点作水平线，长度2.8cm，然后作胸围线的垂直线即可，如图2-3-16所示。

（3）绘制腰省。先确定BP点，用等分规工具二等分胸围线上前中心线与胸宽线之间的线段，中心点为BP点，从BP点往下4cm为省尖点，并向下作垂线，为省中线，完成腰省的绘制，如图2-3-17所示。

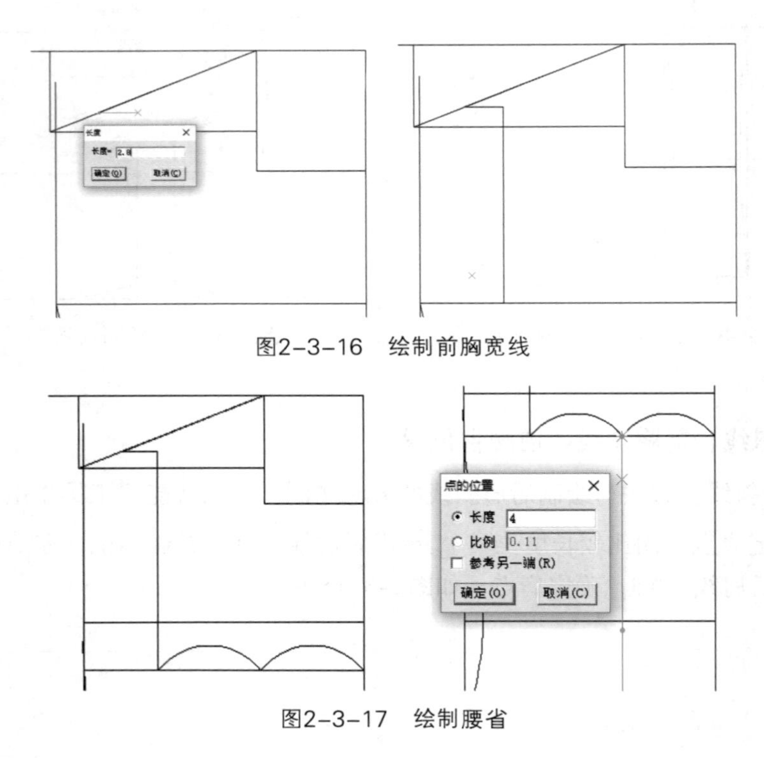

图2-3-16　绘制前胸宽线

图2-3-17　绘制腰省

2.3.7　绘制前领弧线、侧缝线、袖窿弧线、下摆线

前片领弧线、侧缝线、袖窿弧线、下摆线的绘制方法与后片相同。用智能笔工具和曲线调整工具即可完成，如图2-3-18所示。

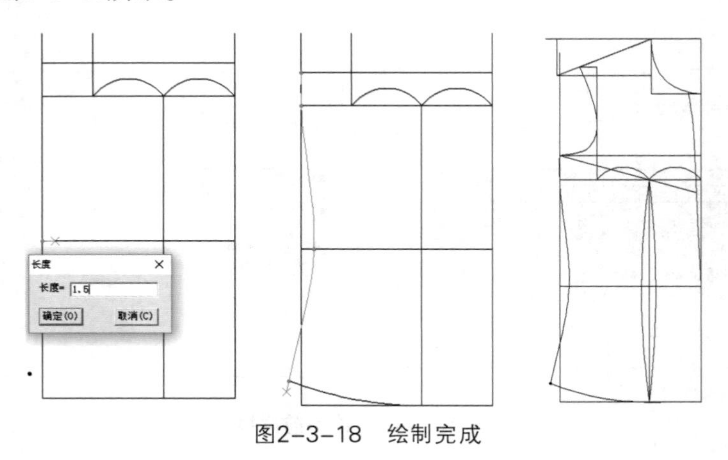

图2-3-18　绘制完成

2.3.8　胸省转移

在胸省转移前，需要将已有的腋下省道标出，用剪刀工具将前中线与领弧线剪断。选择转省工具，选择需要转移线段，a、b、c、d，单击右键结束；然后左键单击选择新省道e线段，击右键结束；选择合并省的起始边，即依次单击f线段与F线段，右击完成，转移完毕，如图2-3-19、图2-3-20所示。

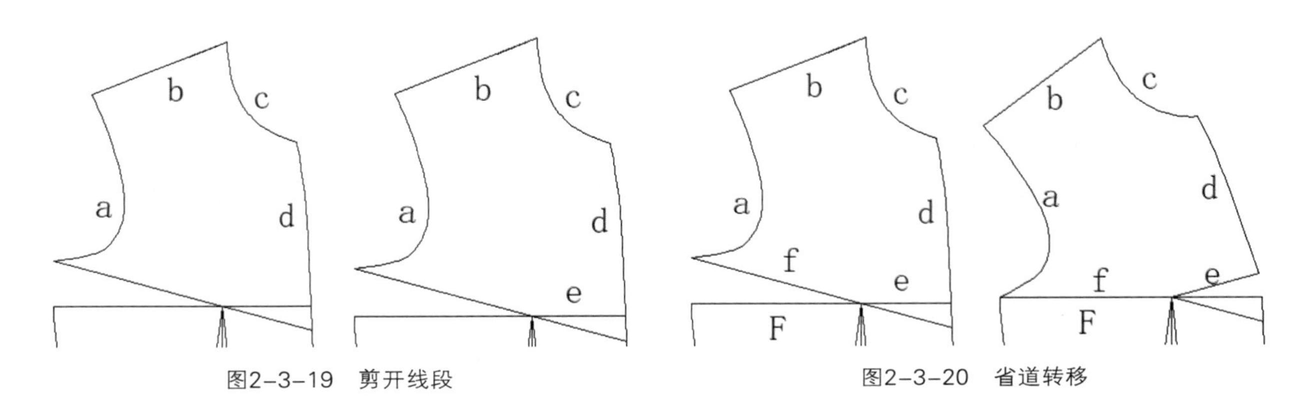

图2-3-19　剪开线段　　图2-3-20　省道转移

2.3.9　分割展开

（1）首先用智能笔工具绘制出分割线的位置，然后选择分割/展开/去除余量工具，用该工具框选（或单击）所有操作线a、b、c、d，单击右键；然后单击不伸缩线a（如果有多条框选后击右键）；单击伸缩线c（如果有多条框选后击右键）；如果有分割线，单击或框选分割线，单击右键确定固定侧，弹出“双向展开或去除余量”对话框（如果没有分割线，单击右键确定固定侧，弹出“双向展开或去除余量”对话框）；输入恰当数据，选择合适的选项，确定即可，如图2-3-21所示。

（2）用同样的方法进行二次分割展开，如图2-3-22、图2-3-23所示。

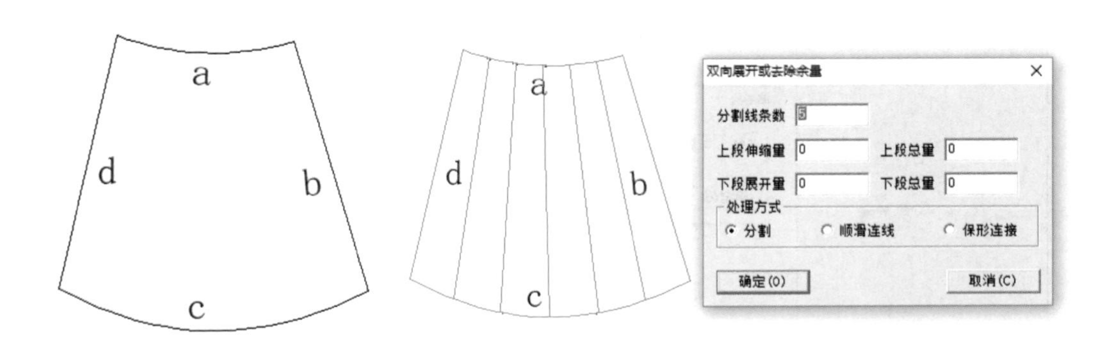

图2-3-21　分割纸样

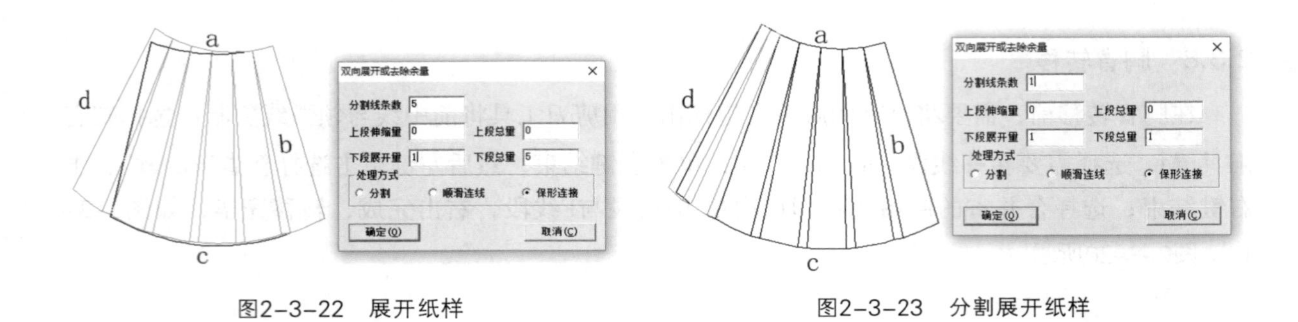

图2-3-22　展开纸样　　　　图2-3-23　分割展开纸样

2.3.10　绘制领子及衣袖

（1）绘制衣领。选择比较长度工具，测量前后领围弧线的长度；然后用智能笔工具进行绘制，如图2-3-24所示。

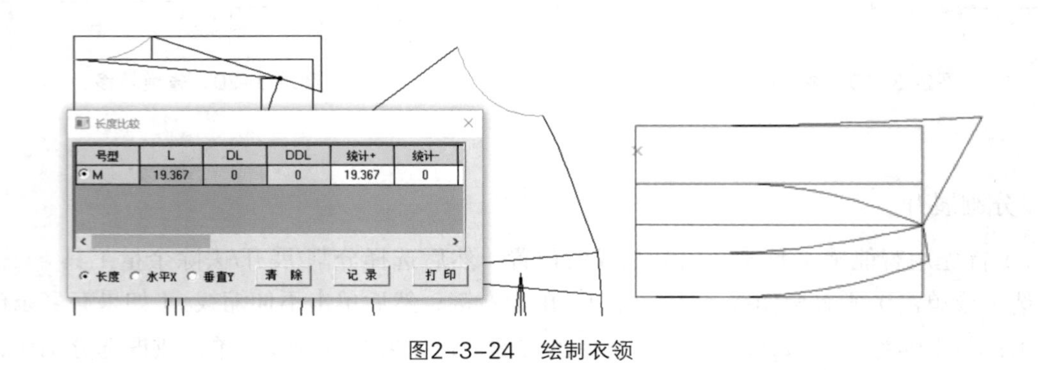

图2-3-24　绘制衣领

（2）绘制衣袖。绘制袖子样板可以选用圆规工具或智能笔工具绘制。在袖窿曲线部分加上省褶，选择插入省褶工具，单击袖窿弧线后击右键，弹出“指定段的插入省”对话框，在对话框中输入省量或褶量，以及需要的处理方式，如图2-3-25、图2-3-26所示。

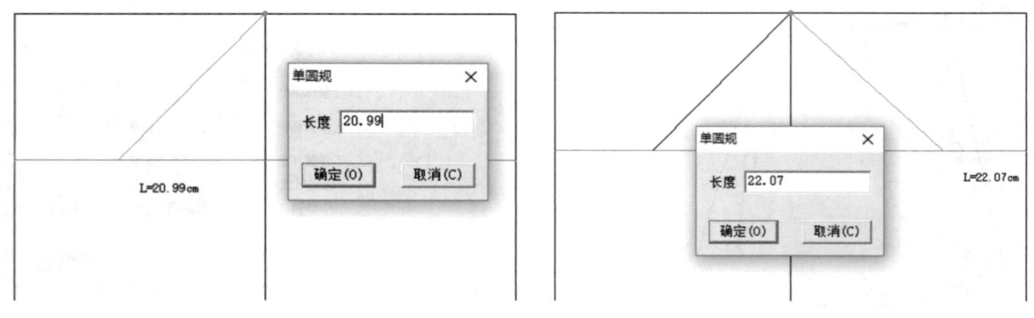

图2-3-25　确定袖宽

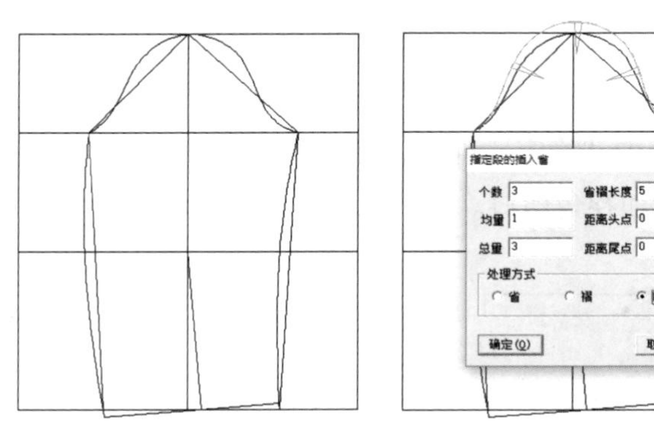

图2–3–26　绘制衣袖

2.3.11　拾取纸样

选择剪刀工具，依次单击纸样的外轮廓线以及内部省道辅助线，最后击右键完成纸样的拾取。在界面的状态中将自动生成已拾取的纸样，双击纸样，弹出“纸样资料”对话框即可进行纸样资料信息的编辑。此时，选择纸样工具栏中的布纹线工具，右键单击纸样来改变布纹线方向，如图2–3–27、图2–3–28所示。

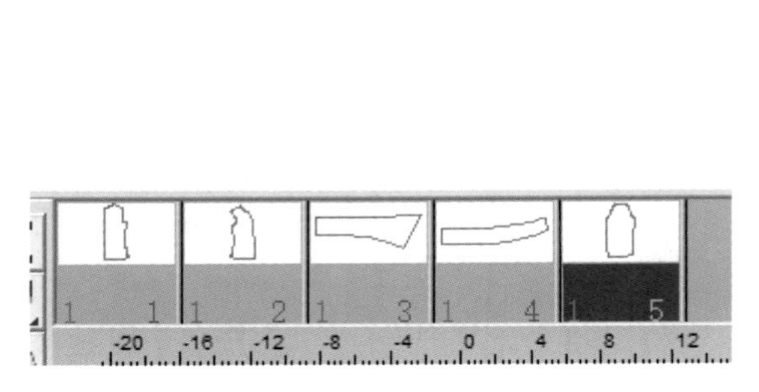

图2–3–27　纸样列表

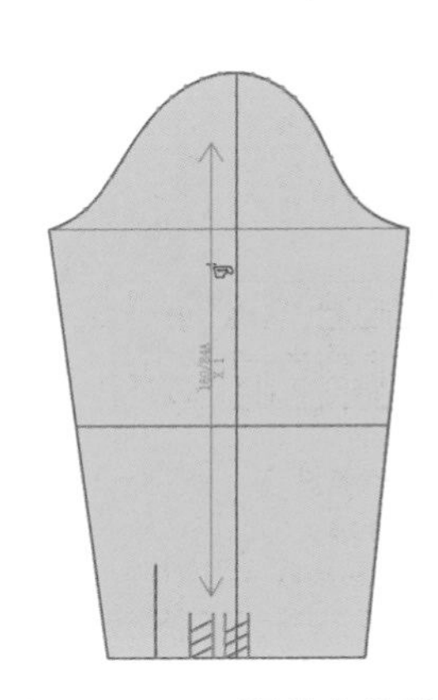

图2–3–28　调整布纹线

2.3.12　纸样编辑

（1）对纸样上的放码点进行修改。选择纸样控制点工具，在需要修改的点上双击，会弹出“点属性”对话框，修改之后单击“采用”即可，如图2–3–29所示。

（2）如果纸样有特殊的缝迹线要求，可以选择缝迹线工具，为纸样边线上加缝迹线，右键单击需要加线的线条，弹出“缝迹线”对话框，修改里面的参数即可，如图2–3–30所示。

（3）修改纸样的缝份，选择加缝份工具，框选需要修改缝份的部位，击右键弹出“加缝份”对话框，输入起点缝份量和终点缝份量，同时可以选择缝份拐角类型，单击“确定”即可，如图2–3–31所示。

（4）用剪口工具对纸样进行加剪口。如果是在控制点上加剪口，用该工具在控制点单击即可；如果是在一条线上加剪口，则用该工具单击线或框选线，弹出“剪口”对话框，选择适当的选项，输入合适的数值，点击“确定”即可，如图2-3-32所示。若在拐角点处加剪口，框选拐点即可，可同时在多个拐角处加拐角剪口。

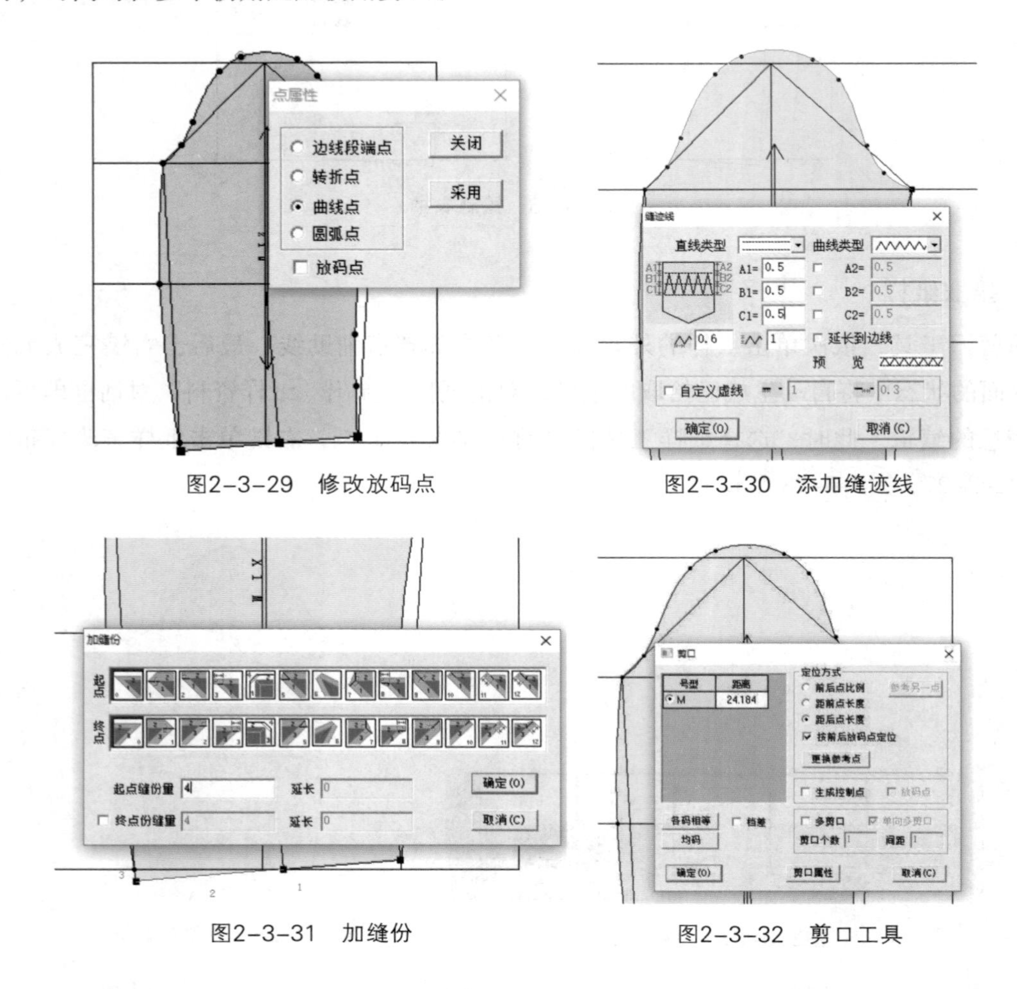

图2-3-29　修改放码点

图2-3-30　添加缝迹线

图2-3-31　加缝份

图2-3-32　剪口工具

（5）对纸样加扣眼，选择眼位工具，单击前领深点，弹出“加扣眼”对话框，进行参数设置即可；也可以用该工具选中参考点按住左键拖线，松开后会弹出“加扣眼”对话框，进行参数调整，如图2-3-33所示。

（6）对纸样进行加省处理，选择锥形省工具，依次单击两个省尖点，再单击腰省点，弹出“锥形省”对话框，设置省的大小，单击“确定”即可，如图2-3-34所示。

（7）调整纸样内部线看对接是否圆顺，选择行走比拼工具，分别单击两个纸样中要对接的两个点，在弹出的对话框中输入行走距离，查看对接是否圆顺，单击对称轴即可关联对称。对于不同的款式结构纸样，可以运用不同的纸样调整工具，比如分割纸样工具、合并纸样工具，等等，如果面料有不同程度的缩水，可以使用缩水工具进行缩水量的调整，如图2-3-35所示。

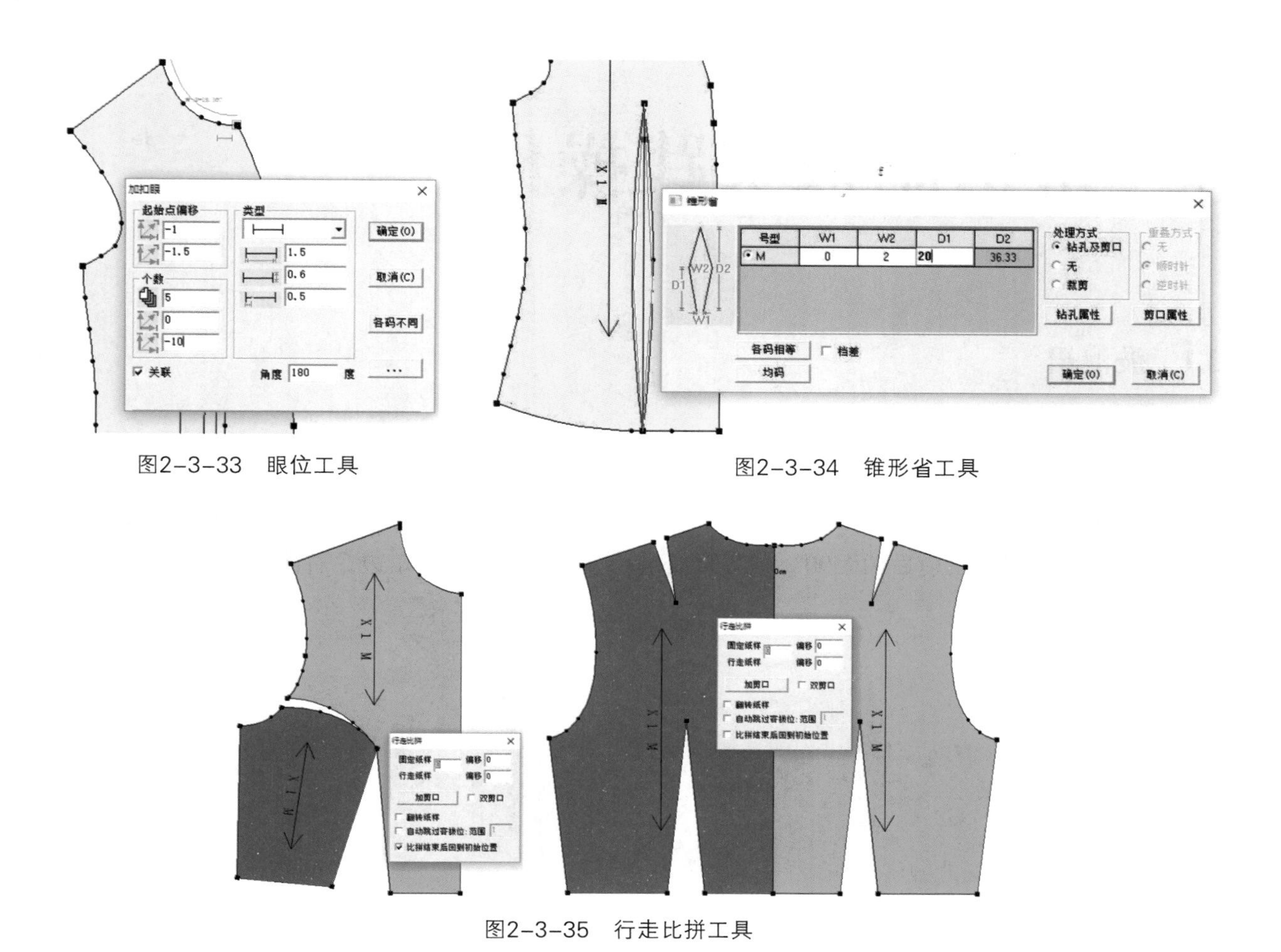

图2-3-33　眼位工具

图2-3-34　锥形省工具

图2-3-35　行走比拼工具

（8）最后编辑各个纸样的资料信息，双击衣片列表框中的衣片，弹出“纸样资料”对话框，设置名称、布纹方向、纸样份数等资料，单击“应用”即可，如图2-3-36所示。

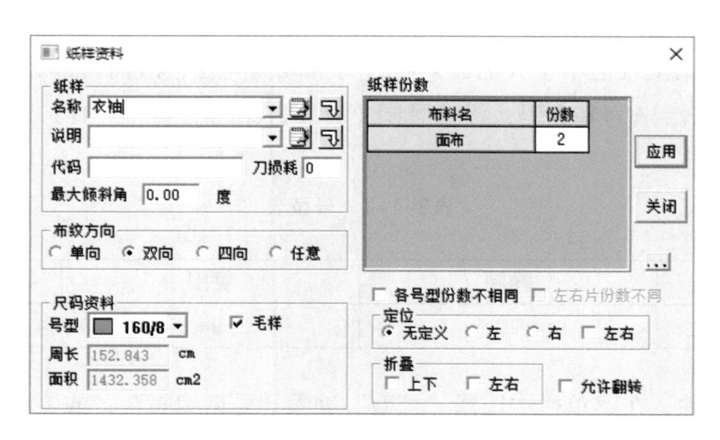

图2-3-36　纸样信息编辑

3　富怡制板实践操作

3.1　波浪裙

3.1.1　款式分析

波浪裙，又称斜裙、喇叭裙。波浪裙具有潇洒、飘逸的特点。本款波浪裙为无腰款式，腰围略低于正常腰围线，由前后两个90°裙片组成裙身。裙腰内装腰里贴边，右侧缝装隐形拉链（图3–1–1）。

图3–1–1　波浪裙款式图

3.1.2　波浪裙结构设计

3.1.2.1　设置号型

一般而言，波浪裙呈现上小下大的放射状，臀部较为宽松，故而臀部数据有时不作要求。在本案例中，我们以160/84A为基准码，设置腰围（W）为70cm，臀围（H）为94cm，裙长（L）为60cm，如表3–1–1所示。

表3–1–1　号型表

单位：cm

号型	腰围	臀围	裙长
160/84A	70	94	60

打开富怡CAD软件，在菜单栏中选择“号型”进入“号型编辑”，或者使用快捷键Ctrl+E进入“号型编辑”。在弹出的对话框中输入具体数值，如图3–1–2所示。

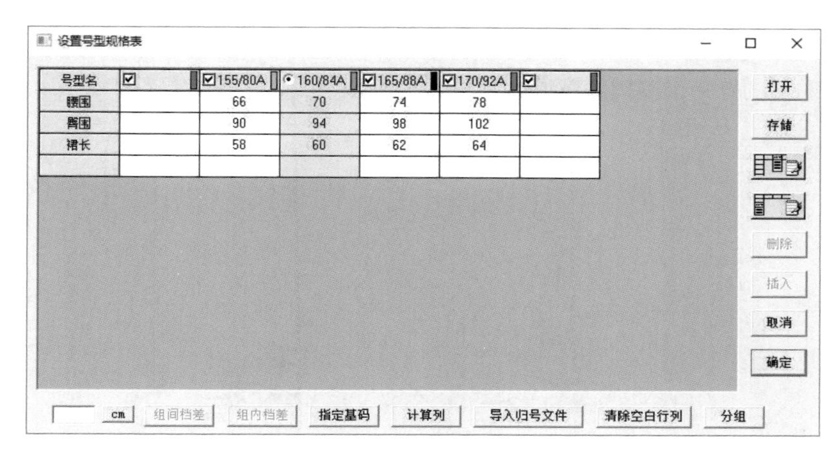

图3-1-2　设置号型规格

3.1.2.2　绘制基础线

（1）绘制线段。选择智能笔工具，绘制线段，长度为 R + L=82.3cm；绘制对称线，使两条线段夹角为45°，长度一致即可，完成后如图3-1-3所示。

（2）改变线型。选择设置线的颜色类型工具，在快捷工具栏中选择线类型，设置为点画线，鼠标单击对称线即可，如图3-1-4所示。

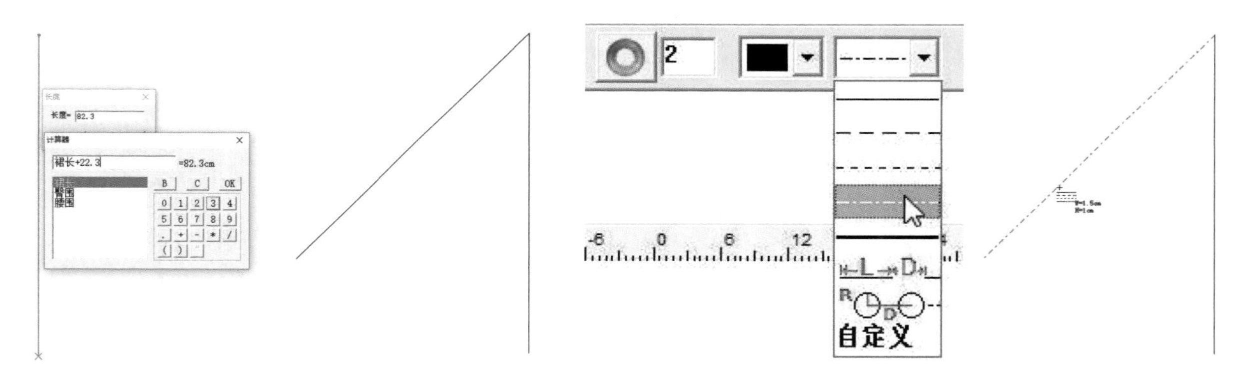

图3-1-3　绘制基础线

图3-1-4　改变线型设置

提示1： R的具体数值计算方法。

① R = W/（n× θ），R为腰围半径，W为腰围，n为裙片数量，θ为每个裙片角度；

② Ll = 2πR，R为腰围半径，本案例由两片90° 裙片组成，可理解为以R为半径的圆的周长的一半即为腰围，其中Ll为腰围的两倍。

提示2： 绘制对称线有两种方法，如图3-l-5所示。

① 使用角度线工具，鼠标单击线段一端至另一端后即出现红色线条，单击鼠标，在弹出的对话框中设置具体数值。

② 使用旋转工具，框选线段后变为红色，右击鼠标，鼠标单击线段一端至另一端后即出现绿色线段，在弹出的对话框中设置具体数值。

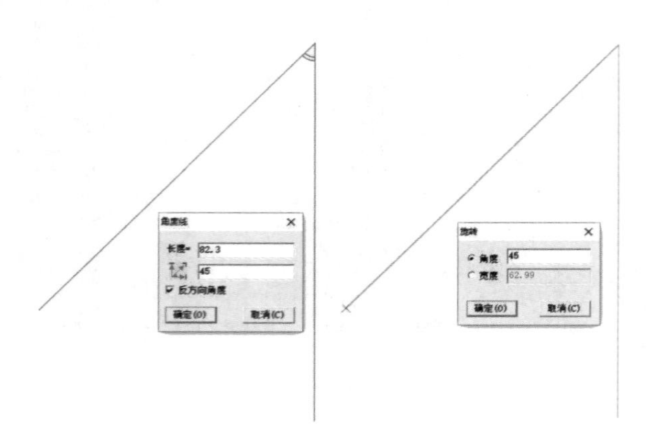

图3-1-5　不同方法绘制对称线

3.1.2.3　裙片结构设计

（1）绘制前腰围线。选择CR圆弧工具，单击圆心（两线交点），在弹出的对话框中输入圆半径“22.3”后，拖动至另一条线即可，如图3-1-6所示；用同样的方法绘制裙摆，如图3-1-7所示。

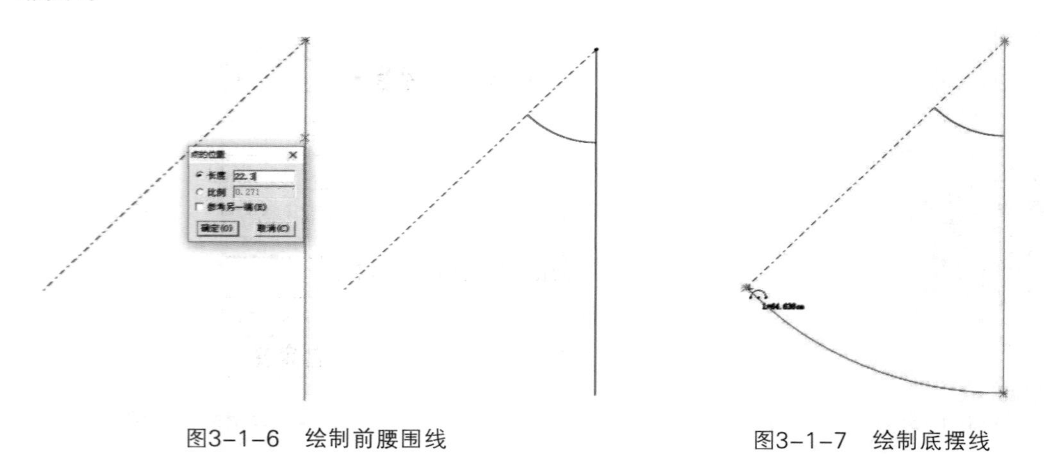

图3-1-6　绘制前腰围线　　　　图3-1-7　绘制底摆线

（2）调整侧缝线。选择智能笔工具，在腰围线上靠近侧缝线一侧单击，在弹出的对话框中输入“0.7”，拖线段至侧缝线，在弹出的对话框中输入数值“15”即可，如图3-1-8所示；使用同样的方法调整修顺底摆线，如图3-1-9所示。

（3）改变线型。选择设置线的颜色类型工具，在快捷工具栏中选择线类型，设置为粗线，鼠标单击所需线段，完成后如图3-1-10所示。

（4）绘制后腰围线。选择智能笔工具，在对称线上前腰围下单击，在弹出的对话框中输入“1”为后腰围下降数值，并连接至侧缝线；调整修顺后腰围线，并改变线型以便与前腰围线区分，如图3-1-11所示。

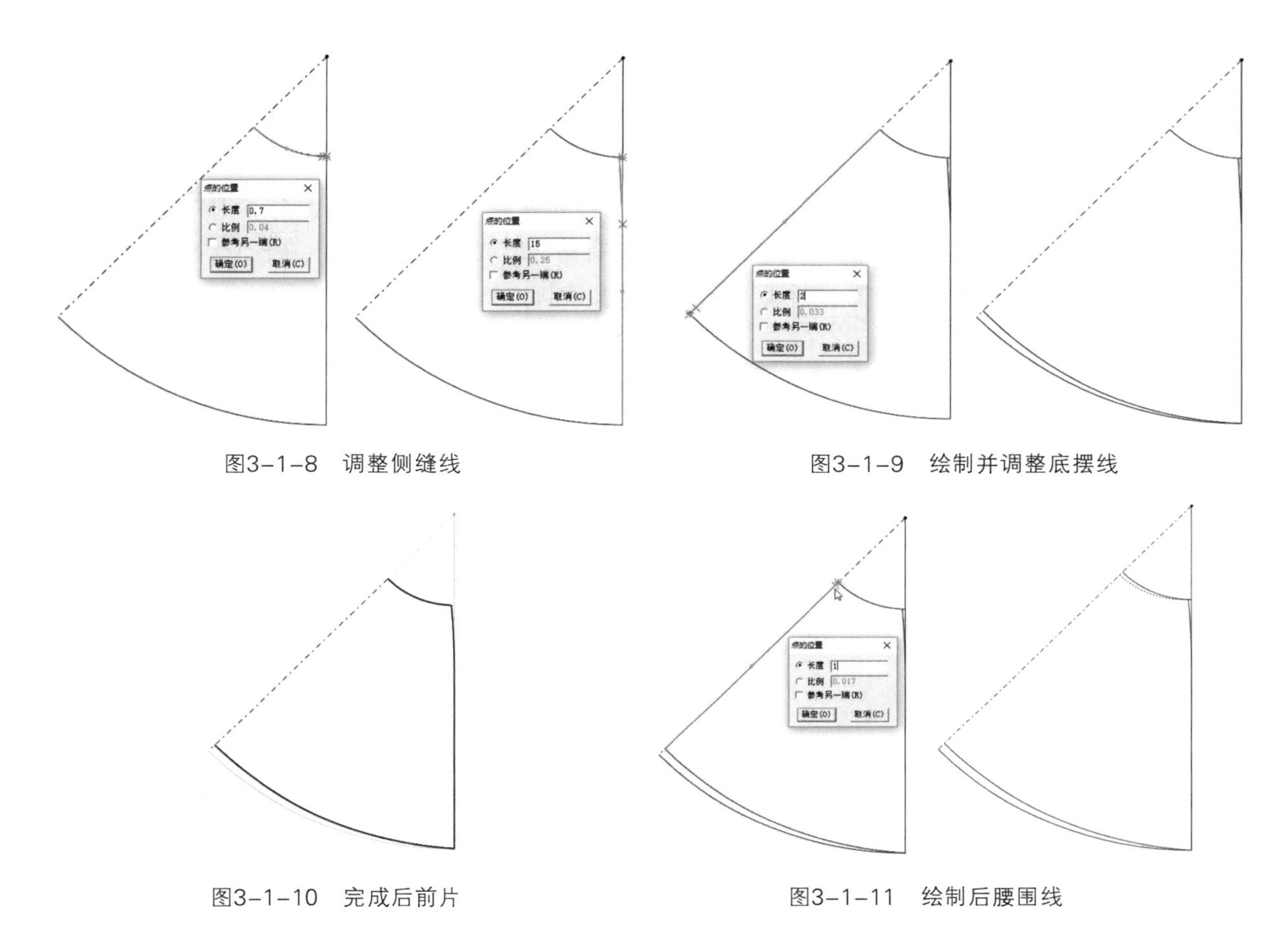

图3-1-8 调整侧缝线

图3-1-9 绘制并调整底摆线

图3-1-10 完成后前片

图3-1-11 绘制后腰围线

（5）改变线型。选择设置线的颜色类型工具，在快捷工具栏中选择线类型，设置为所需类型，鼠标单击所需线段，完成后如图3-1-12所示。

提示：在执行调整侧缝线之前，我们需要对侧缝线与对称线进行剪断操作。选择剪断线工具，将光标放至腰围线与侧缝线相交处，单击右键完成。用同样的方法将对称线剪断，如图3-1-13所示。

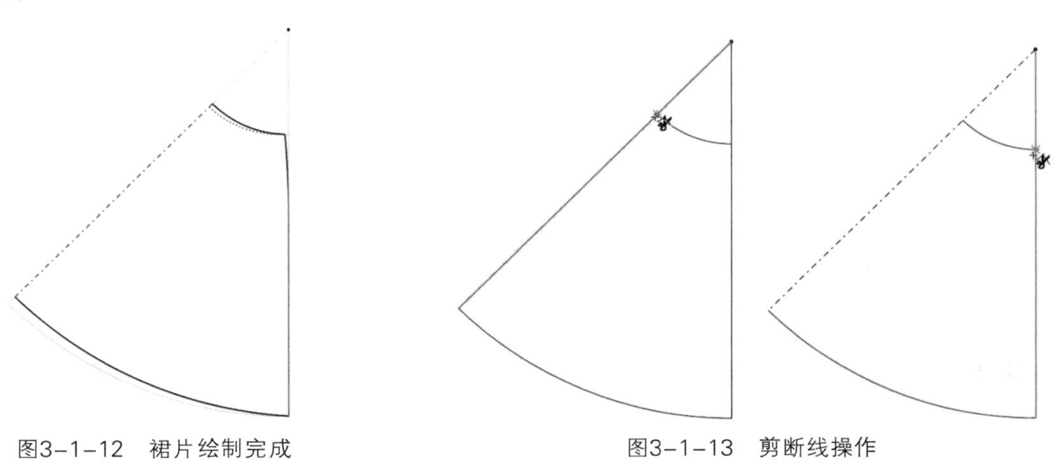

图3-1-12 裙片绘制完成

图3-1-13 剪断线操作

3.1.2.4 绘制腰贴

（1）设置前腰贴宽。选择智能笔工具，将光标放至前腰线上，按住鼠标右键不放向下拖拽，即进入平行线功能。松开鼠标后，在弹出的对话框中设置数值为“4”，为前腰宽；继续使用智能笔工具，框选前腰线平行线后左击侧缝线，随后右击，完成靠边功能，如图3-1-14所示。

（2）提取前腰贴。选择移动工具，依次单击需要移动的线段后右击，再在任意处单击鼠标，移动目标至合适位置即可；选择剪断线工具，按要求剪断相关线段；选择橡皮擦工具，删除多余线段，如图3-1-15所示。

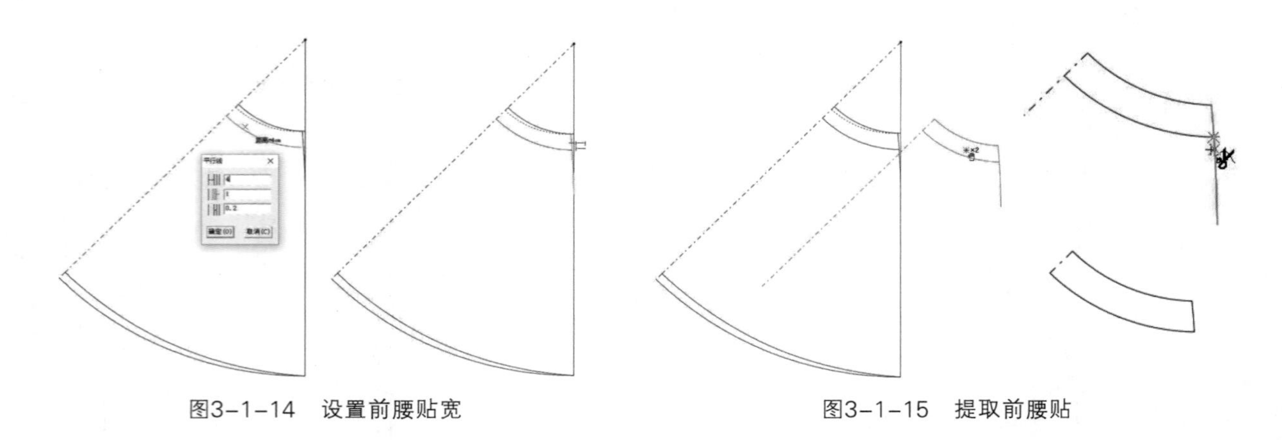

图3-1-14　设置前腰贴宽

图3-1-15　提取前腰贴

（3）改变线型。选择设置线的颜色类型工具，在快捷工具栏中选择线类型，设置为所需类型，鼠标单击所需线段即可，如图3-1-16所示。

（4）绘制后腰贴。与绘制前腰贴使用相同方法即可，完成后如图3-1-17所示。

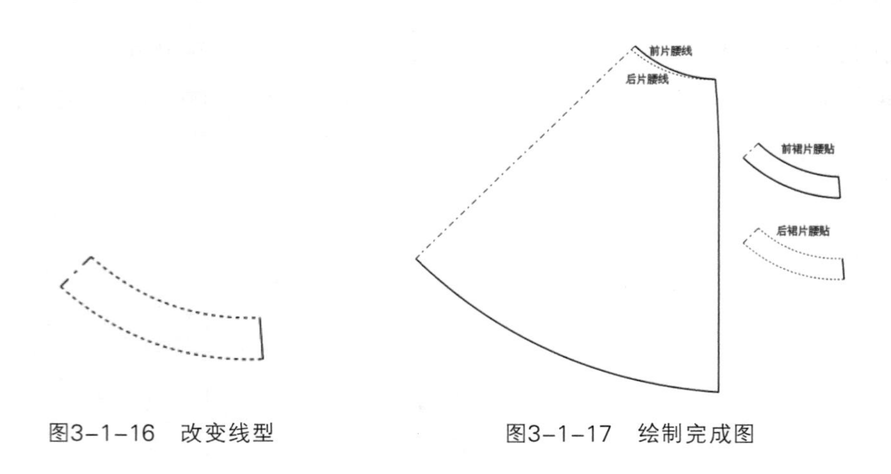

图3-1-16　改变线型

图3-1-17　绘制完成图

提示： 移动工具具有移动与复制移动功能。当光标处于 ⁺✋ 时，表示该状态下仅可以移动目标图元；当光标处于 ⁺ˣ²✋ 时，表示该状态下可以复制移动目标图元。两者状态通过Shift键进行切换。

3.1.3 波浪裙放码

（1）提取衣片及部件。选择移动工具，在复制移动状态下将前后衣片及腰贴移动至合适位置；选择对称工具，以点画线（对称线）为对称轴，绘制前后裙片及相关部件，完成如图3-1-18、图3-1-19所示。

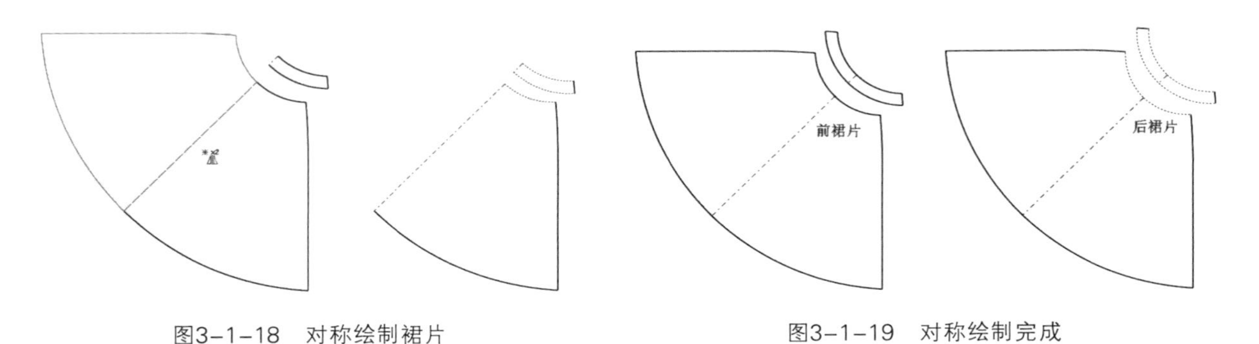

图3-1-18 对称绘制裙片　　图3-1-19 对称绘制完成

（2）拾取衣片。选择剪刀工具，可以框选或使用鼠标依次单击衣片轮廓线后，右击鼠标完成，如图3-1-20所示。

（3）编辑纸样资料。鼠标双击界面左上角的衣片列表框，在弹出的对话框中输入相关信息，如图3-1-21所示。

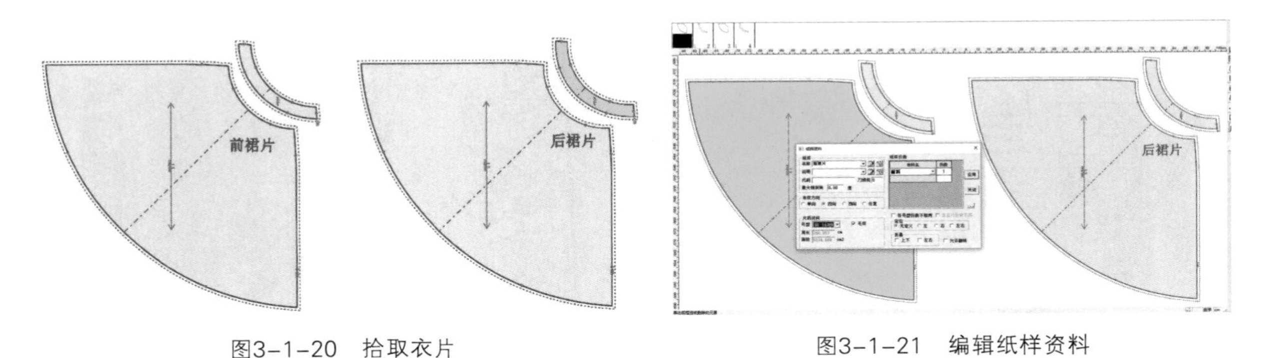

图3-1-20 拾取衣片　　图3-1-21 编辑纸样资料

（4）调整布纹线方向。选择布纹线工具，鼠标单击可移动布纹线位置，鼠标右击可改变布纹线方向，根据纸样调整布纹线方向与位置，如图3-1-22所示。

（5）纸样加缝份。选择加缝份工具，在前后裙片拉链处设置缝份为“1.5”，裙摆缝份为“1.2”，具体如图3-1-23所示。

（6）衣片做剪口标记。选择剪口工具，依次在前后片拉链止口、裙摆折边、裙中心线与腰围交点、前后腰贴中心等处做剪口标记。完成如图3-1-24所示。

（7）完成波浪裙工业样板绘制，如图3-1-25所示。

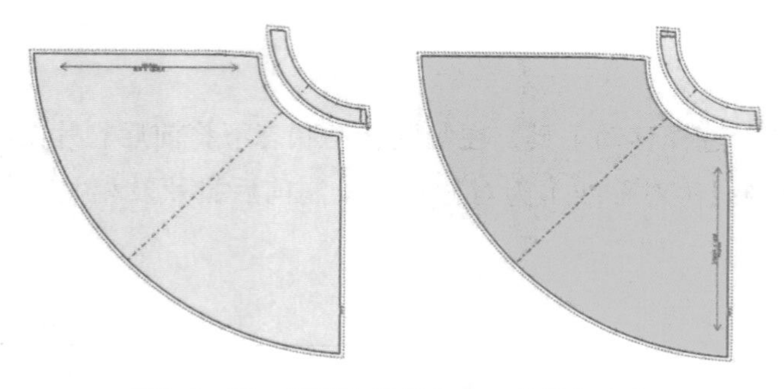

图3-1-22　调整布纹线方向、位置与大小

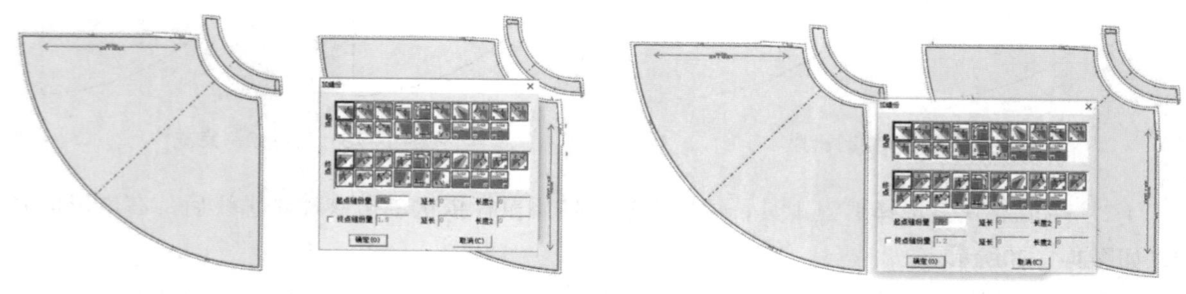

图3-1-23　加缝份

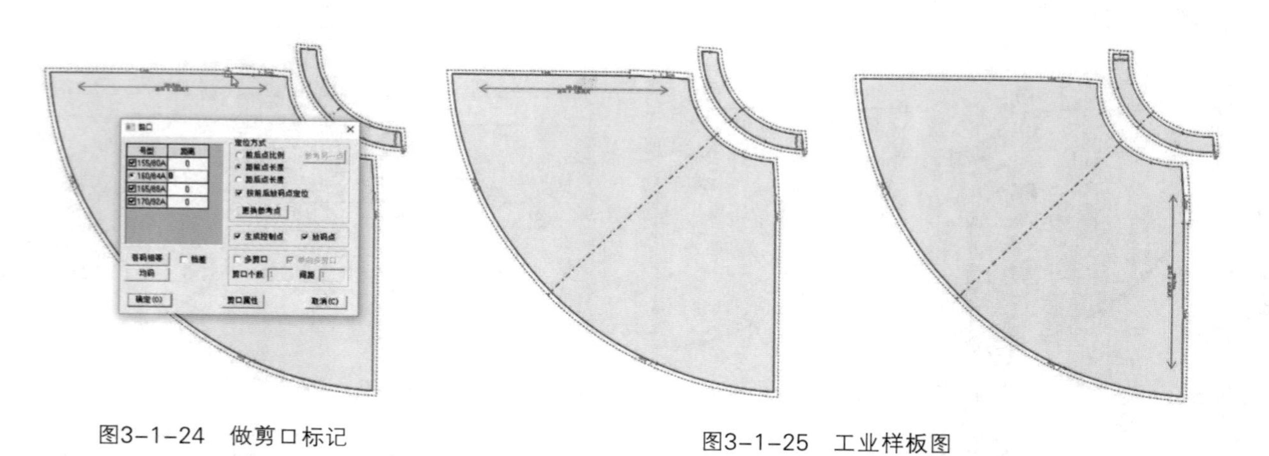

图3-1-24　做剪口标记

图3-1-25　工业样板图

提示：衣片列表框位于界面左上角，如图3-1-26所示。当使用剪刀工具将界面中封闭图形拾取转变为纸样时，该列表出现相关纸样信息。使用鼠标双击相关纸样，则弹出“纸样资料”对话框，如图3-1-27所示，在对话框中有各类纸样信息可以选择，常用的如名称、号型、布料名、份数等，可根据设计服装具体的要求进行选择。

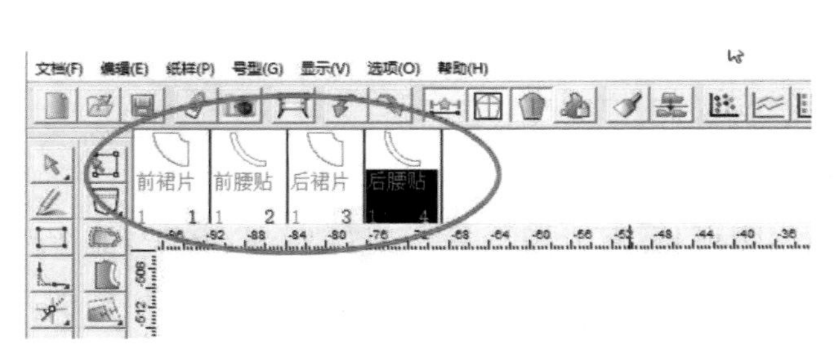

图3-1-26　衣片列表框（红圈内为衣片列表中已有衣片）

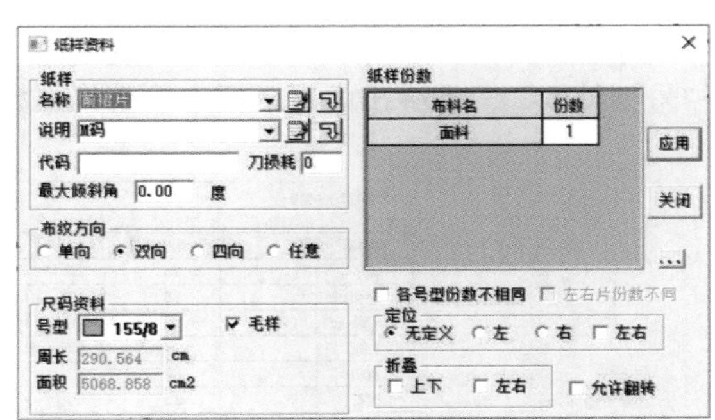

图3-1-27　“纸样资料”对话框

3.2　女西裤

3.2.1　款式分析

女西裤，由男西裤演变而来。一般为女性在工作场合所穿着，要求舒适、端庄、大方。本款女西裤腰部为装腰型直腰，前裤片左右各有两个反褶裥，后裤片左右设计有两个省道，侧缝设计有直插袋，前中开门襟装拉链，裤管呈锥形，前后裤片从上至下均有烫迹线，如图3-2-1所示。

图3-2-1　女西裤款式图

3.2.2　女西裤结构设计

3.2.2.1　设置号型

在本案例中，我们以160/84A为基准码，设置裤长（L）为100cm，腰围（W）为70cm，臀围（H）为100cm，裆深为29cm，脚口为40cm，腰头宽为3.5cm，如表3-2-1所示。

表3-2-1　号型表

单位：cm

号型	裤长	腰围	臀围	裆深	脚口	腰头宽
160/84A	100	70	100	29	40	3.5

打开富怡CAD软件，在菜单栏中选择“号型”进入“号型编辑”或者使用快捷键Ctrl+E进入“号型编辑”。在弹出的对话框中输入具体数值，如图3-2-2所示。

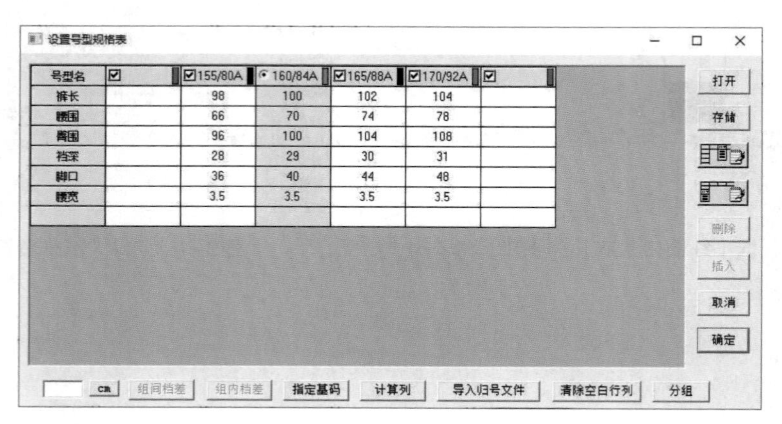

图3-2-2　设置号型规格

3.2.2.2　绘制前片基础线

（1）绘制裤长。选择智能笔工具，绘制线段，长度为“裤长－腰头宽”，即96.5cm；绘制上下平行线，如图3-2-3所示。

图3-2-3　绘制裤长

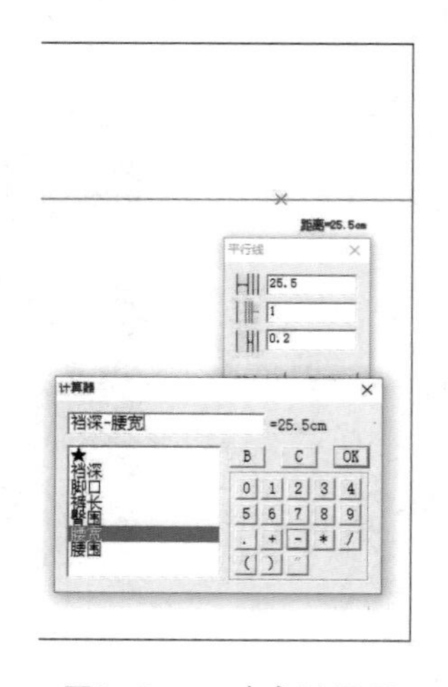

图3-2-4　确定裆深量

（2）绘制裆深线、臀围线及膝围线。选择智能笔工具，进入平行线功能，在弹出的对话框中输入数值，如图3-2-4所示；选择等分规工具，将上平线与裆深线距离三等分，取靠近裆深线三分之一处绘制直线为臀围线；继续使用等分规工具，将臀围线与下平线两等分，在两等分处上移4cm绘制直线为膝围线，如图3-2-5所示。

（3）绘制臀围宽。选择智能笔工具，在臀围线上取“臀围/4－1”，即24cm，绘制垂直线，并使用靠边功能，使之与裆深线相交，如图3-2-6所示。

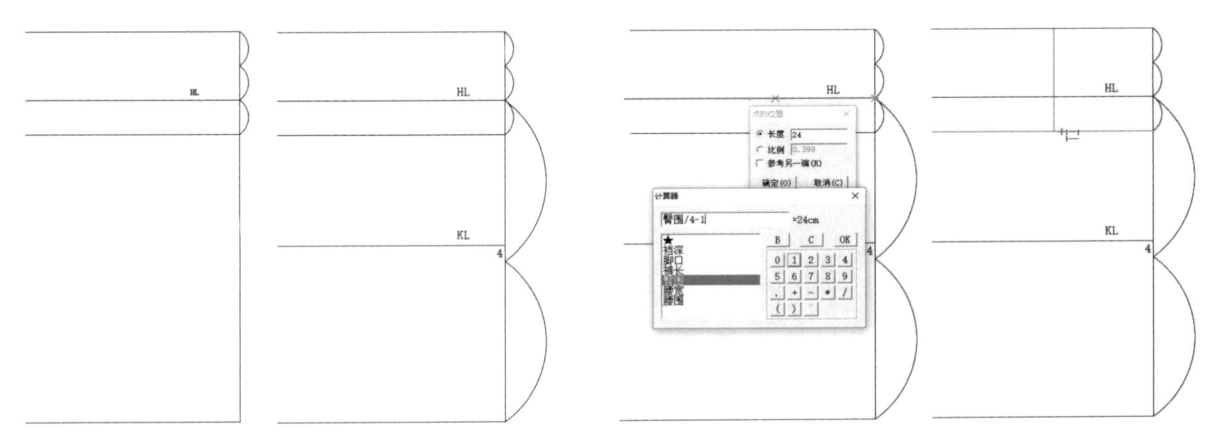

图3-2-5 绘制臀围线与膝围线　　　　图3-2-6 确定臀围宽

（4）绘制烫迹线。选择智能笔工具，从侧缝线与裆深线交点处向左移0.7cm做标记点为前裆劈势，以臀围大线与裆深线交点处向左移4cm做标记点为前小裆宽，如图3-2-7所示；选择等分规工具，等分前裆劈势标记点与前小裆宽标记点，并作垂直线过中心点，即为烫迹线，如图3-2-8所示。

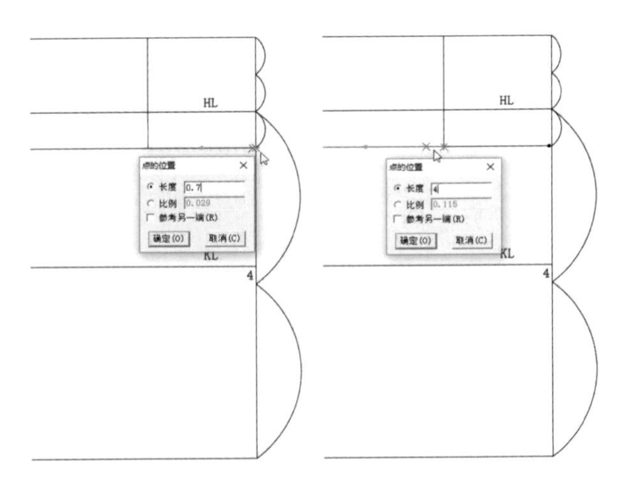

图3-2-7 做前裆劈势与小裆宽标记点

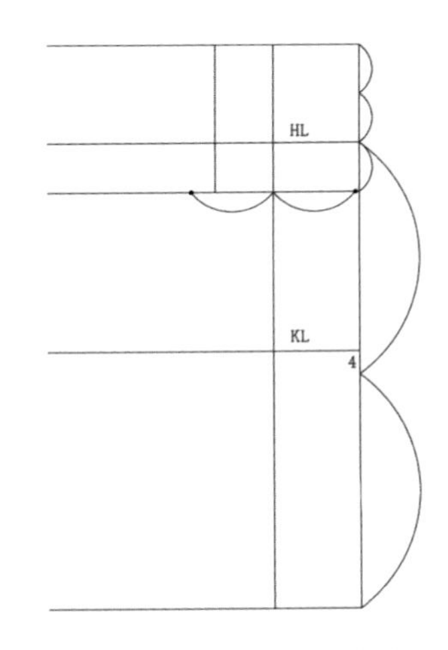

图3-2-8 确定烫迹线

（5）确定脚口宽。选择智能笔工具，进入线上反向等距功能，以烫迹线为中心线，在弹出的对话框中设置脚口宽度，如图3-2-9所示。

（6）确定中裆宽度。选择等分规工具，平分前小裆宽，以小裆宽中点做线段连接至烫迹线同侧脚口宽标记点，如图3-2-10所示；选择比较长度工具，测量膝围线上由小裆宽至脚口线段与烫迹线之间线段长度，并标记；选择智能笔工具，在烫迹线另一侧的膝围线上绘制同等长度线段，并做标记点，如图3-2-11所示；连接烫迹线同侧脚口宽标记线、前裆劈势标记点，完成基础线绘制，如图3-2-12所示。

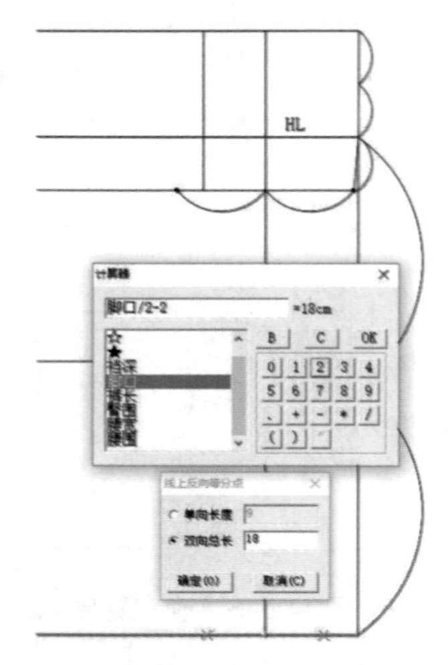

图3-2-9　确定脚口宽度

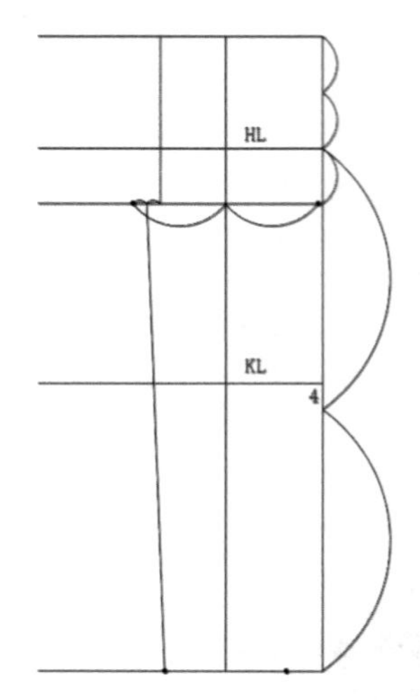

图3-2-10　连接前小裆宽中点至脚口标记点

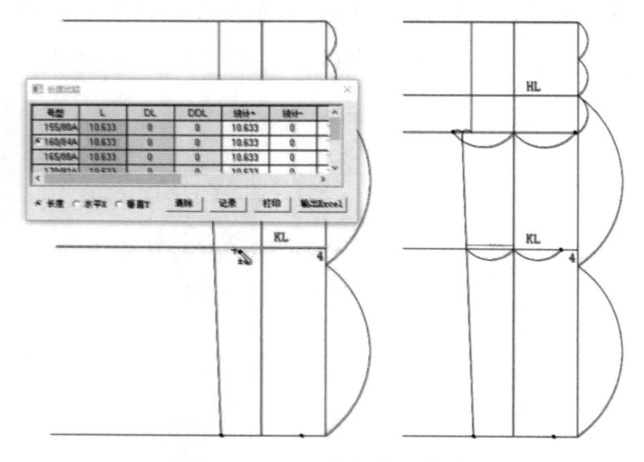

图3-2-11　确定中裆宽度

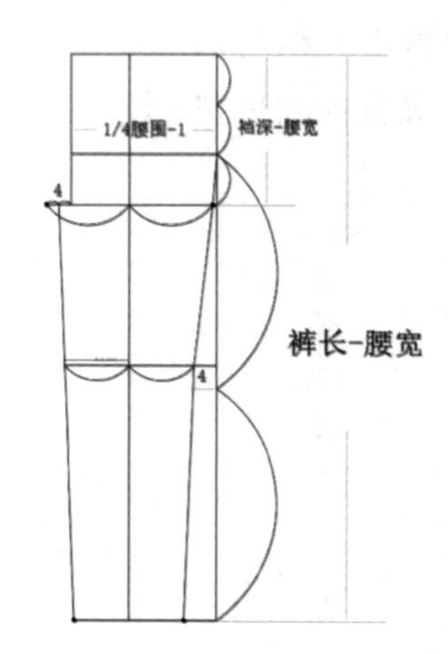

图 3-2-12　前片基础线完成图与尺寸

提示：智能笔工具的平行线功能与靠边功能。

智能笔工具是富怡CAD中最重要的工具，也是在工作中使用最多的工具。

① 平行线功能。使用该功能时，单击需要平行线段，移动至合适处，松开鼠标后再次单击，弹出对话框，可在对话框中设置移动距离、线段数量等信息。该图标表示基础线与平行线之间的距离；该图标表示平行线的数量；该图标表示平行线与后续平行线之间的距离，具体如图3-2-13所示。

② 靠边功能，该功能可以分为单向靠边与双向靠边。单向靠边时，框选需要靠边线段后单击目标线段，然后右击即可；双向靠边时，框选需要靠边线段后，依次单击两个目标线段即可，如图3-2-14、图3-2-15所示。

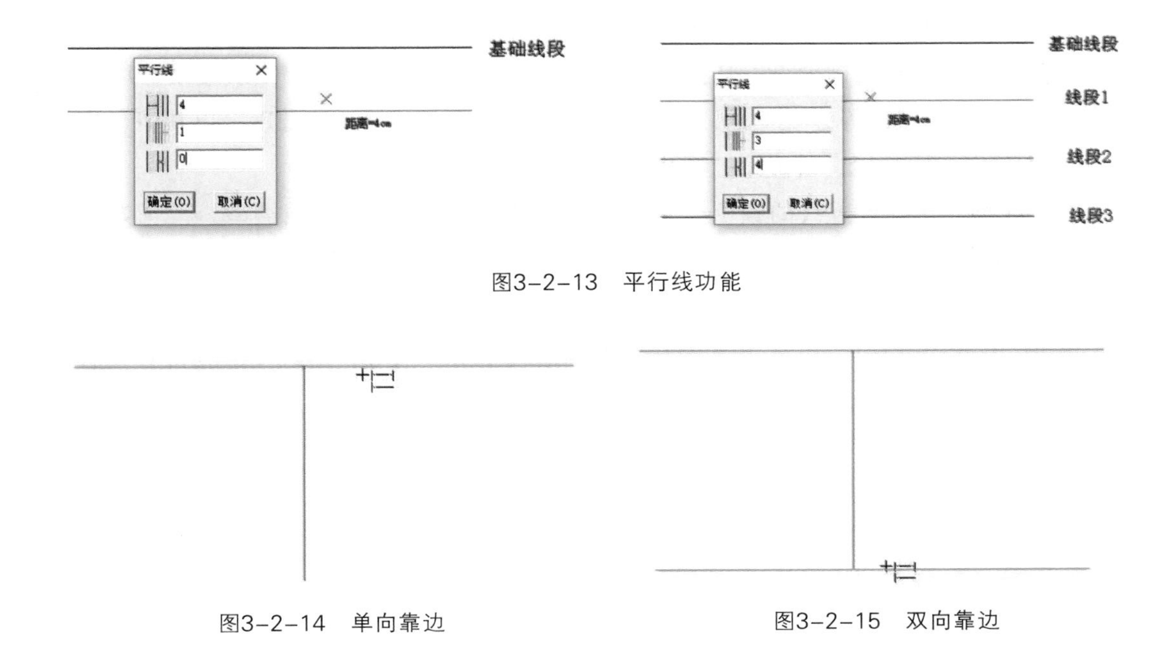

图3-2-13 平行线功能

图3-2-14 单向靠边

图3-2-15 双向靠边

3.2.2.3 绘制前片

（1）绘制前裆缝弧线与前下裆线。选择智能笔工具，以上平线左端向右偏移1cm为起点，连接臀围线与裆深线交点、前小裆宽标记点，并调整曲线，为前裆缝弧线；继续使用智能笔工具，连接前小裆宽标记点、中裆宽点及脚口，并调整曲线，如图3-2-16所示。

（2）绘制前侧缝弧线。选择智能笔工具，以上平线右端向左偏0.7cm为起点，连接臀围线、前裆劈势标记点、中裆宽点及脚口，并调整曲线，如图3-2-17所示。

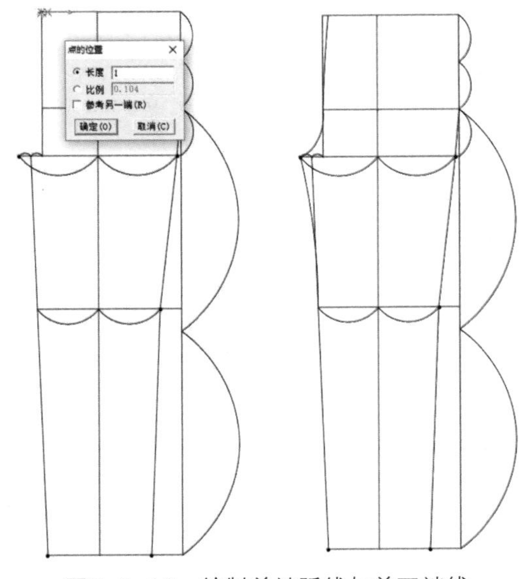

图3-2-16 绘制前裆弧线与前下裆线

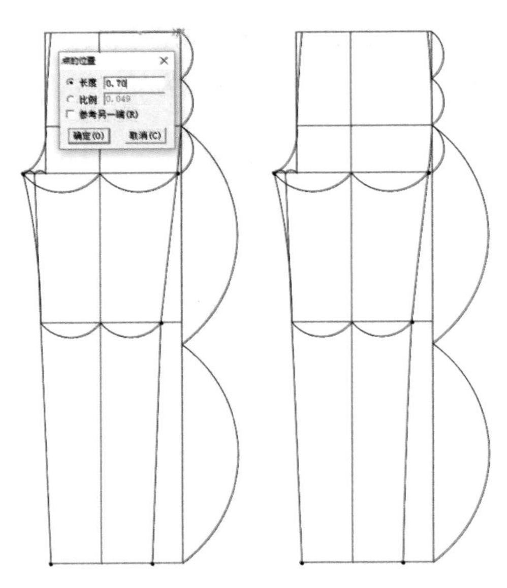

图3-2-17 绘制前侧缝弧线

（3）绘制前中褶裥。选择智能笔工具，以烫迹线为参照，向左移0.7cm后，以该点为起点，设计第一褶宽为3.2cm，并做标记点；选择等分规工具，四等分上平线至臀围线线段，以该线段3/4长为褶裥长度；继续使用等分规工具，平分第一褶标记点至前侧缝弧线长度，以其中点绘制垂直线，进入线上反向等距功能，设置第二褶宽为2.3cm。如图3-2-18所示。

（4）改变线型。选择设置线的颜色类型工具，在快捷工具栏中选择线类型，设置为所需类型，鼠标单击所需线段即可，完成后如图3-2-19所示。

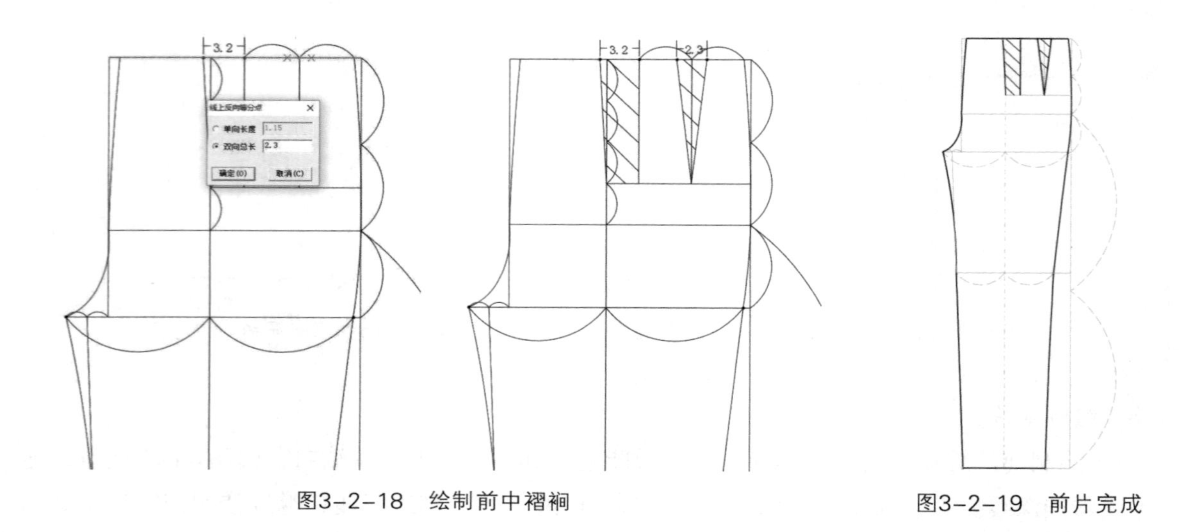

图3-2-18　绘制前中褶裥　　　　图3-2-19　前片完成

3.2.2.4　绘制后片基础线

（1）绘制后片侧缝线。选择智能笔工具，使用平行线功能与靠边功能，绘制后片侧缝线与各围度线，如图3-2-20所示。

（2）绘制后腰翘线与落裆线。选择智能笔工具，进入平行线功能，以上平线为基础线上抬2.5cm为后翘线；以裆深线为基础线，下降0.7cm为落裆线，如图3-2-21所示。

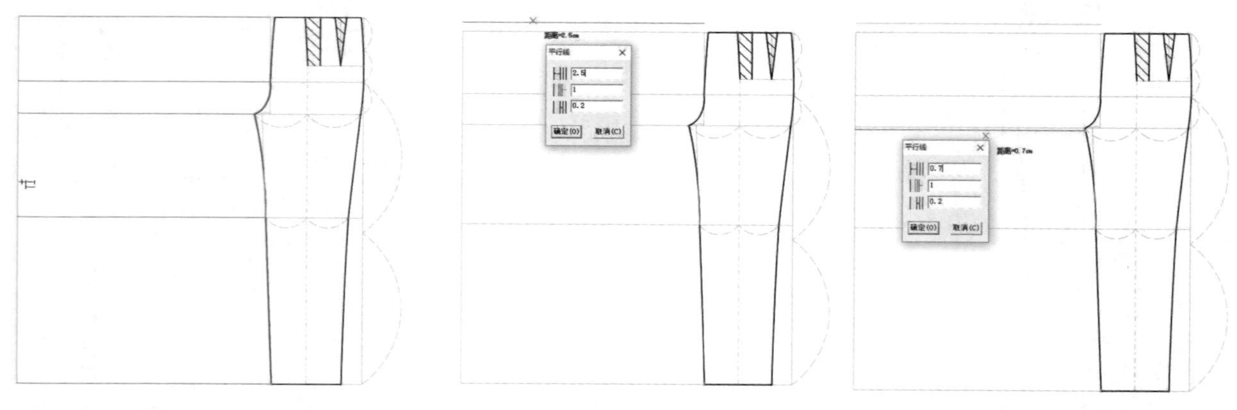

图3-2-20　绘制后片侧缝线　　　　图3-2-21　绘制后腰翘线与落裆线

（3）确定臀围宽度。选择智能笔工具，单击臀围线，在弹出的对话框中输入长度为“26”，即“臀围/4＋1”，绘制垂直线，如图3-2-22所示。

（4）绘制后裆缝斜线。后裆斜线比为“15：3.5”；选择智能笔工具，将光标放至臀围线与臀围大线的交点上，按Enter键，在弹出的对话中输入数值，如图3-2-23所示，绘制线段；使用双向靠边功能，分别靠至上翘线与落裆线，如图3-2-24所示。

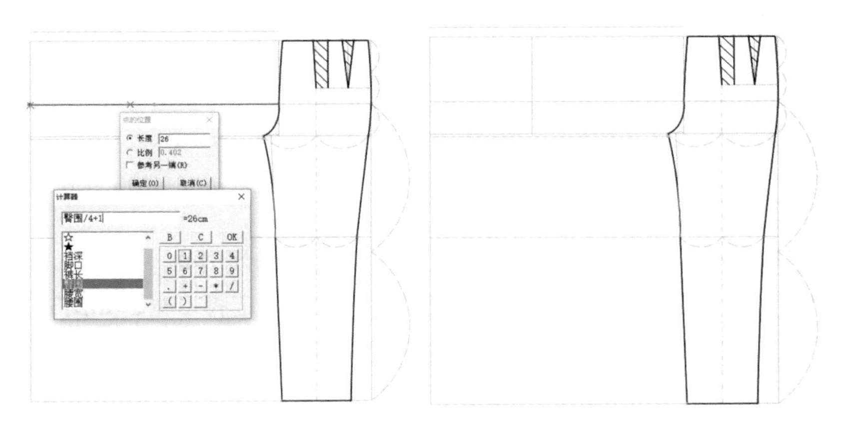

图3-2-22　确定臀围宽

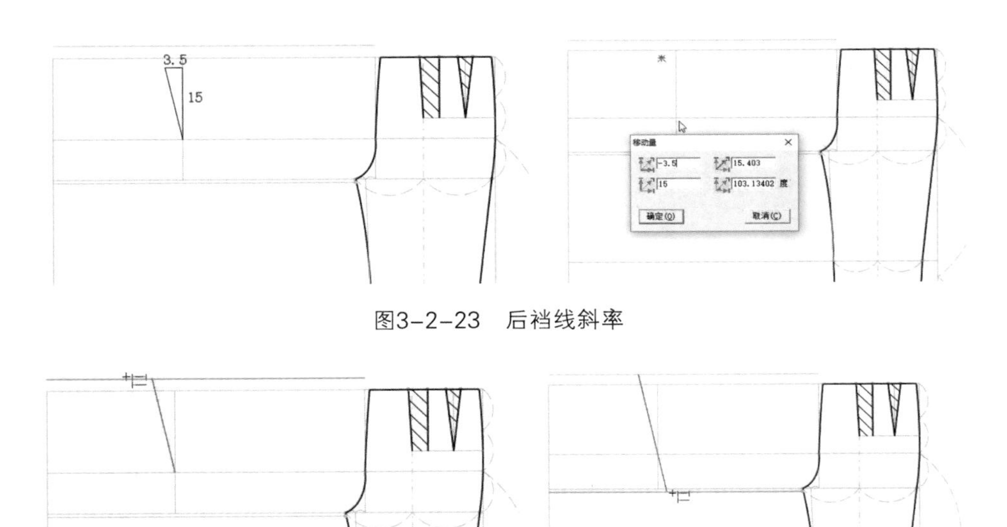

图3-2-23　后裆线斜率

图3-2-24　双向靠边

（5）确定后腰围量。选择圆规工具，以后裆缝斜线与上翘线交点为起点，绘制线段长为22.5cm，即“腰围/4＋1＋4”，如图3-2-25所示。

（6）确定后裆宽量及绘制烫迹线。选择智能笔工具，以后裆缝斜线与落裆线交点为起点，距此点10cm（臀围/10）处做标记点为后裆宽量标记点；选择等分规工具，平分后裆宽量标记点至后片侧缝线距离，并过中心点绘制垂直线，即为烫迹线，如图3-2-26所示。

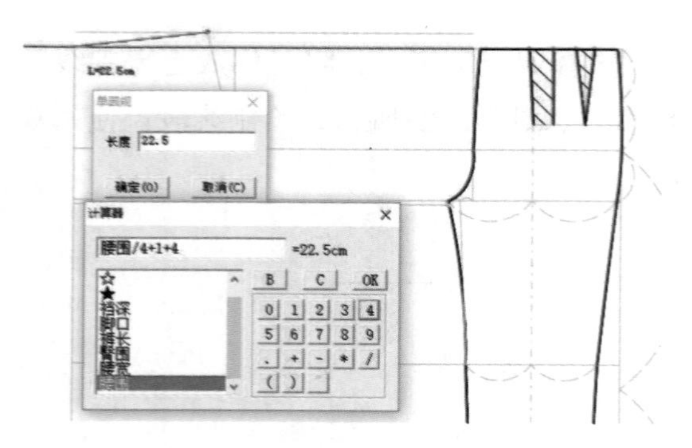

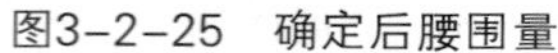

图3-2-25　确定后腰围量

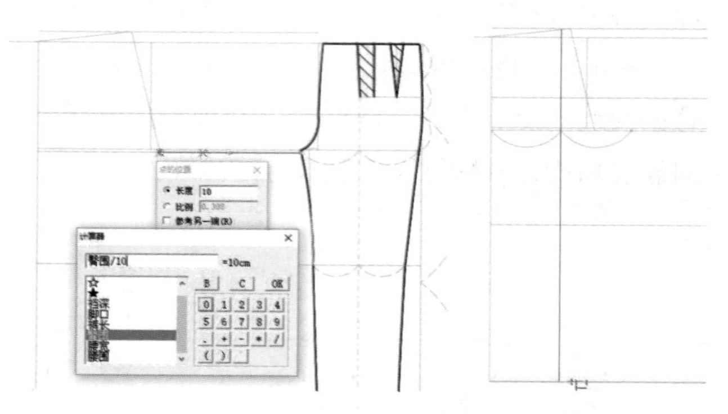

图3-2-26　确定后裆宽量及烫迹线位置

（7）确定后中裆量及脚口宽。选择等分规工具，以烫迹线为中心，使用线上反向等距功能，在对话框中输入相应数值（前中裆宽＋2）；使用同样的方法确定脚口宽，如图3-2-27所示。

（8）绘制后侧缝辅助线与后下裆辅助线。选择智能笔工具，分别连接烫迹线左右两侧的点即可，具体如图3-2-28所示。

提示：移动量功能是在智能笔工具下可以实现的一种功能。图标表示向右移动，图标表示向上移动，图标表示斜角移动量，图标表示斜角度数。如图3-2-29所示，以A为起点，移动至C点，需要向右移动“6”，即在图标下表示；向上移动“5”，即在图标下表示；A至B的直线距离为“7.81”，即在图标下表示；线段AB与线段AC的夹角度数约为“39.80”，即在图标下表示。

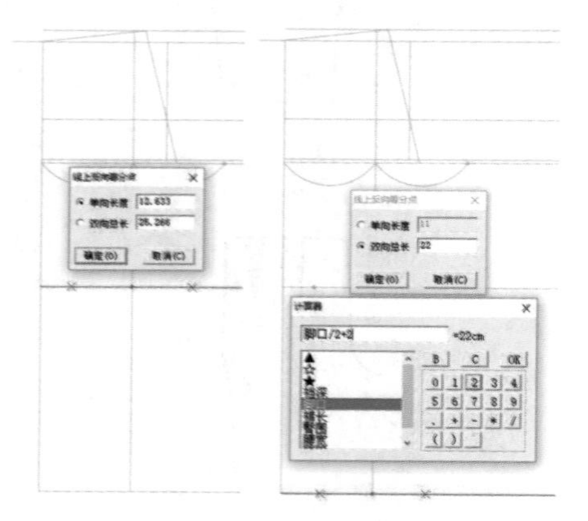

图3-2-27　确定后中裆量及脚口宽

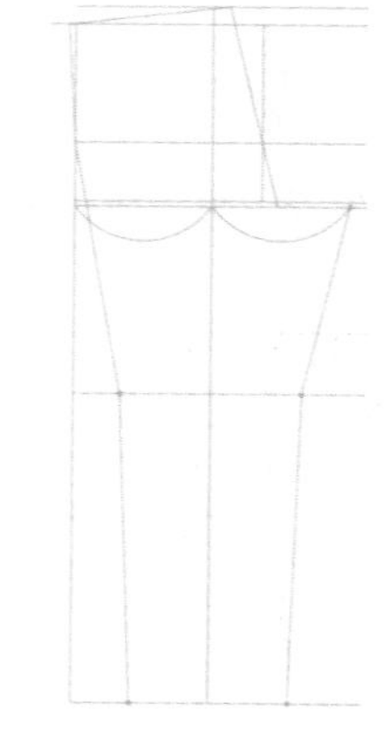

图3-2-28　后侧缝辅助线及后下裆辅助线

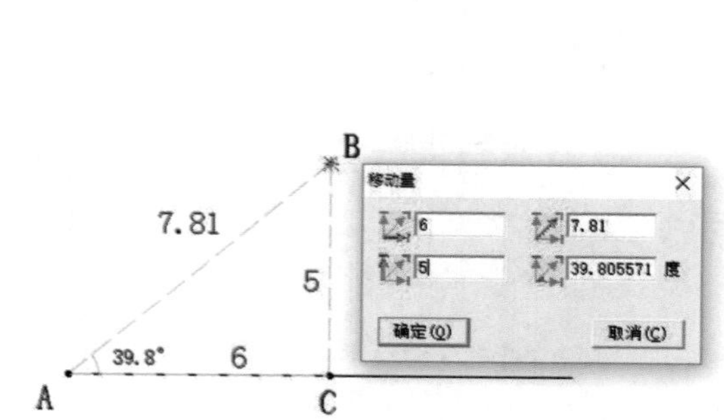

图3-2-29　移动量示意图

3.2.2.5　绘制后片

（1）绘制轮廓线。使用智能笔工具，依次连接后裆弧线、后下裆线、后侧缝线与脚口线，并调整线段，如图3-2-30所示。

（2）确定腰省长度。选择等分规工具，三等分后腰长；选择三角板工具，在三等分点上分别绘制腰省长度为“11”“12”，如图3-2-31所示。

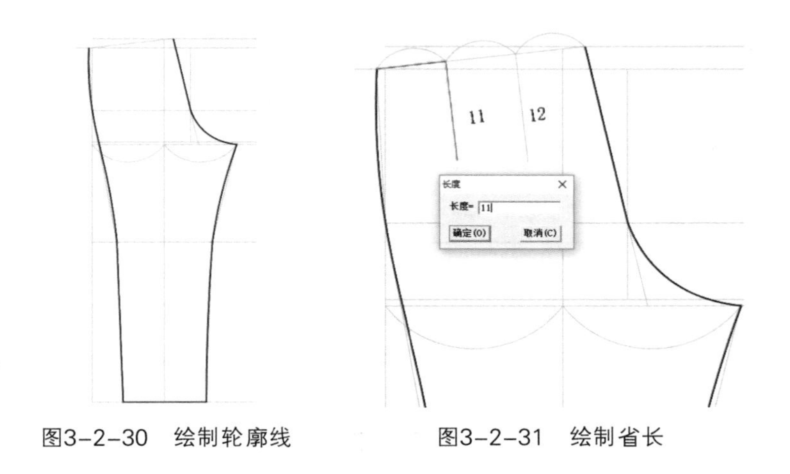

图3-2-30　绘制轮廓线　　　　图3-2-31　绘制省长

（3）确定腰省宽度。选择收省工具，依次单击腰围线、省长线，在弹出的对话框中设置省宽。具体数值如图3-2-32所示。

（4）改变线型。选择设置线的颜色类型工具，在快捷工具栏中选择线类型，设置为所需类型，鼠标单击所需线段即可，完成后如图3-2-33所示。

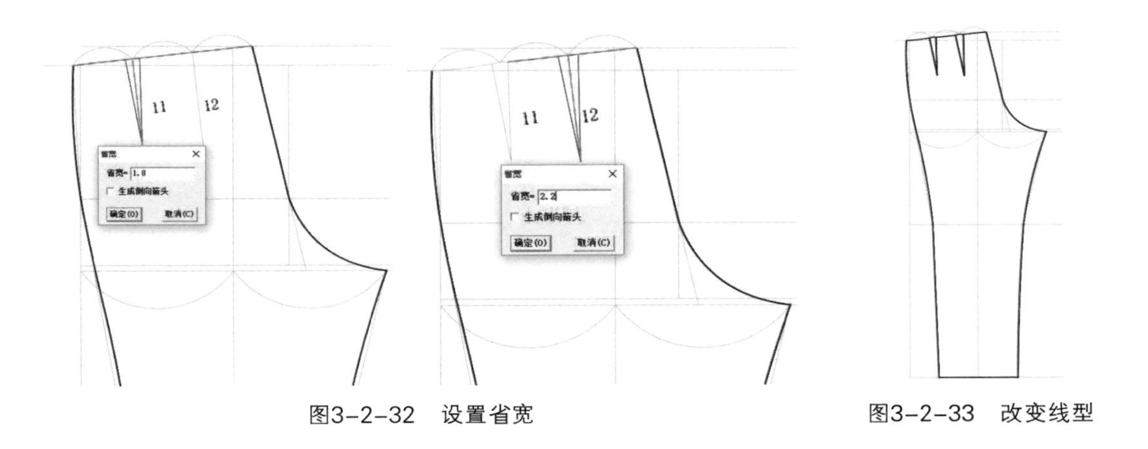

图3-2-32　设置省宽　　　　图3-2-33　改变线型

3.2.2.6　绘制其他部件

（1）绘制腰头。腰头绘制需要使用智能笔工具、比较长度工具及等分规工具，具体如图3-2-34所示。

（2）绘制门襟。选择智能笔工具，进入平行线功能，以前裆弧线为基础线向右平行3.2cm，并与其连接，如图3-2-35所示；选择圆角工具，依次单击需要圆顺夹角线段，调整至美观即可，如图3-2-36所示；选择移动工具，将门襟复制移动至合适空白处，使用剪断线工具与橡皮擦工具删除多余线段即可，如图3-2-37所示。

（3）绘制侧袋布。选择智能笔工具绘制长为“32.5”，宽为“16”的矩形，并确定袋口大小与袋布上口大小，如图3-2-38所示；选择圆角工具修顺袋布圆角，如图3-2-39所示；选择智能笔工具，进入平行线功能绘制袋口平行线，如图3-2-40所示；选择对称工具，对称侧袋布，并删除多余线段，即完成绘制，如图3-2-41所示。

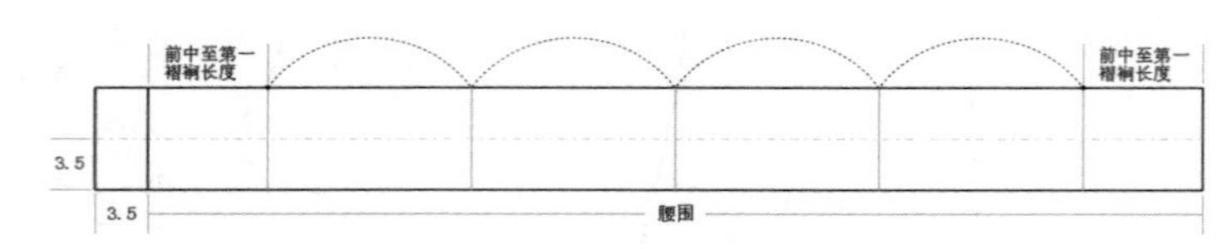

图3-2-34　腰头及裤带襻定位

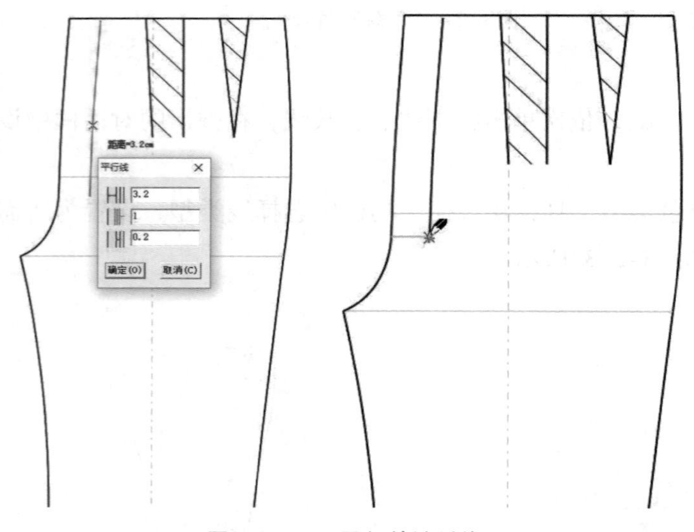

图3-2-35　平行前裆弧线

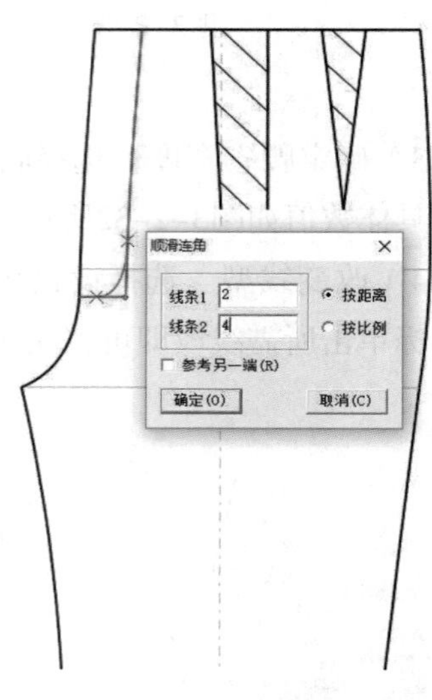

图3-2-36　圆顺夹角

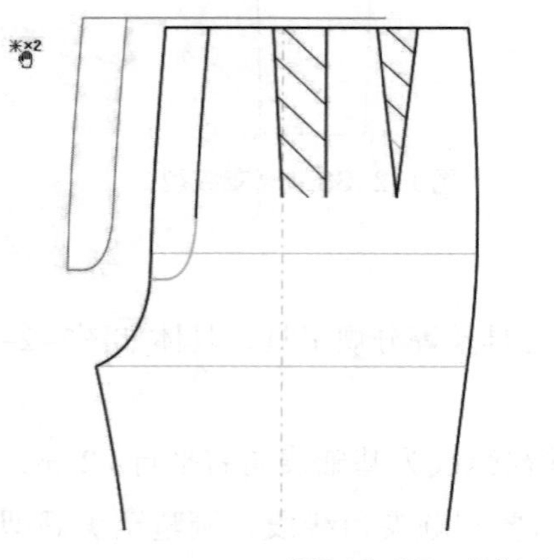
图3-2-37　绘制完成

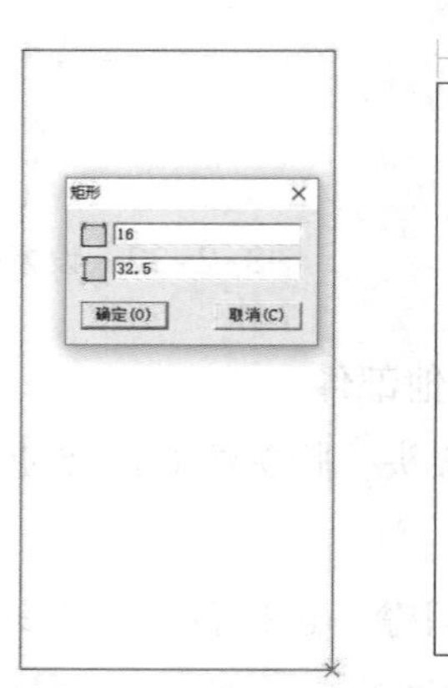

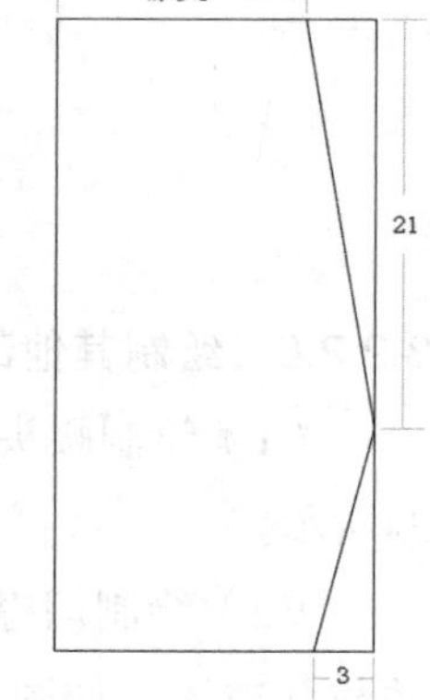

图3-2-38　绘制侧袋布基础线

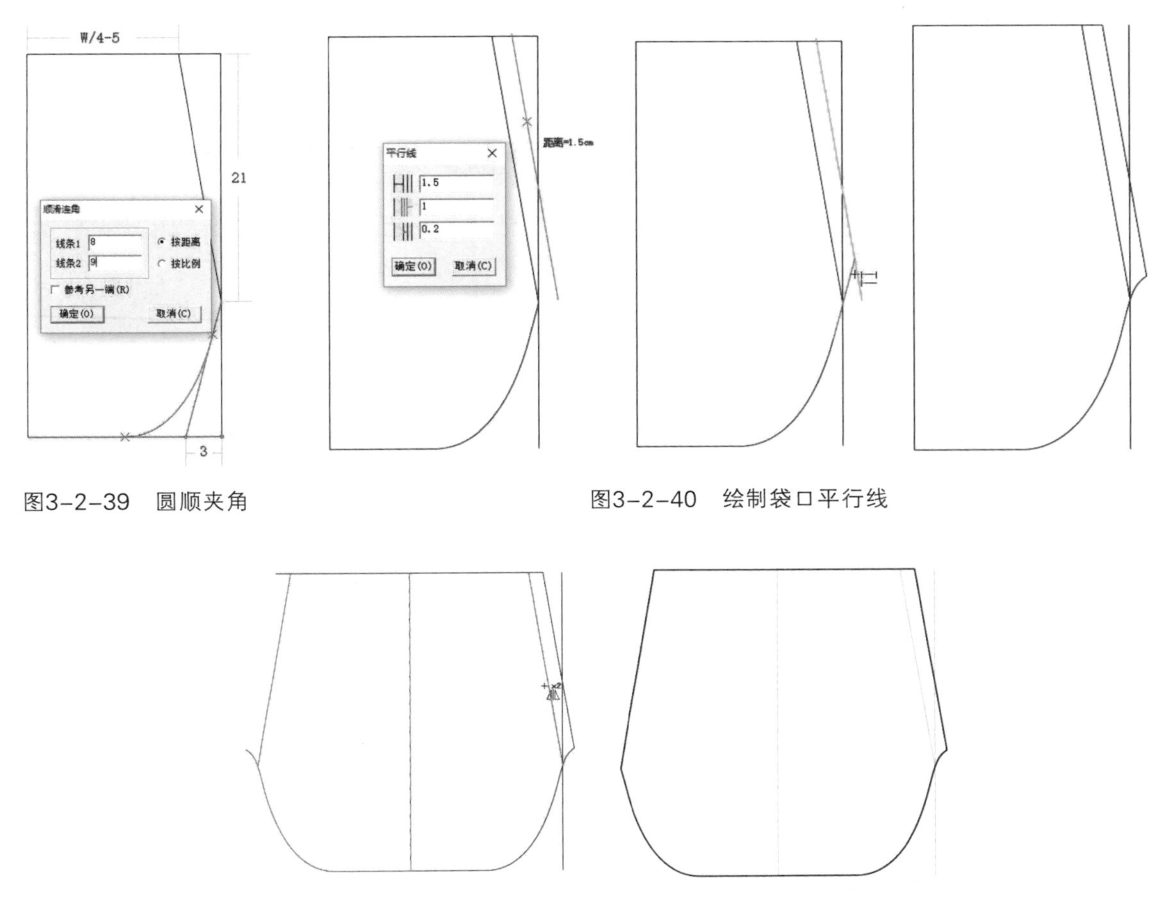

图3-2-39　圆顺夹角

图3-2-40　绘制袋口平行线

图3-2-41　对称并完成绘制

（4）绘制袋垫。选择智能笔工具，绘制袋口平行线，距离为“6.5”；设置袋垫上口为“8”，下口为“6”，并连接下端袋布圆角，如图3-2-42所示；选择移动工具，复制并移动袋垫至合适空白处，使用剪断线工具与橡皮擦工具删除多余线段即可，如图3-2-43所示。

（5）绘制里襟。选择智能笔工具，绘制高为“19“，上底为“3”，下底为“3.5”的梯形；选择对称工具，以高为对称轴对称绘制即可，如图3-2-44所示。

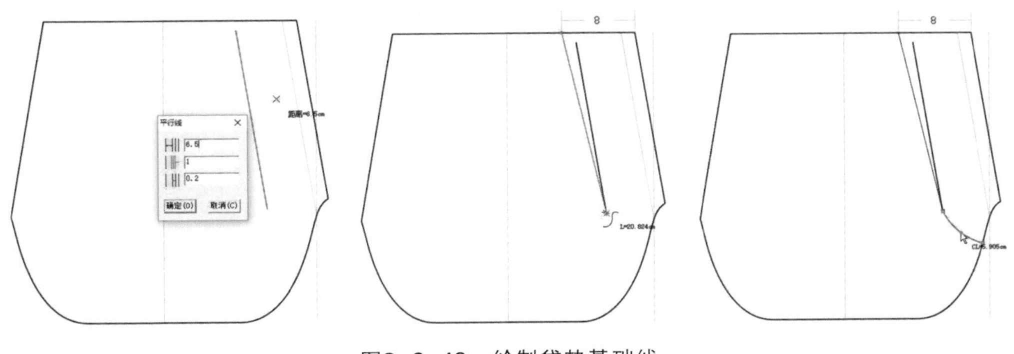

图3-2-42　绘制袋垫基础线

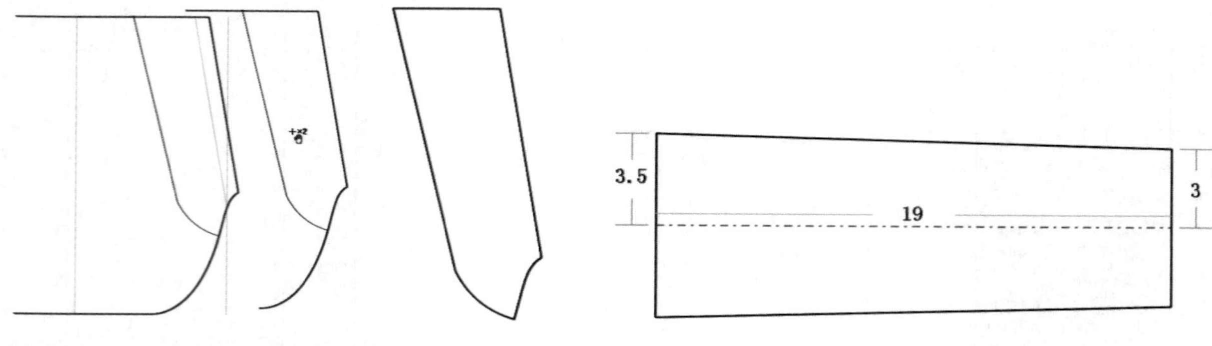

图3-2-43 移动、复制并删除多余线段，完成袋垫绘制　　图3-2-44 里襟绘制

（6）绘制裤带襻。选择智能笔工具绘制长为“7.5”，宽为“4”的矩形即可，如图3-2-45所示。

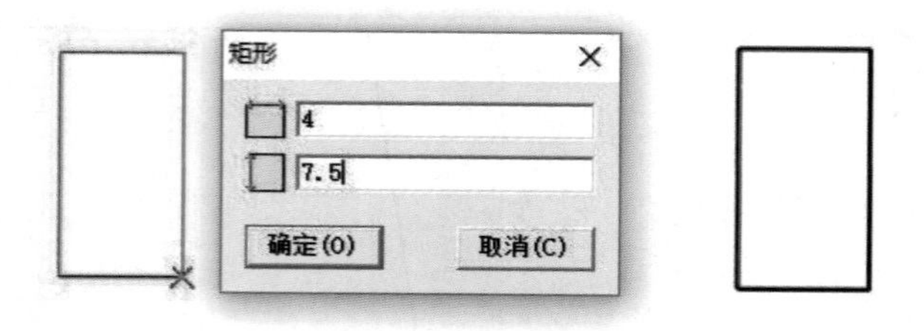

图3-2-45 裤带襻绘制

3.2.3 女西裤工业样板绘制

（1）拾取衣片。选择剪刀工具，可以框选或是使用鼠标依次单击衣片轮廓线后，右击鼠标完成，如图3-2-46所示。

（2）编辑纸样资料。鼠标双击界面左上角的衣片列表框，在弹出的对话框中输入相关信息，如图3-2-47所示。

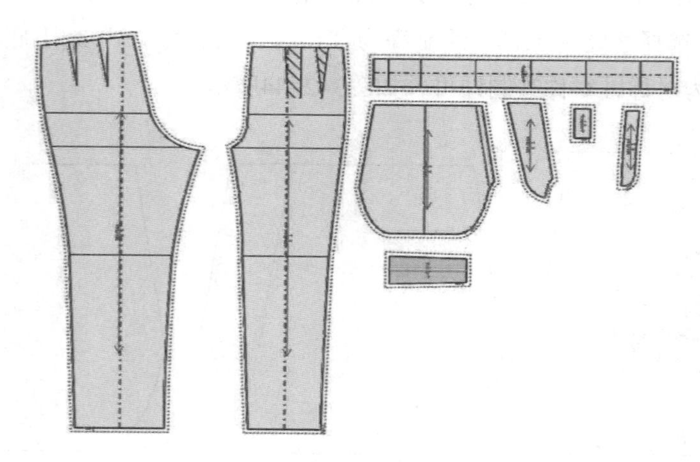

图3-2-46 拾取衣片

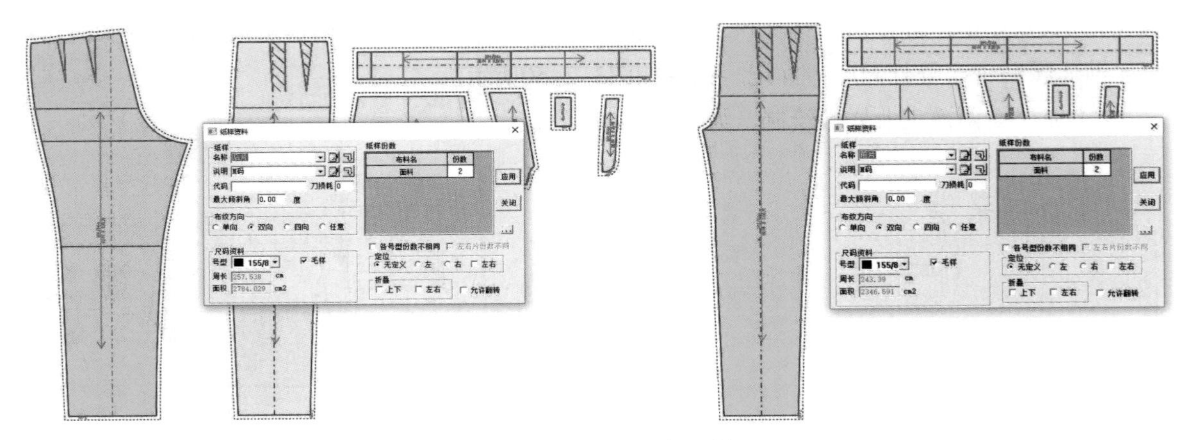

图3-2-47 编辑纸样资料

（3）调整布纹线方向。选择布纹线工具，鼠标单击可移动布纹线位置，鼠标右击可改变布纹线方向，根据纸样调整布纹线方向与位置，如图3-2-48所示。

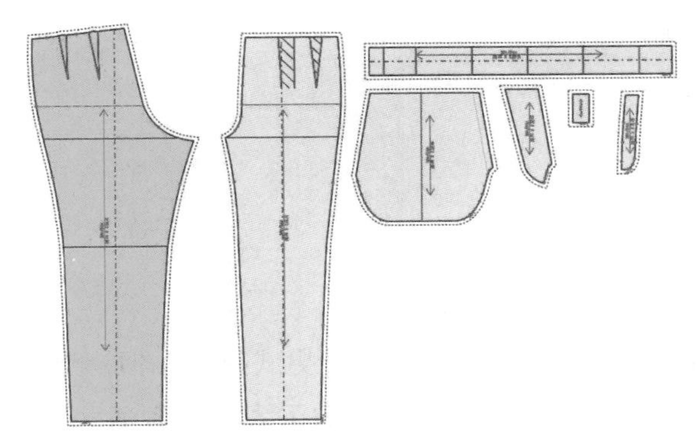

图3-2-48 调整布纹线方向

（4）纸样加缝份。选择加缝份工具，侧袋布与袋垫绘制时为毛样，故而在放缝时需要将“起点缝份量”设置为“0”，如图3-2-49所示。

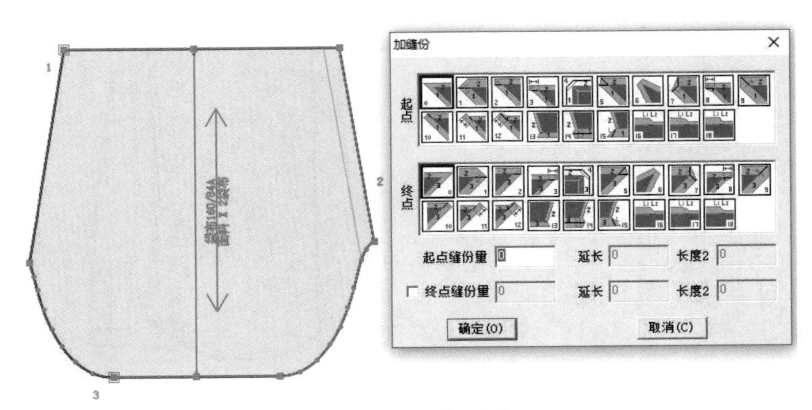

图3-2-49 加缝份

（5）衣片做剪口标记。选择剪口工具，依次在前后片拉链止口、裙摆折边、裙中心线与腰围交点、前后腰贴中心等处做剪口标记。完成如图3-2-50所示。

（6）完成女西裤工业样板绘制，如图3-2-51所示。

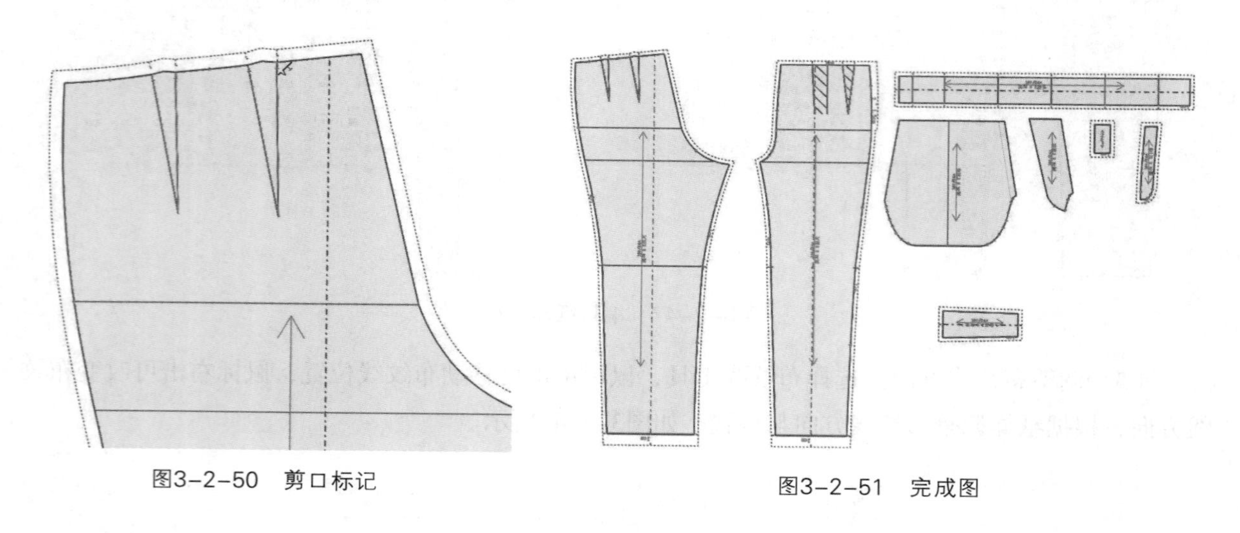

图3-2-50　剪口标记

图3-2-51　完成图

3.3　女衬衫

3.3.1　款式分析

女衬衫由男式衬衫演变而来，结构上大多沿袭男式衬衫，但比男式衬衫更具有变化性，程式上更为自由。本款女衬衫为翻立领设计；前片有腋下省、腰省通底摆设计；贴门襟，7粒扣；后衣片设计有腰省通底摆；下摆为圆弧形设计；一片袖，装有袖克夫，两个褶裥，方头袖衩，如图3-3-1所示。

图3-3-1　女衬衫款式图

3.3.2 女衬衫结构设计

3.3.2.1 设置号型

在本案例中，我们以160/84A为基准码，设置衣长（L）为61cm，胸围（B）为90cm，腰围（W）为76cm，肩宽（S）为38cm，袖长（SL）为59cm，领围（N）为35cm，袖头长为20cm，袖头宽为6cm，如表3-3-1所示。

打开富怡CAD软件，在菜单栏中选择“号型”进入“号型编辑”或者使用快捷键Ctrl+E进入“号型编辑”。在弹出的对话框中输入具体数值，如图3-3-2所示。

表3-3-1 号型表

单位：cm

号型	衣长	胸围	腰围	肩宽	袖长	领围	袖头长	袖头宽
160/84A	61	90	76	38	59	35	20	6

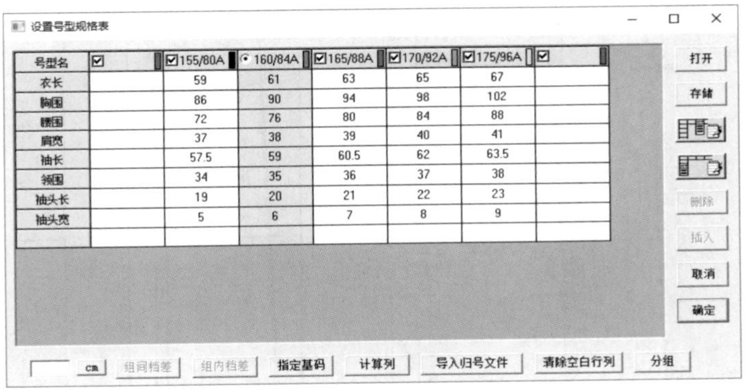

设置号型规格表

号型名		155/80A	160/84A	165/88A	170/92A	175/96A	
衣长		59	61	63	65	67	
胸围		86	90	94	98	102	
腰围		72	76	80	84	88	
肩宽		37	38	39	40	41	
袖长		57.5	59	60.5	62	63.5	
领围		34	35	36	37	38	
袖头长		19	20	21	22	23	
袖头宽		5	6	7	8	9	

打开 存储 删除 插入 取消 确定

cm 组间档差 组内档差 指定基码 计算列 导入归号文件 清除空白行列 分组

图3-3-2 设置号型规格

3.3.2.2 绘制后片基础线

（1）绘制衣长与围度线。选择智能笔工具，下拉绘制矩形，长为“61”即衣长，宽为“22.5”，即“胸围/4 + 0.5 – 0.5”；进入平行线功能，以上平线为基础线绘制胸围线，平行距离为“21.5”，即“胸围/10 × 1.5 + 8”；以上平线为基础线，绘制腰围线，平行距离为“37”，如图3-3-3所示。

（2）绘制肩宽线与后背宽线。选择智能笔工具，进入平行线功能，以后中线为基础线绘制后肩宽线，平行距离为“19”，即“肩宽/2”；继续以后中线为基础线绘制后背宽线，平行距离为“17.5”，即“胸围/6 + 2.5”；使用靠边功能，使肩宽线与后背宽线与胸围线靠边，如图3-3-4所示。

（3）确定后领深与后领宽量。选择智能笔工具，在上平线上右移“7”，即“领围/5”，为后领宽量；继而向上绘制直线，长度为“2”，即后领深量，如图3-3-5所示。

（4）绘制后肩线。使用智能笔工具，绘制后肩线，如图3-3-6所示。

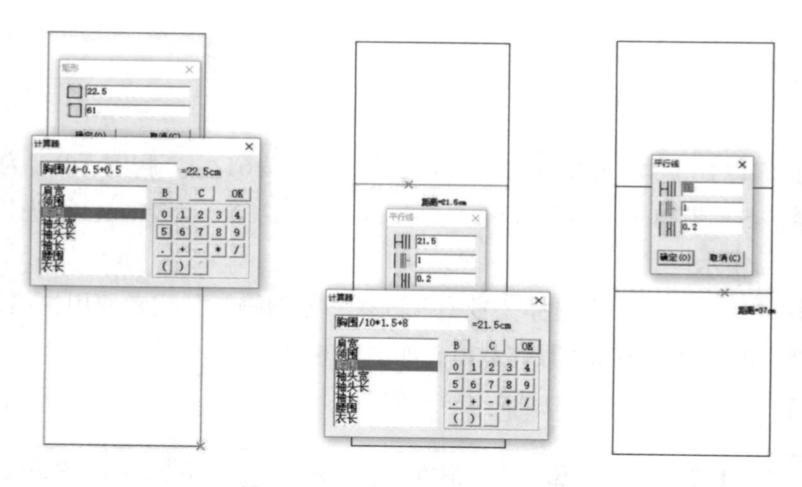

图3-3-3　绘制衣长与围度线

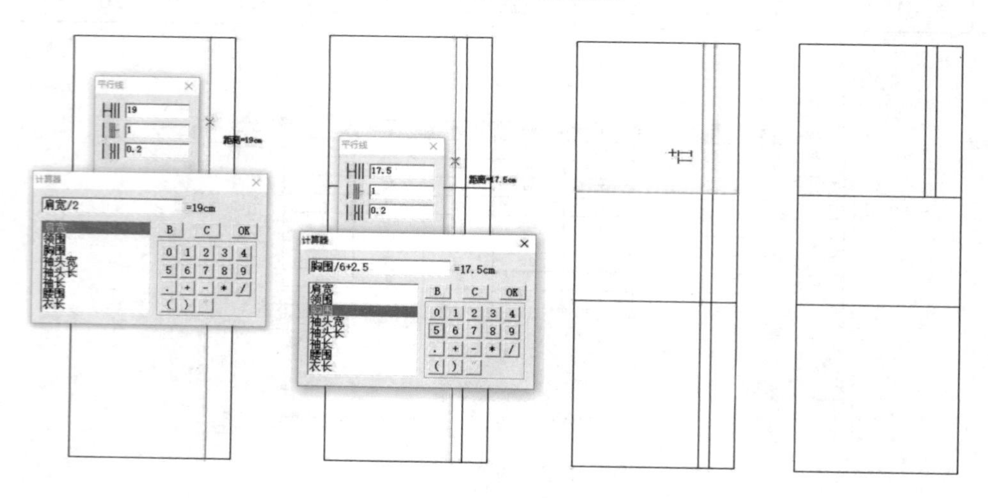

图3-3-4　绘制肩宽线与后背宽线

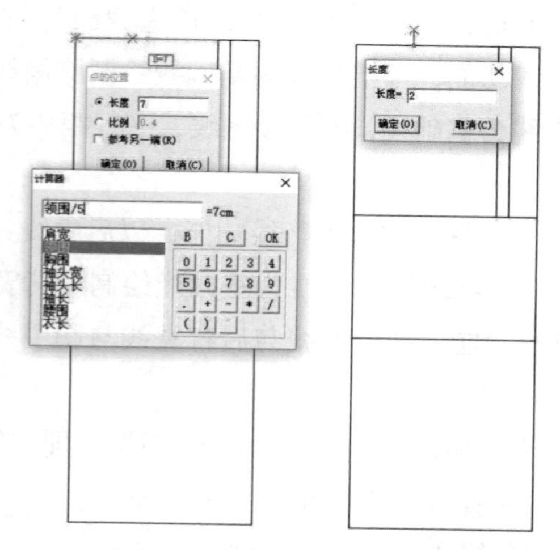

图3-3-5　确定后领深与后领宽量

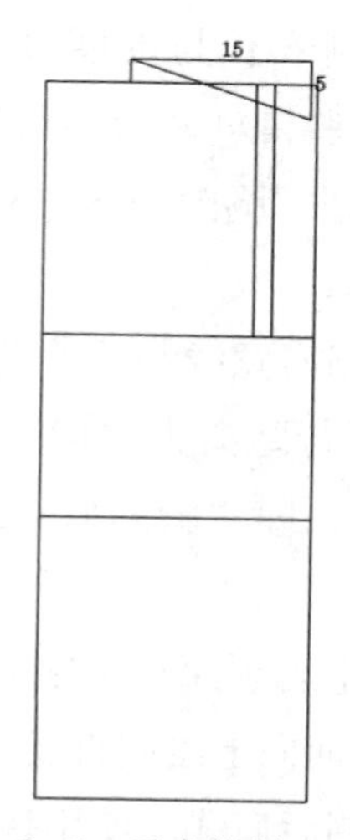

图3-3-6　后肩线斜比15：5

3.3.2.3 绘制后片

（1）绘制领圈与袖窿弧线。选择智能笔工具，连接后中线顶点至后领宽上点，并调整曲线，为后领圈线；连接后肩斜线与肩宽线交点至胸围线与后侧缝线交点，并调整曲线，为袖窿弧线，如图2–3–7所示。

（2）绘制侧缝线与底摆弧线。选择智能笔工具，进入平行线功能，以下平线为基础线，向上3cm绘制平行线，并延长该线段2cm；选择智能笔工具，连接袖窿弧线与胸围线交点并过腰围线且向内偏移“1.2”，最终与下平行线延长点相交，并调整曲线，为侧缝弧线；连接后中线底点与平行线延长点相交，并调整曲线，为底摆弧线，如图3–3–8所示。

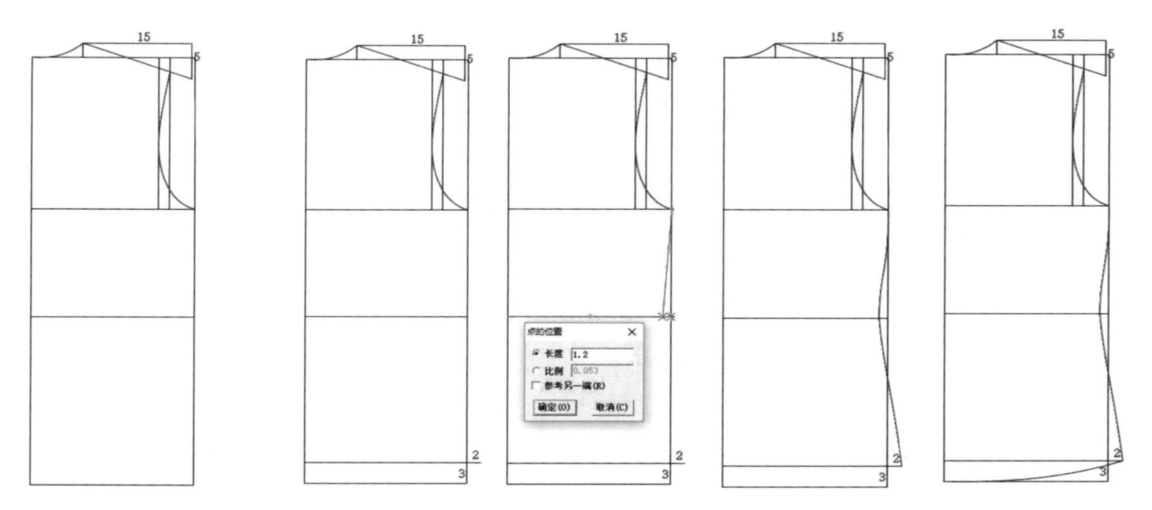

图3–3–7 绘制领圈与袖窿弧线　　图3–3–8 绘制侧缝线与底摆弧线

（3）绘制后腰省道。选择智能笔工具，绘制直线为省道长，该直线与后中线平行，距后中为“10.5”，且出胸围线“3”，如图3–3–9所示；选择等分规工具，在腰围线上以省道长为对称轴，进入线上反向等距功能，设置“双向总长”为“3”，做标记点；使用同样方法在底摆做“双向总长”为“1”标记点；使用智能笔工具依次连接省道尖点与省道长两侧各标记点，后腰省道绘制完成，如图3–3–10所示。

（4）改变线型。选择设置线的颜色类型工具，在快捷工具栏中选择线类型，设置为所需类型，鼠标单击所需线段即可，完成后如图3–3–11所示。

提示： 调整工具在线段上的使用。

① 增删调节点。调整工具最为基础的功能是在线段上进行增减调节点。首先选中线段，鼠标单击线段某处，即在此处增加调节点；鼠标右击某调节点，即可删除该调节点。

② 线段调整。鼠标左击某调节点，可在线段上移动该调节点，进行线段调整。

③ 平分线段。使用鼠标单击某线段，然后敲击键盘上相应的数字键（2及2以上的整数），即可使用调节点将该线段进行相应等分，如敲击数字键“4”即可在该线段产生三个调节点，将该线段四

等分。

④ 偏移与移动量。在线段上，鼠标放至某调节点处，按Enter键即可弹出“偏移”对话框；选中线段，鼠标移动至某调节点，按Enter键即可弹出“移动量”对话框。根据需求在对话框中设置相应数值即可，如图3-3-12所示。

⑤ 折线与曲线转换。选中线段，鼠标移动至某调节点，按Shift键，即可将曲线转换为折线；选中线段，鼠标移动至某折线调节点，按Ctrl键，即出现曲线手柄，可调节曲线顺滑程度，如图3-3-13所示。

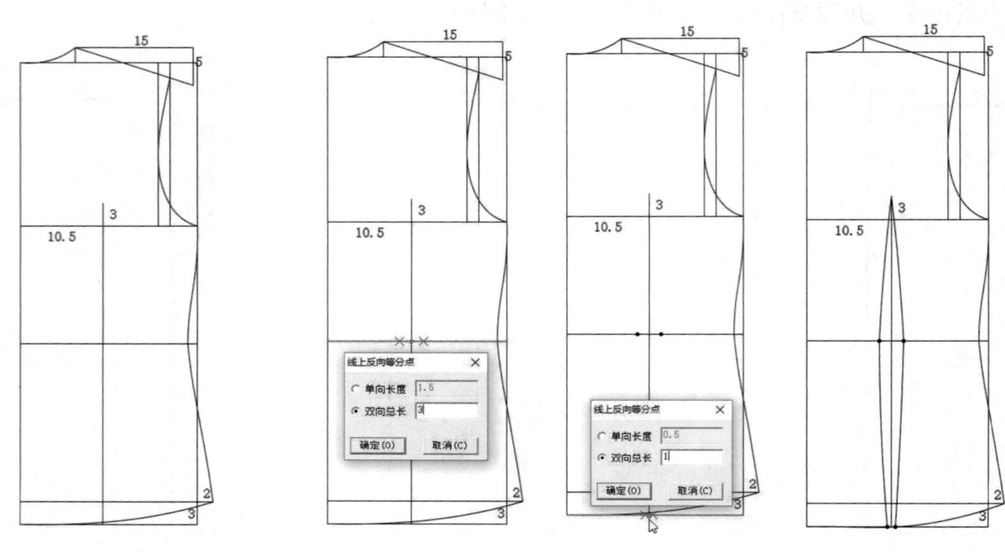

图3-3-9　绘制省道长　　　　图3-3-10　绘制后腰省道

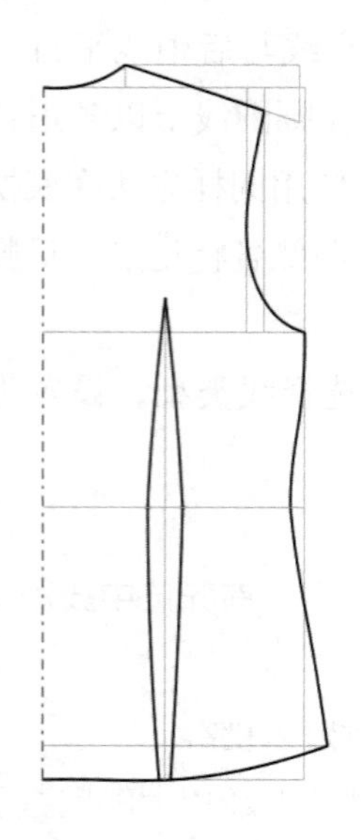

图3-3-11　改变线型，完成绘制

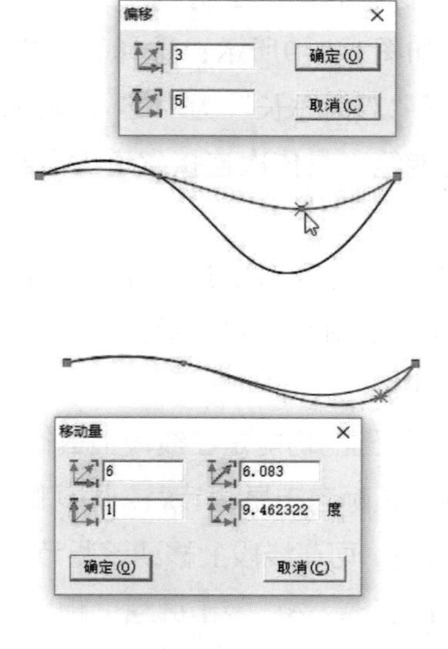

图3-3-12　偏移与移动量

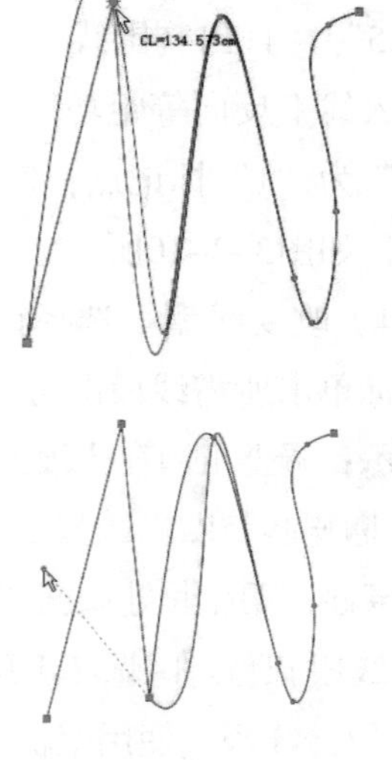

图3-3-13　折线与曲线转换

3.3.2.4　绘制前片基础线

（1）绘制围度线。选择智能笔工具绘制两条垂直平行线，且间距为“23”，即“胸围/4＋0.5”，使用智能笔靠边功能，将后片上平线、胸围线、腰围线及下平线靠边至垂直线；以上平线为基础线，绘制平行线，且间距为“3”，如图3-3-14所示。

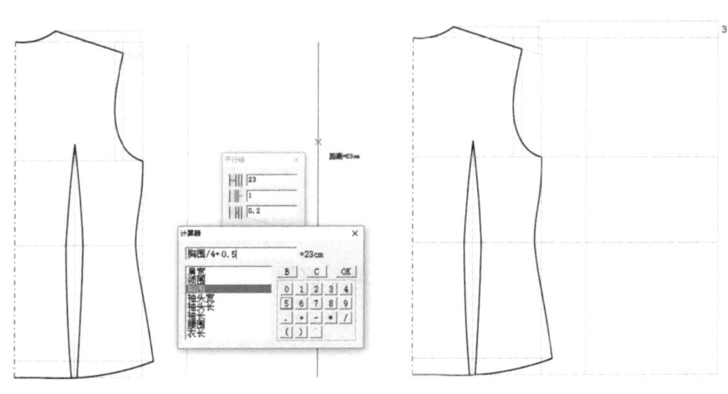

图3-3-14　绘制围度线

（2）确定前胸宽线。选择智能笔工具，在胸围线上确定点位置（距前中线）为“16.5”。即“胸围/6＋1.5”，为胸宽量；过此点绘制线段垂直胸围线，即为前胸宽线，如图3-3-15所示。

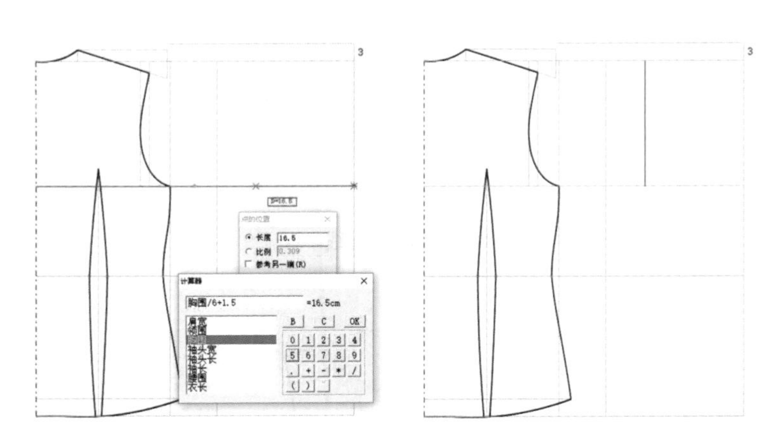

图3-3-15　确定前胸宽线

（3）确定前领宽量与前领深量。选择智能笔工具在上平线距前中线“6.7”，即“领围/5－0.3”处做标记点，并绘制长度为“7.3”，即“领围/5＋0.3”线段，如图3-3-16所示。

（4）绘制前肩线。前肩线斜比为15：6，选择智能笔工具，进入移动量功能，以前领点为起点做移动量，绘制线段连接前领点，如图3-3-17所示；选择比较长度工具，测量后肩线长度作为参考：前肩线＝后肩线－0.3；进入智能笔调整曲线功能，调整曲线长度至合适长度即可，如图3-3-18所示。

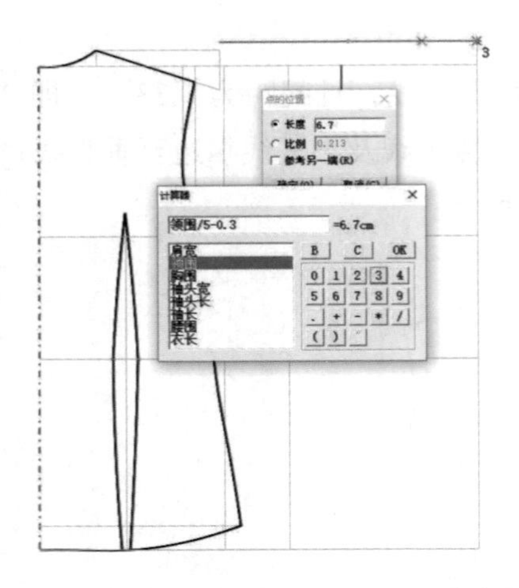

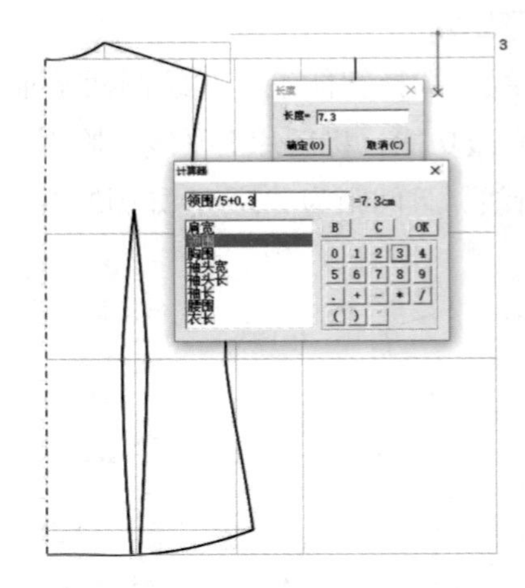

图3-3-16　确定前领宽量与前领深量

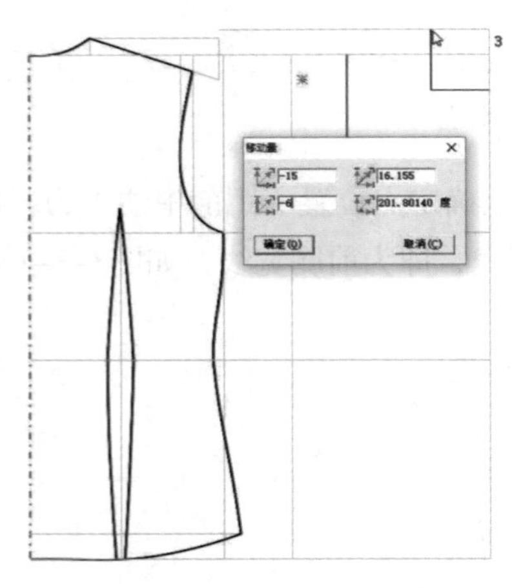

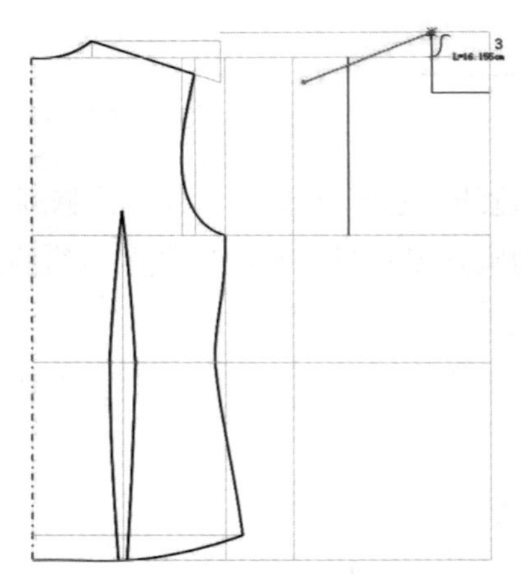

图3-3-17　确定前肩线

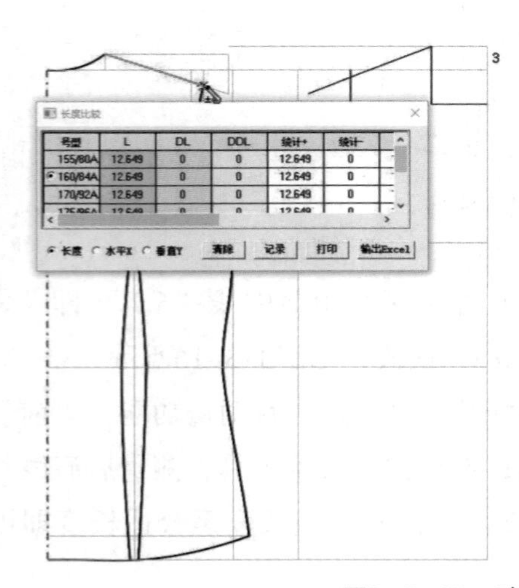

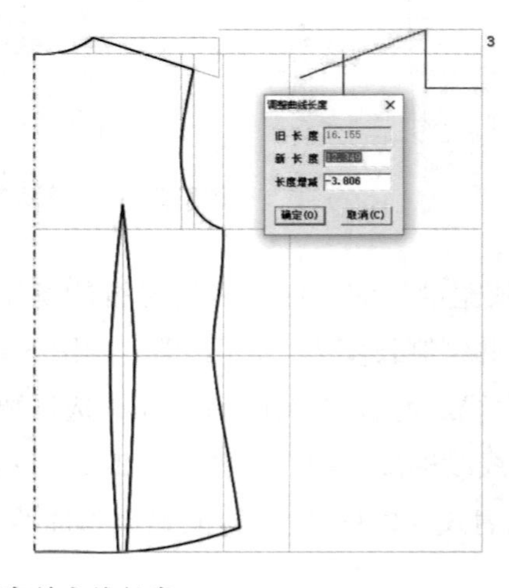

图3-3-18　确定前肩线长度

（5）绘制腋下省道线。选择智能笔工具，绘制线段垂直于前胸宽线且距胸围线“3”，如图3-3-19所示；确定BP点，即在胸围线上，距前中线9cm处；选择比较长度工具，以BP点为起点，测量该点至侧缝距离，获得数值为“14”；选择圆规工具，以BP点为起点，绘制线段相交于前胸宽垂直线且长度为“14”，该线段为腋下省道线，如图3-3-20所示。

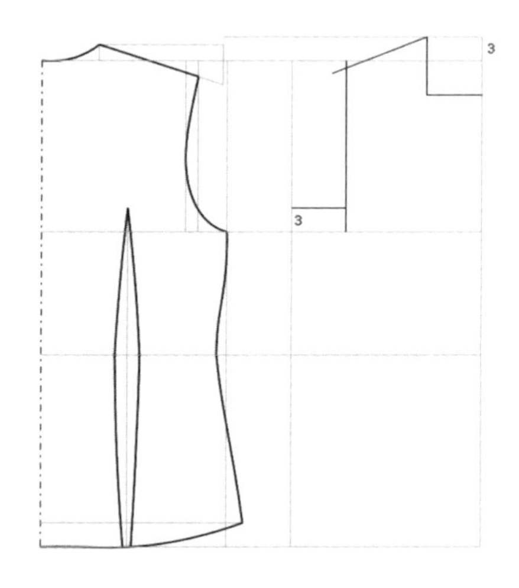

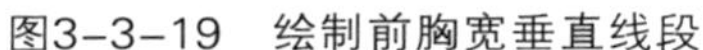

图3-3-19　绘制前胸宽垂直线段

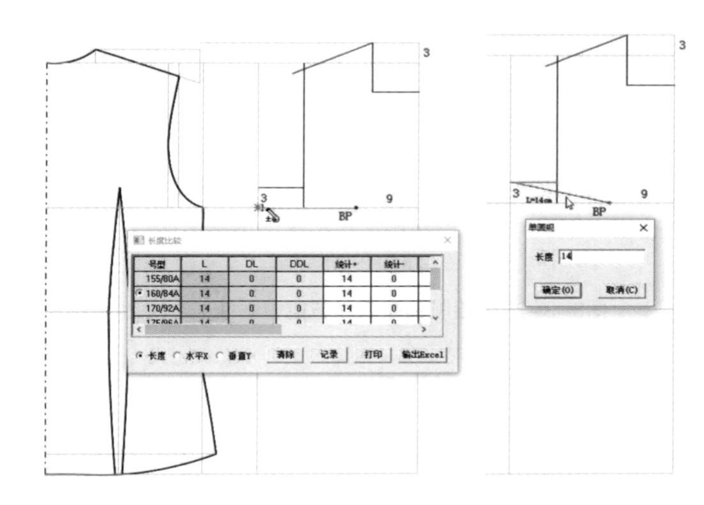

图3-3-20　绘制腋下省道线

提示：调整曲线功能是智能笔工具众多功能中的一个。在智能笔工具下，按Shift键同时右击选中线段，即弹出对话框。在“长度增减”栏中可输入具体数值，正数为增加数值，负数为缩短数值，也可以在“新长度”一栏中设置具体数值。

3.3.2.5　绘制前片

（1）绘制袖窿弧线与前领围线。选择等分规工具，将以前领宽与前领深量作为边长的矩形对角线三等分；选择智能笔工具，过三分之一处绘制前领围线；绘制袖窿弧线，如图3-3-21所示。

（2）绘制侧缝线。选择移动工具，鼠标单击后片侧缝线后右击，再次单击可以对目标对象进行移动，此时再次右击鼠标，目标对象为左右对称翻转，将目标对象移动至合适位置即可，如图3-3-22所示。

（3）绘制底摆线。选择智能笔工具，以下平线为基础线，向下绘制平行线且间距为“0.5”，以前中线为基础线，向右绘制平行线且间距为“1.25”为止口线；使用智能笔工具过新底线连接止口线底点与侧缝线底点，修顺弧线，为底摆线，如图3-3-23所示。

（4）绘制前腰省道。选择智能笔工具，过BP点绘制直线垂直于腰围线至底摆线，为省道长基础线；在该线段至BP点3cm处做标记点，为省尖点；选择等分规工具，进入线上反向等距功能，以省道长线为对称线，在腰围线上确定省道宽量为“2”并做标记点；同样方法绘制底摆线上省道宽；依次连接相应点即可，如图3-3-24所示。

（5）腋下省转移。选择智能笔工具，在侧缝线至胸围线6cm处做标记点并绘制线段连接BP点，完成新省道绘制；选择转省工具，框选需要转移的线段后右击；鼠标单击新省道后右击，表

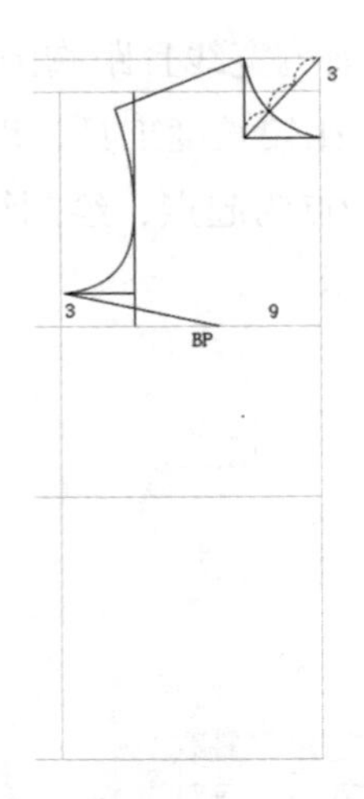

图3-3-21　绘制袖窿弧线与前领围线

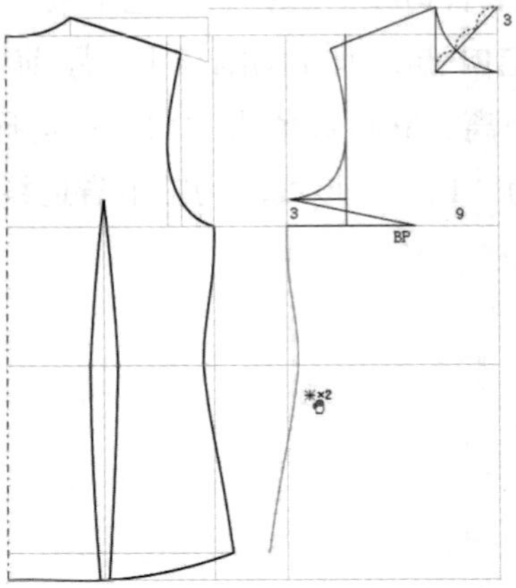

图3-3-22　绘制侧缝线

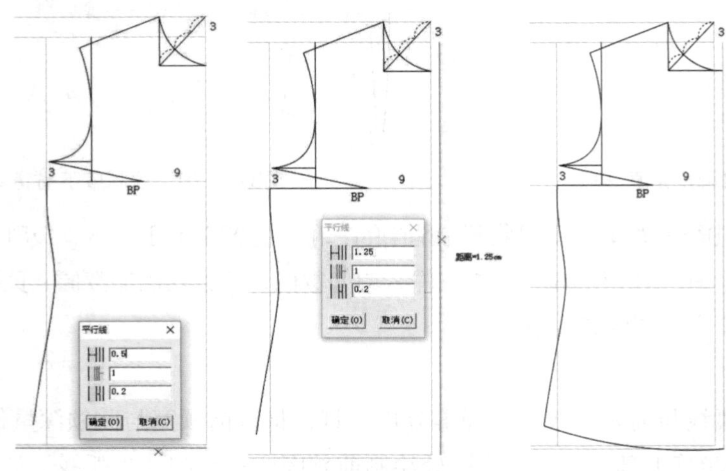

图3-3-23　绘制底摆线

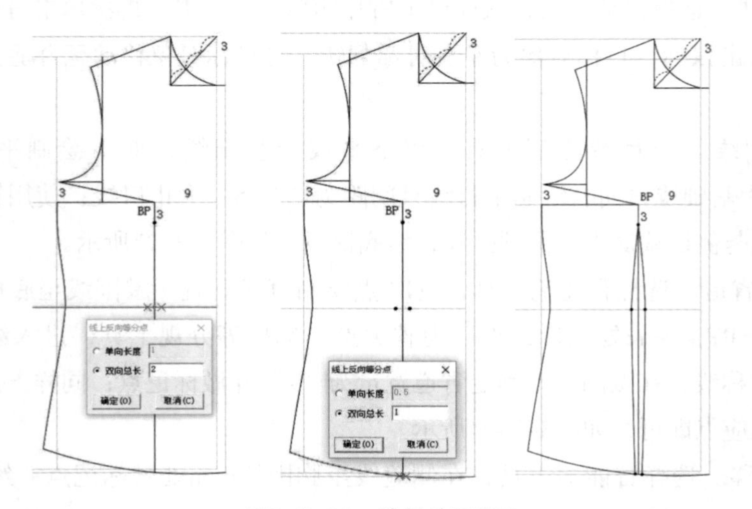

图3-3-24　绘制前腰省道

示完成新省道选择；继而鼠标依次单击胸围线与腋下省道，即完成省道转移，如图3-3-25所示；使用智能笔工具，连接新省宽两点，过省尖点绘制线段垂直平分省宽线段；在垂直平分线上距省尖点3cm处做标记点，为新省尖点并连接至省宽点，完成新省道绘制，如图3-3-26所示。

（6）门襟绘制。选择智能笔工具，进入平行线功能，以前中线为基础线，向左绘制间距为“1.25”的平行线段；以前中线与前领宽线交点为起点，向下移动“2”做标记点，为第一粒纽扣位置；以下平线与前中线交点为起点，向上移动“11”做标记点，为最后一粒纽扣位置；选择等分规工具，6等分第一粒纽扣至最后一粒纽扣间线段，每一等分点即为纽扣位置，如图3-3-27所示。

（7）改变线型。选择设置线的颜色类型工具，在快捷工具栏中选择线类型，设置为所需类型，鼠标单击所需线段即可，完成后如图3-3-28所示。

（8）合并调整曲线。选择合并调整工具，分别对前后衣片领围、袖窿及底摆进行合并调整，即完成前衣片绘制，如图3-3-29所示。

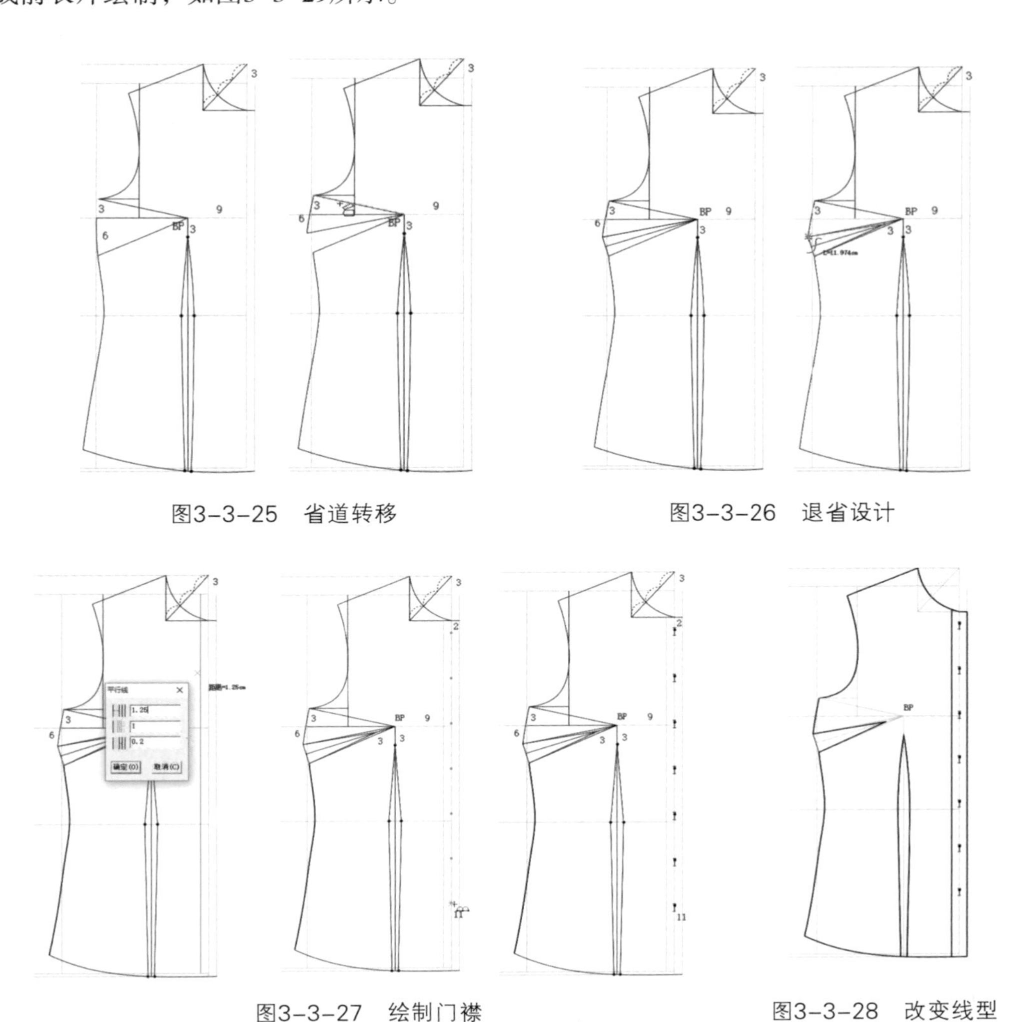

图3-3-25　省道转移

图3-3-26　退省设计

图3-3-27　绘制门襟

图3-3-28　改变线型

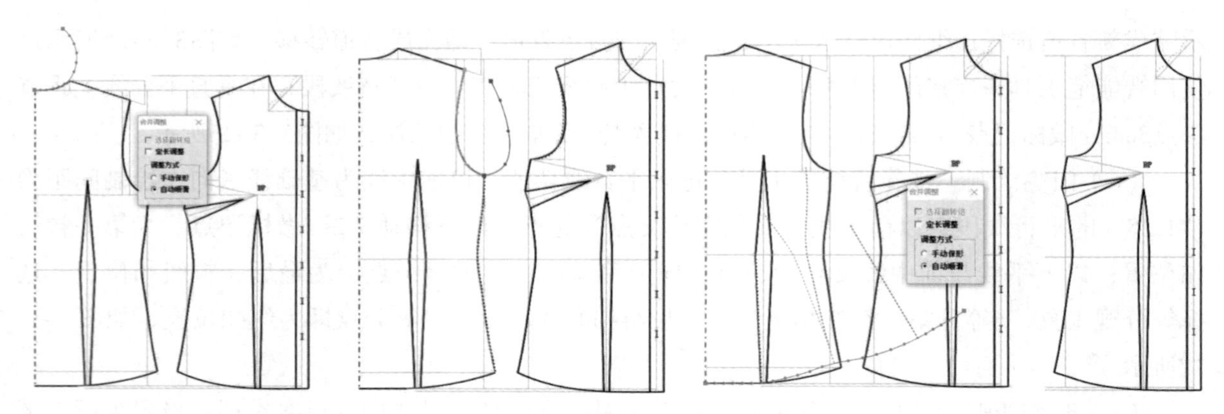

图3-3-29　合并调整并完成绘制

提示：合并调整工具是富怡CAD软件中较为重要的工具之一，该工具可以模拟缝合进行曲线调整。在合并调整工具下，可用鼠标单击或框选需要修改的线，单击右键结束；继续用鼠标点选或框选需要缝合的线段，单击右键结束；根据需求对相应线段进行调整。

案例1：领围线合并调整

选择合并调整工具，鼠标依次单击前领围线、后领围线，右击结束；鼠标再依次单击前肩线、后肩线，右击完成，如图3-3-30所示；此时，前后领围模拟缝合，可以直观地观察到领围线是否顺滑。调整模拟映射曲线可以改变原曲线形状，如图3-3-31所示；模拟映射曲线调整至合适状态，右击完成调整。

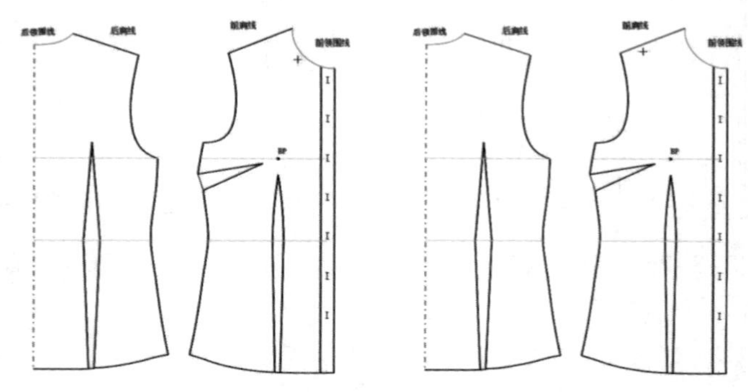

图3-3-30　选择修改线段与缝合线段

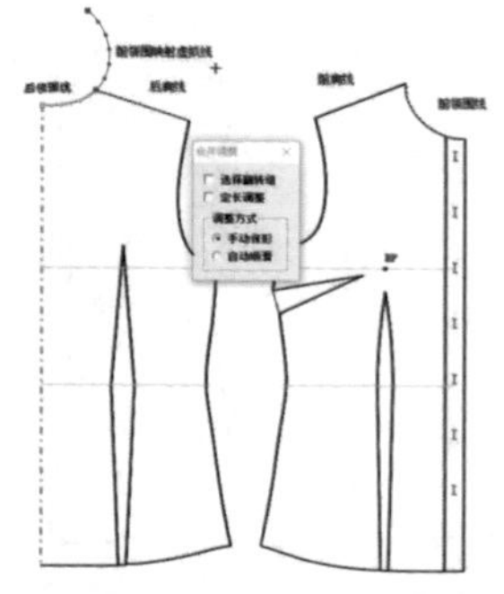

图3-3-31　调整前领围映射线的同时前领围线也随之改变

案例2：底摆线合并调整

选择合并调整工具，鼠标依次单击后底摆线1、后底摆线2、前底摆线1及前底摆线2，右击完成；鼠标再依次单击后省道线1、后省道线2、后侧缝线、前侧缝线、前省道线1及前省道线2，如图3-3-32所示；如图3-3-33所示，鼠标右击进入调整映射模拟线，右击完成即可。

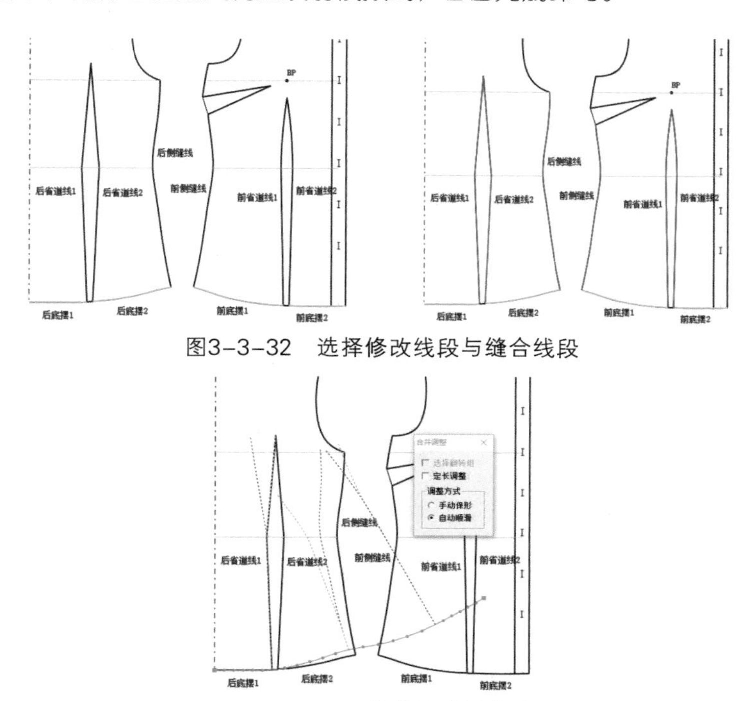

图3-3-32　选择修改线段与缝合线段

图3-3-33　调整模拟映射曲线

3.3.2.6　绘制衣领

（1）绘制下领基础线。选择比较长度工具，测量前后领围长，并标记，如图3-3-34所示；选择智能笔工具，以前后领围长之和绘制线段，并过该线段绘制垂直线且垂直线段距离为“17.5”，即“N/2”；绘制其他线段，如图3-3-35所示。

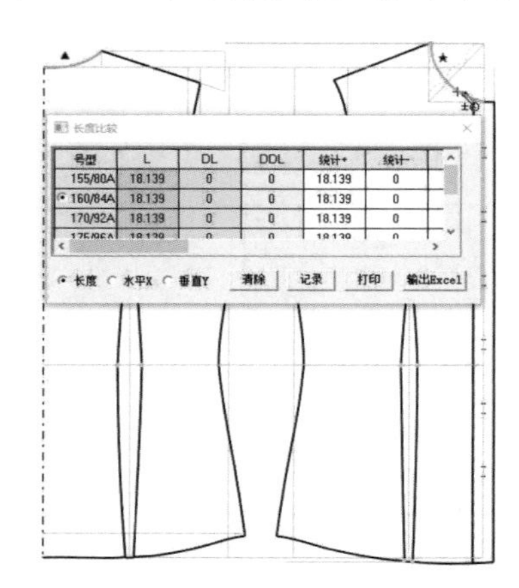

图3-3-34　测量前后领围长，并标记

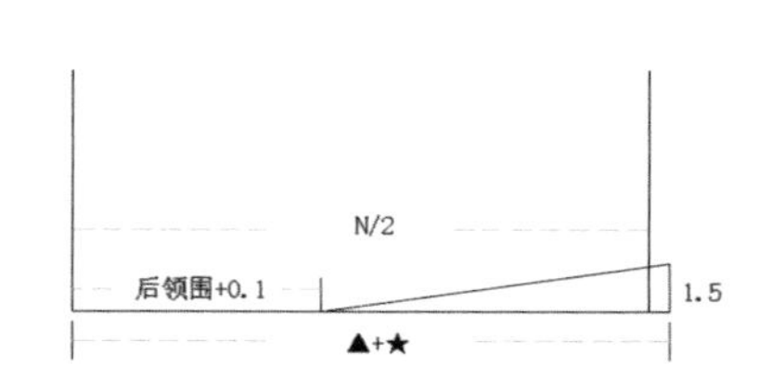

图3-3-35　绘制基础线

（2）绘制下领。选择智能笔工具，绘制领底线并调整曲线，如图3–3–36所示；继续使用智能笔工具，绘制领口线与叠门，如图3–3–37所示。

（3）绘制上领基础线。选择智能笔工具，绘制平行线，且间距为“2”，如图3–3–38所示。

（4）绘制上领。选择智能笔工具，绘制上领下口线，如图3–3–39所示；以上平行线为基础线，向上“4.5”绘制平行线，为上领后中宽量，如图3–3–40所示；绘制上领外口线并调整，如图3–3–41所示。

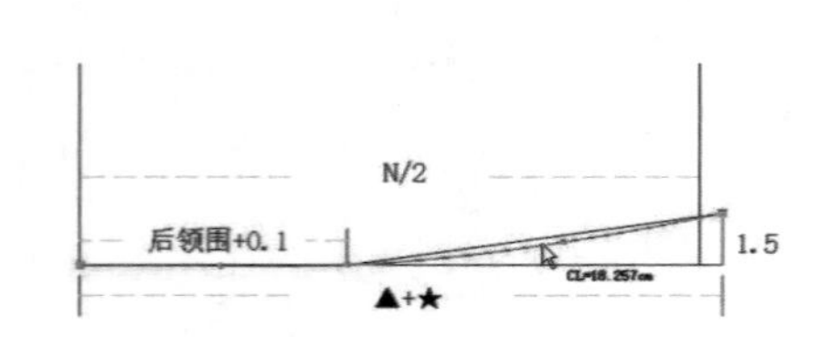

图3–3–36　绘制领底线

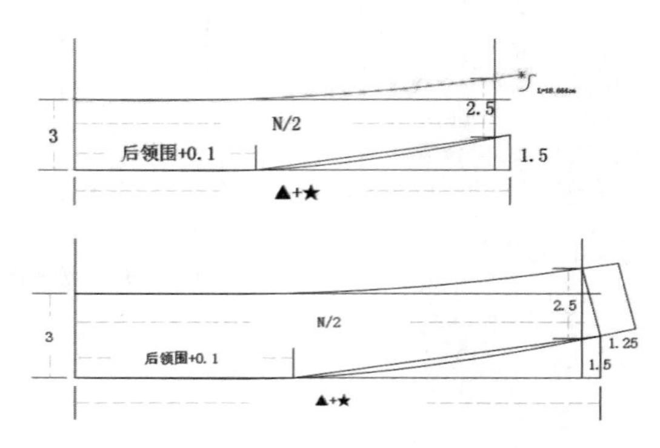

图3–3–37　绘制领口线与叠门

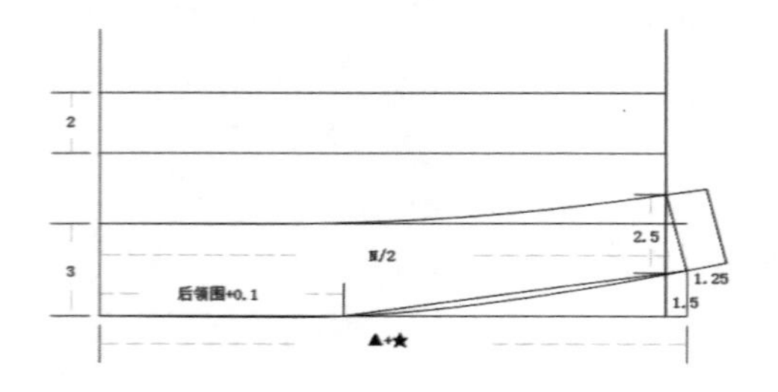

图3–3–38　绘制上领基础线

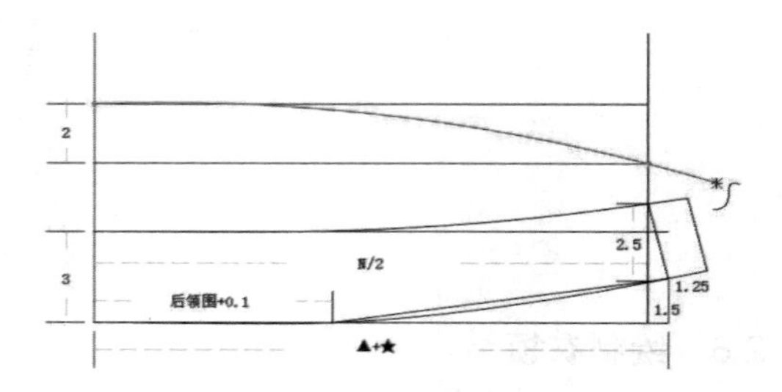

图3–3–39　绘制上领下口线

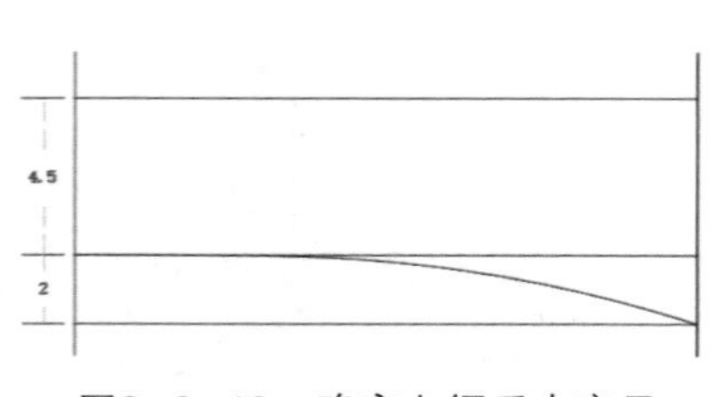

图3–3–40　确定上领后中宽量

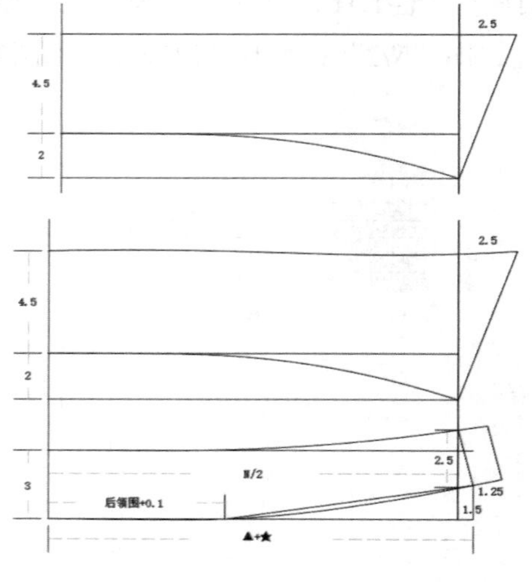

图3–3–41　绘制上领外口线并调整

（5）对称调整。选择对称调整工具，选择对称轴后，鼠标依次单击需要对称线段，右击完成；鼠标再次选择需要调整线段，对线段进行调整，右击完成调整，如图3–3–42所示。

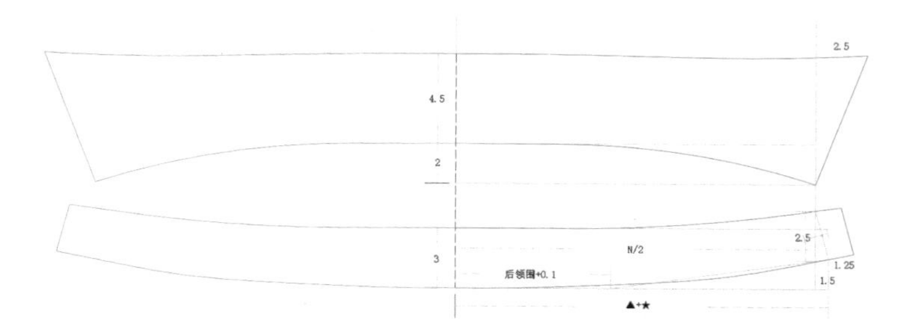

图3–3–42 对称调整领子

（6）改变线型并完成绘制。选择设置线的颜色类型工具，按需求改变线型，并使用剪断线工具与橡皮擦工具，删除多余线段；使用智能笔工具添加纽扣位置，如图3–3–43所示；选择对称工具，将领子进行对称复制，即完成领子绘制，如图3–3–44所示。

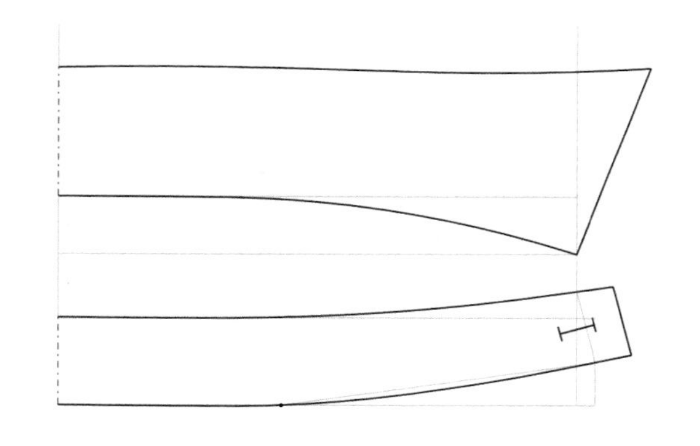

图3–3–43 改变线型、添加纽扣位置

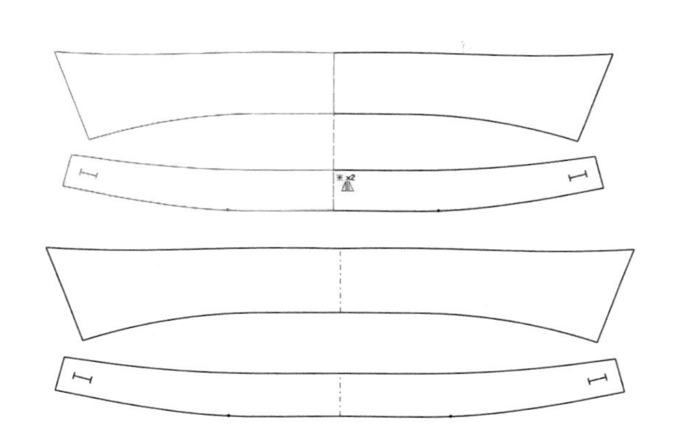

图3–3–44 对称复制，完成领子绘制

提示：比较长度工具除了能够测量、标记线段的长短外，还可以计算线段之和与线段之差。

① 测量长度。如图3–3–45，选择比较长度工具，鼠标单击线段一端，继而再次单击线段，表示选中该线段，将鼠标移动至线段另一端后单击，表示测量完成，在弹出的对话框中会显示线段长度；或者鼠标直接单击需要测量的线段，即可弹出对话框，显示线段长度。

② 计算线段之和。如图3–3–46，选择比较长度工具，依次测量曲线与直线，最后所得数据即曲线与直线之和。

③ 计算线段之差。如图3–3–47，选择比较长度工具，首先测量曲线长度，右击表示完成；再次测量直线长度，最后所得数据即曲线与直线之差。

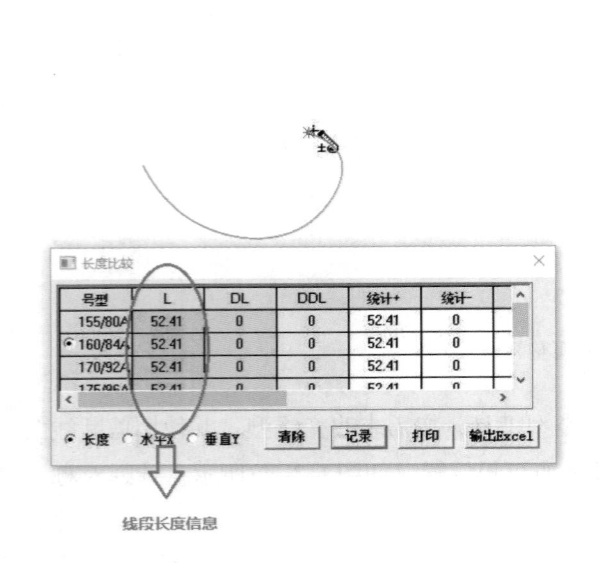

图3-3-45 测量线段长度

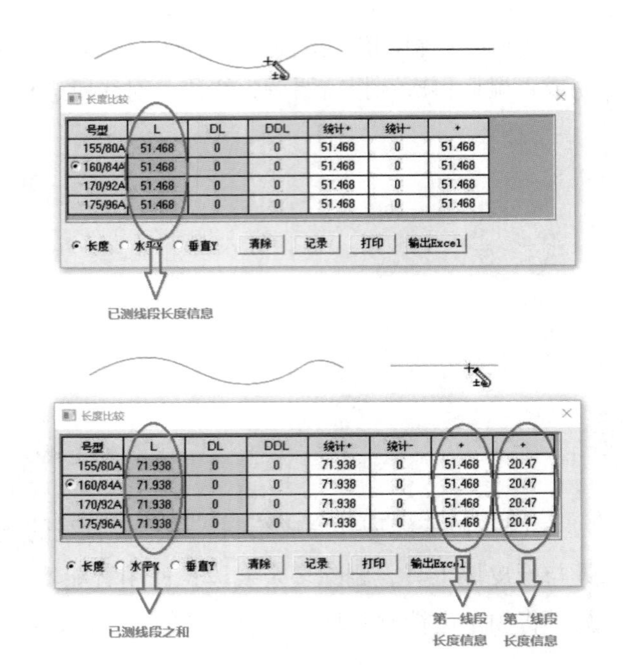

图 3-3-46 测量线段之和

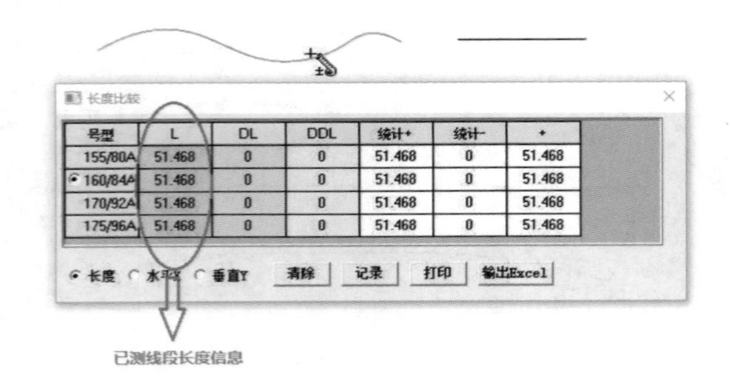

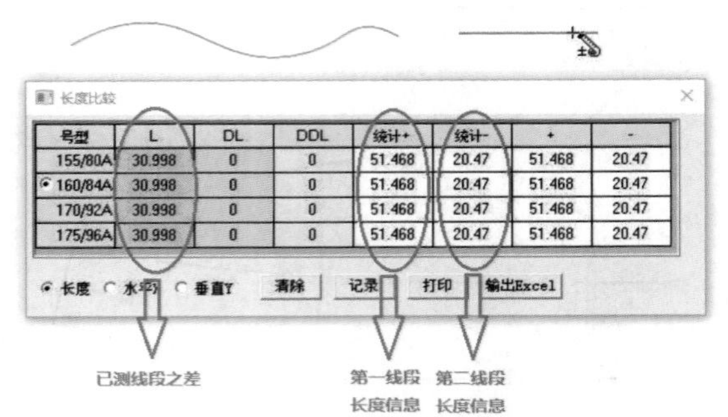

图 3-3-47 测量线段之差

3.3.2.7 绘制衣袖

（1）测量前后袖窿长度。选择比较长度工具，测量前后袖窿长度，并记录，如图3-3-48所示。

（2）确定袖长及围度线。选择智能笔工具，绘制平行线段且间距为“53”，并在两线段间绘制垂直线，即为袖长；以上平线为基础线，绘制平行线，间距为AH/3，即袖山高，为袖头宽线；以上平线为基础线，绘制平行线，间距为“32”，为袖肘线，如图3-3-49所示。

（3）确定袖肥。选择圆规工具，以上平线与袖长线交点为圆心，分别于袖长线两侧绘制线段交于袖宽线，袖长线左侧线段长为“后袖窿”（BAH）长，右侧线段长为“前袖窿 - 0.5”（FAH - 0.5），如图3-3-50所示。

（4）确定袖头宽。选择等分规工具，进入线上反向等距功能，以袖长线为对称轴，在袖头宽线（下平线）上标记线段，双向总长为“22.4”，如图3-3-51所示。

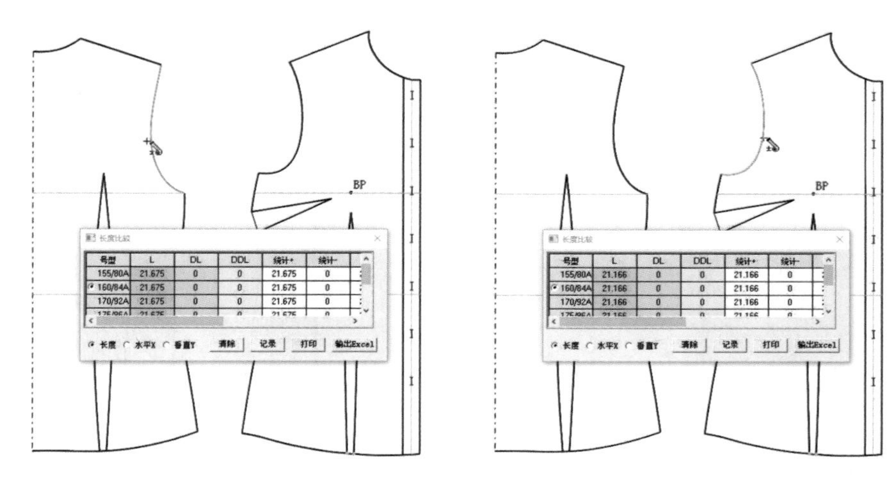

图3-3-48　测量前后袖窿长

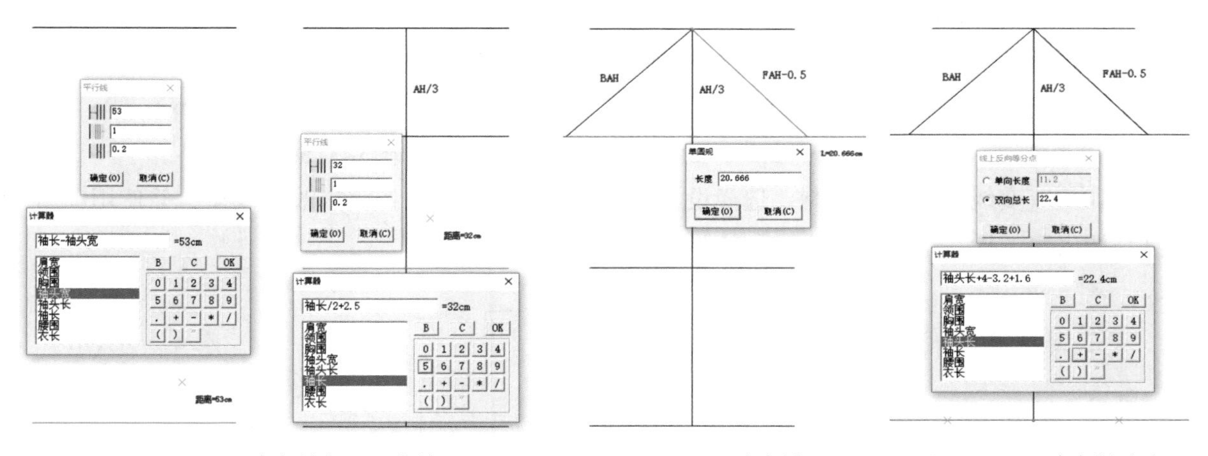

图3-3-49　确定袖长及围度线　　图3-3-50　确定袖肥　　图3-3-51　确定袖头宽

（5）完成基础线绘制。选择剪断线工具与橡皮擦工具，剪断与删除多余线段，即完成基础线绘制，如图3-3-52所示。

（6）绘制袖窿弧线。选择等分规工具，三等分BAH线，由上至下设为第一、第二、第三等份，在第一与第二等分点上绘制向外垂直线段，长“2”，将第三等份平分，并在平分点绘制向内垂直线段，长“0.7”；继续使用等分规工具，四等分FAH线，由上至下设为第一、第二、第三、第四等份，在第一与第二等分点上绘制向外垂直线段，长“1.8”，在第二与第三等分点处沿线段下移“1”做标记点，在第三与第四等分点处向内绘制垂直线段，长“1.2”；选择智能笔工具，过各点绘制弧线，即完成袖窿弧线绘制，如图3-3-53所示。

（7）绘制袖口褶裥。选择等分规工具，进入线上反向等距功能，以袖长线为对称轴，标记线段总长为“2”，并在两处标记点绘制垂直线，为第一褶裥；使用智能笔工具，绘制第二褶裥，长、宽与第一褶裥一致，两者间距“1”；继续使用智能笔工具，绘制袖衩开口，长为“8.5”。完成后如图3-3-54所示。

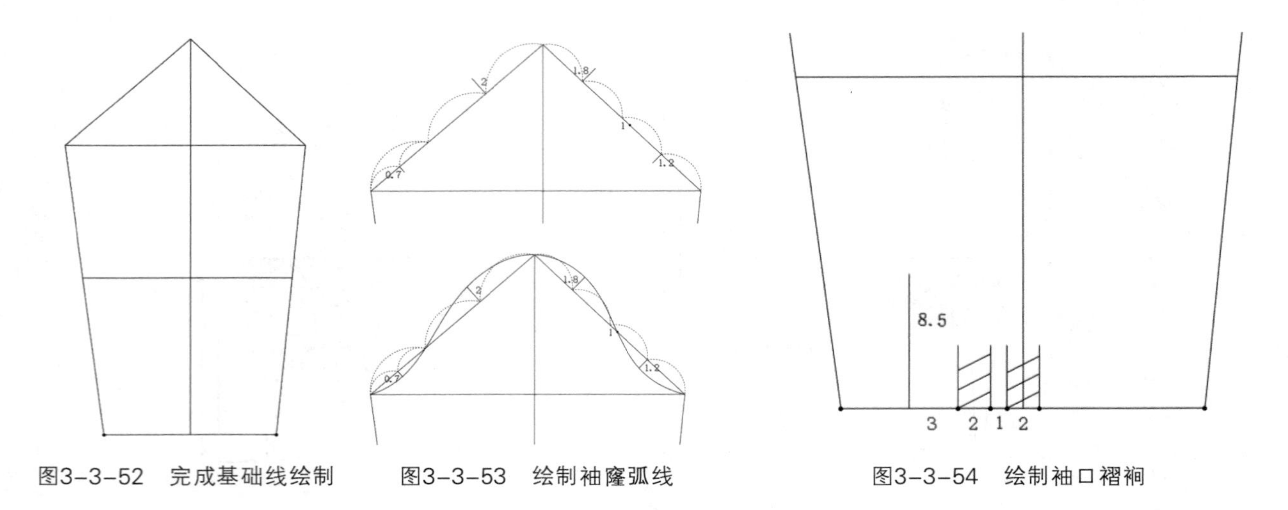

图3-3-52　完成基础线绘制　　图3-3-53　绘制袖窿弧线　　图3-3-54　绘制袖口褶裥

（8）绘制袖克夫。选择智能笔工具，绘制矩形，长为“22”，宽为“6”；使用平行线功能，在矩形上以一端宽为基础线，向内绘制平行线且间距为“1”；选择圆角工具，将矩形下端两侧直角圆顺至美观即可（建议数值设置为“1.5”）；确定纽扣位置。如图3-3-55所示。

（9）绘制袖衩。选择智能笔工具，绘制大、小袖衩，具体如图3-3-56所示。

（10）改变线型并完成绘制。选择设置线的颜色类型工具，按需求改变线型，并使用剪断线工具与橡皮擦工具，删除多余线段。完成如图3-3-57所示。

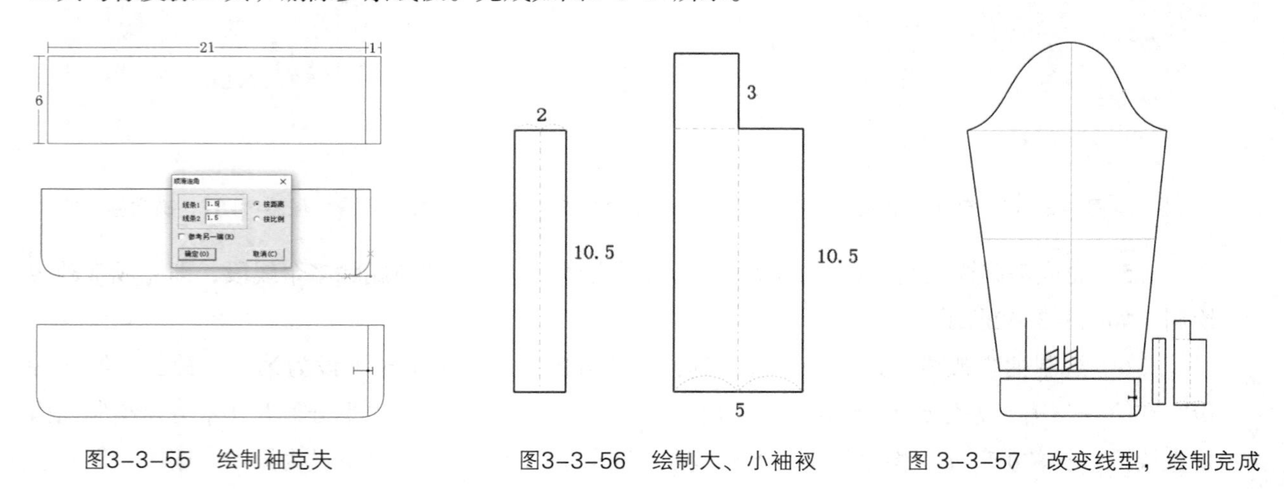

图3-3-55　绘制袖克夫　　图3-3-56　绘制大、小袖衩　　图 3-3-57　改变线型，绘制完成

3.3.3　女衬衫工业样板绘制

（1）拾取衣片。选择剪刀工具，可以框选或是使用鼠标依次单击衣片轮廓线后，右击鼠标完成，如图3-3-58所示。

（2）编辑纸样资料。鼠标双击界面左上角衣片列表框，在弹出的对话框中依次输入相关信息，如图3-3-59、图3-3-60所示。

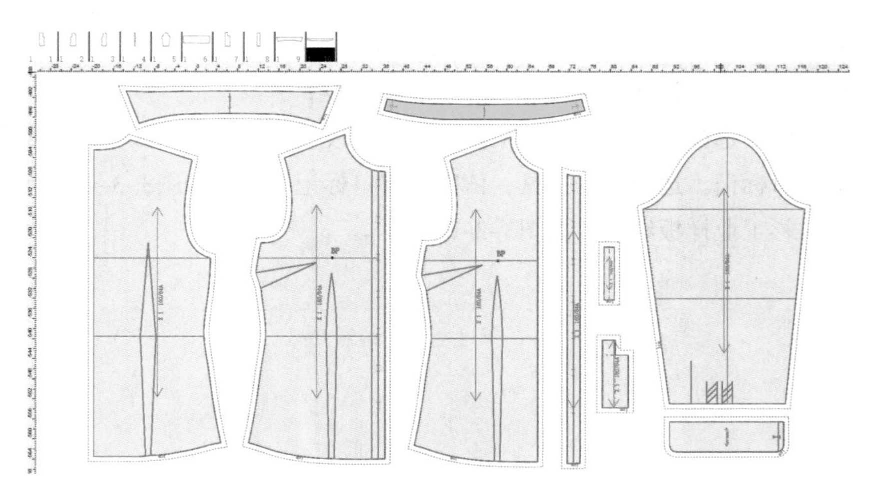

图3-3-58　拾取衣片

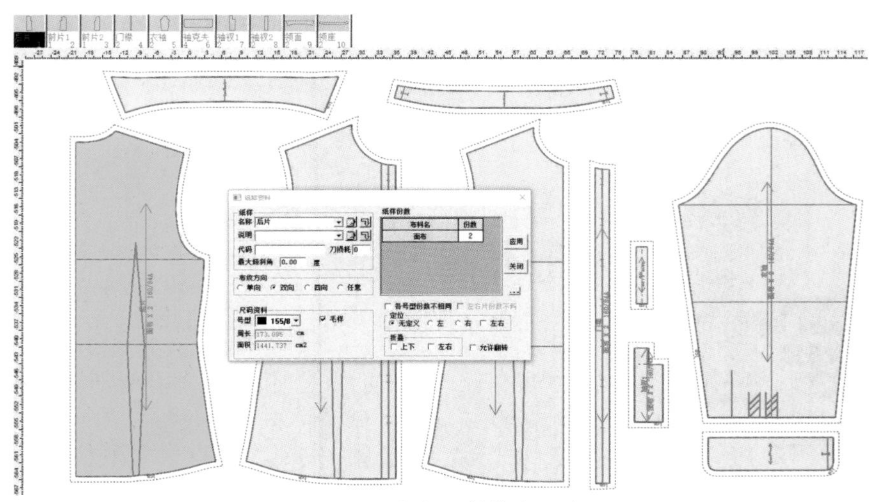

图3-3-59　编辑纸样信息示意图1

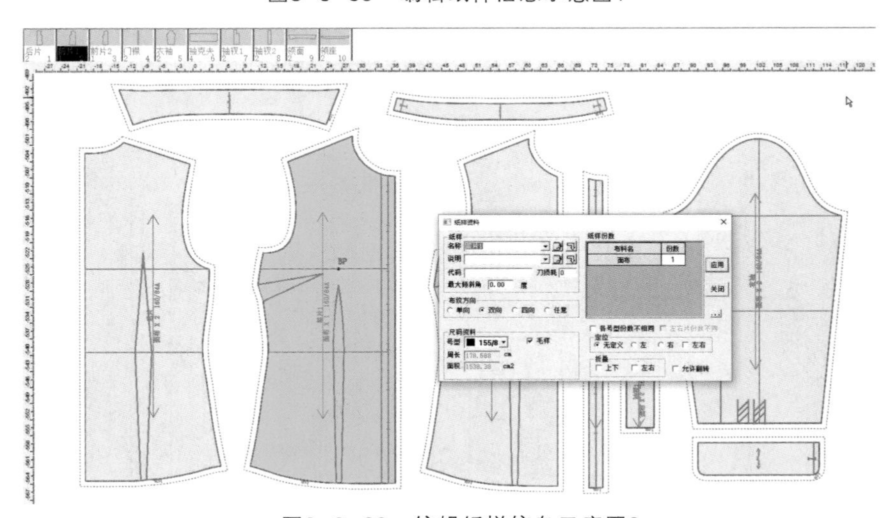

图3-3-60　编辑纸样信息示意图2

（3）调整布纹线方向。选择布纹线工具，鼠标单击可移动布纹线位置，鼠标右击可改变布纹线方向，根据纸样调整布纹线方向与位置，如图3-3-61所示。

（4）纸样加缝份。选择加缝份工具，根据纸样需求改变相应缝份，如图3-3-62所示。

（5）衣片做剪口标记。选择剪口工具，依次做剪口标记。完成如图3-3-63所示。

（6）完成女衬衫工业样板绘制，如图3-3-64所示。

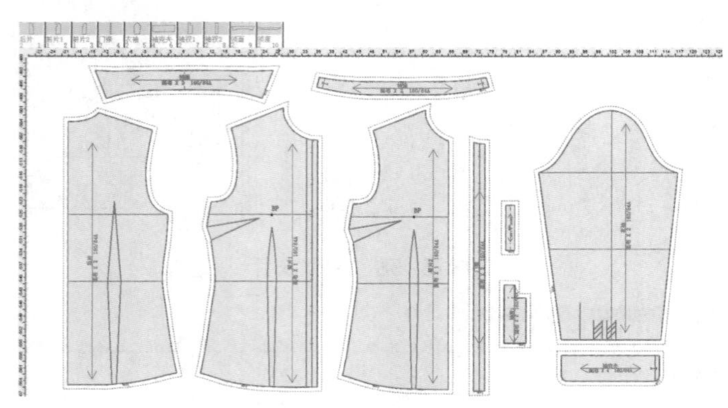

图3-3-61　调整布纹线方向

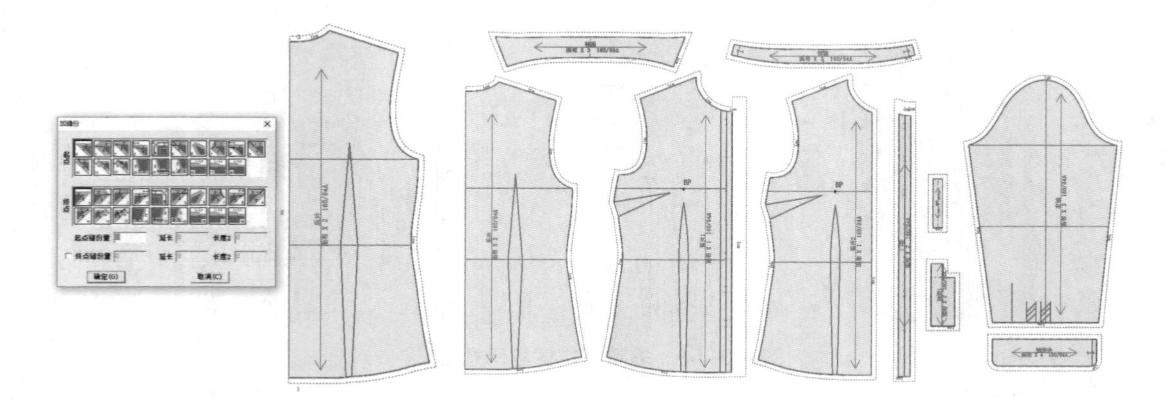

图3-3-62　放缝示意图

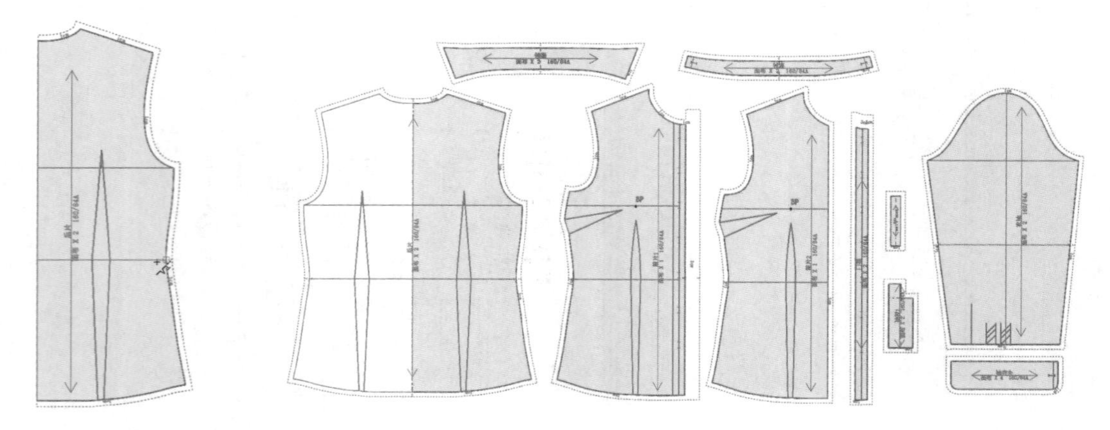

图3-3-63　后片打剪口

图3-3-64　工业样板完成图

3.4 变化款设计——香奈儿套装

3.4.1 款式分析

香奈儿（CHANEL）品牌是由加布里埃·可可·香奈儿在法国创立的奢侈品品牌。其服装以简约、舒适、高雅为特色，将女性从之前层层束缚的服装中解放出来。本款服装作为经典的香奈儿外套，延续了香奈儿舒适简约的风格，采用宽松的裁剪，无领设计；门襟、领口、袖口等处皆有宽1.2cm镶边；五粒扣；前片有腰省通底摆，箱型胸袋、箱型口袋；后片肩胛省，并腰省通底摆。

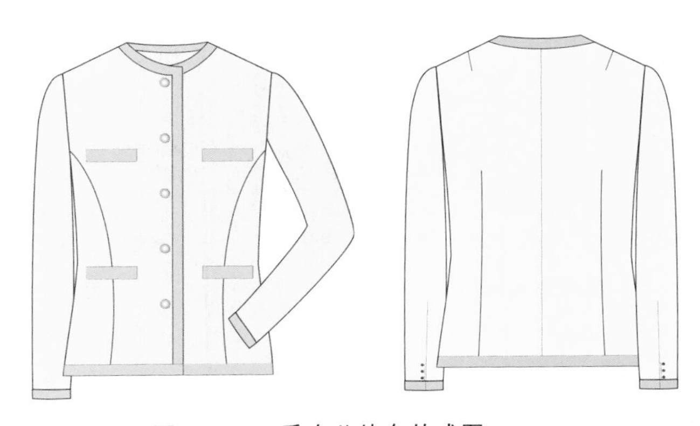

图3-4-1 香奈儿外套款式图

3.4.2 女衬衫结构设计

3.4.2.1 设置号型

在本案例中，我们采用原型绘制法，即采用富怡CAD V9企业版中“自动打板”功能所默认的数值，进而进行相关数据修正。

打开富怡CAD软件，在菜单栏中选择“文档”进入“自动打板”，如图3-4-2所示。在弹出的对话框中选择“前后落肩冲肩框架”，点击“确定”完成，具体如图3-4-3所示。

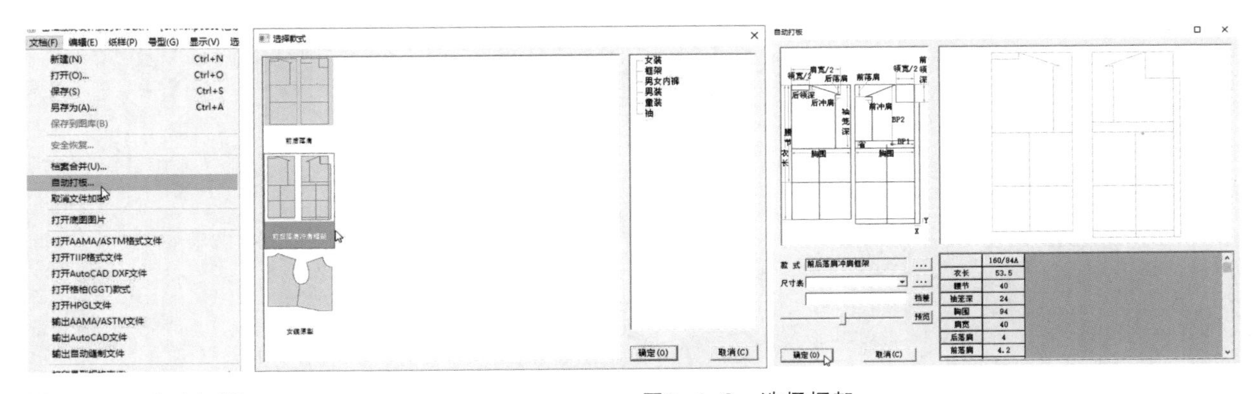

图3-4-2 自动打板

图3-4-3 选择框架

在菜单栏中选择“号型”，进入“号型编辑”即可查看相应数据，如图3-4-4所示。

提示： 自动打板中有三种框架可供选择。分别为“前后落肩”“前后落肩冲肩框架”以及“女装原型”。无论选择何种框架进行绘制，都可以预先设置相应数据，改变框架相应部位尺寸规格，如图3-4-5所示。本案例为了演示如何在“自动打板”框架上工作的一般原理，故而选择原始数据，后期为满足具体款式要求，将在原始数据框架下进行绘制。

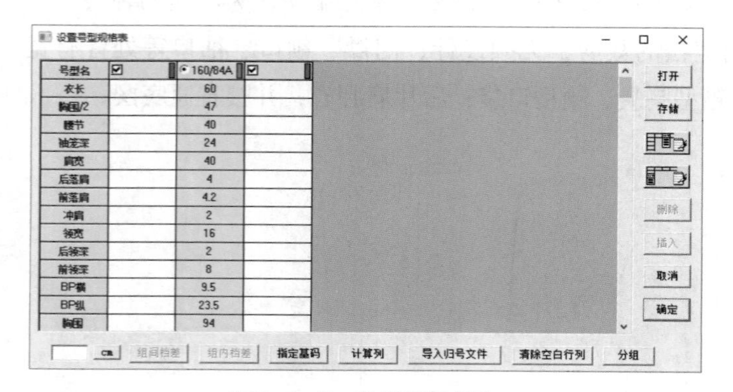

图3-4-4　查看号型规格

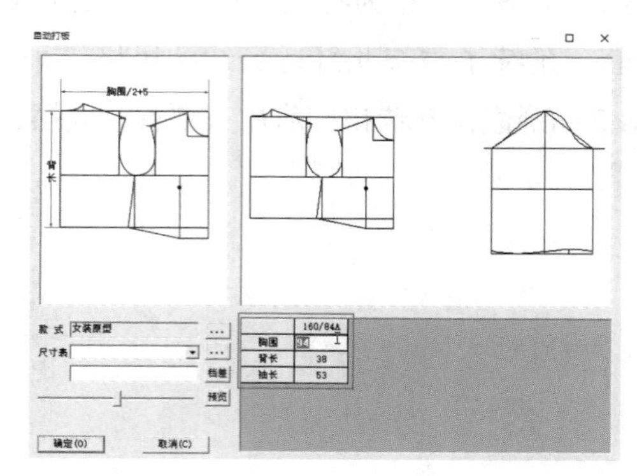

图3-4-5　修改框架相应数据

3.4.2.2　绘制后片

（1）绘制领围、肩线与袖窿弧线。选择智能笔工具，进入移动量功能，将鼠标放至后领深与后领宽线交点处，向左偏移“0.4”，即在弹出的对话框中后输入“－0.4”；向上绘制垂直线，长为“2.4”，即新后领深；连接相应点，并修顺弧线，完成后领围修正，如图3-4-6所示；连接后领深高点与肩线端点，并延长“1.2”，为新肩线，如图3-4-7所示。在新肩线上至后领深“4”处，绘制肩胛省，省宽为“1.5”，省长为“7”，如图3-4-8所示。选择智能笔工具，将鼠标放至胸围线与侧缝线交点处，按Enter键进入移动量功能，在弹出的对话框中后输入“1.5”，向下绘制垂直线，长为“16”；在该线段上端下移“0.5”做标记点，并连接新肩线端点，完成袖窿弧线绘制，如图3-4-9所示。

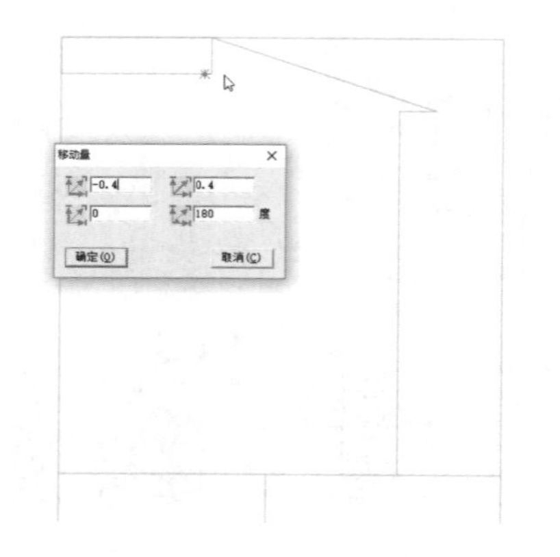

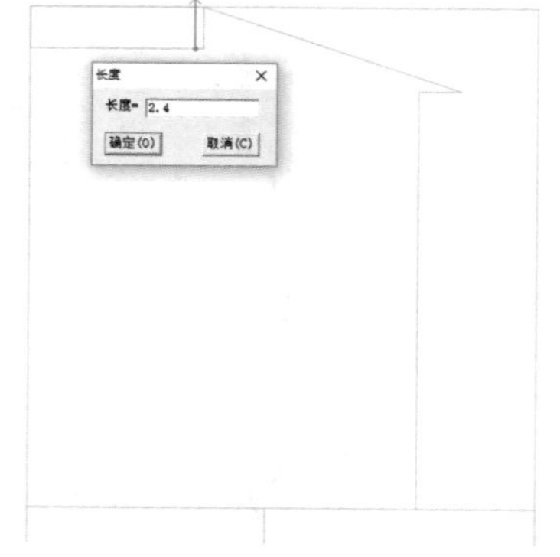

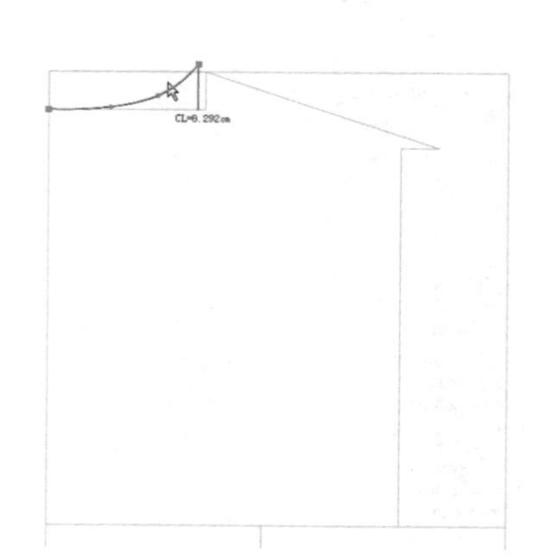

图3-4-6　绘制新领围线

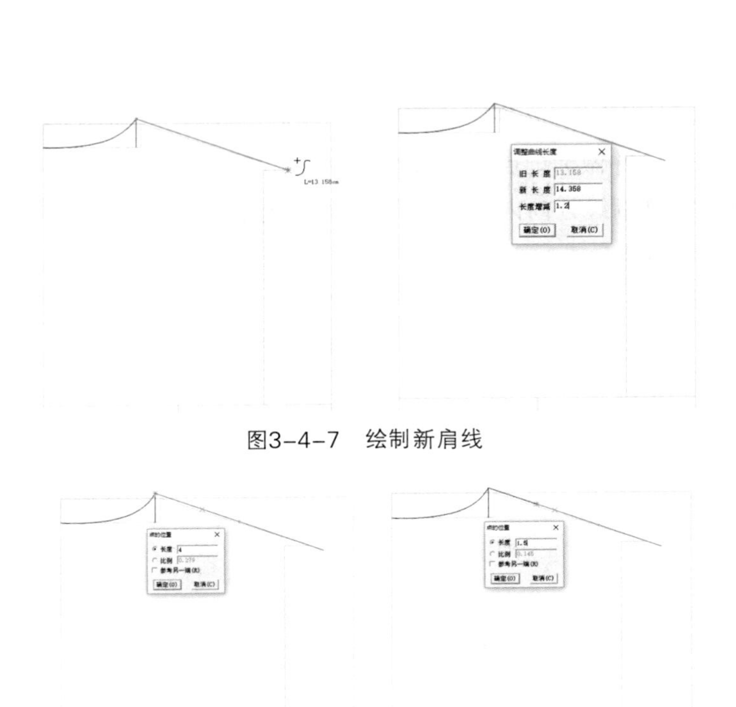

图3-4-7 绘制新肩线

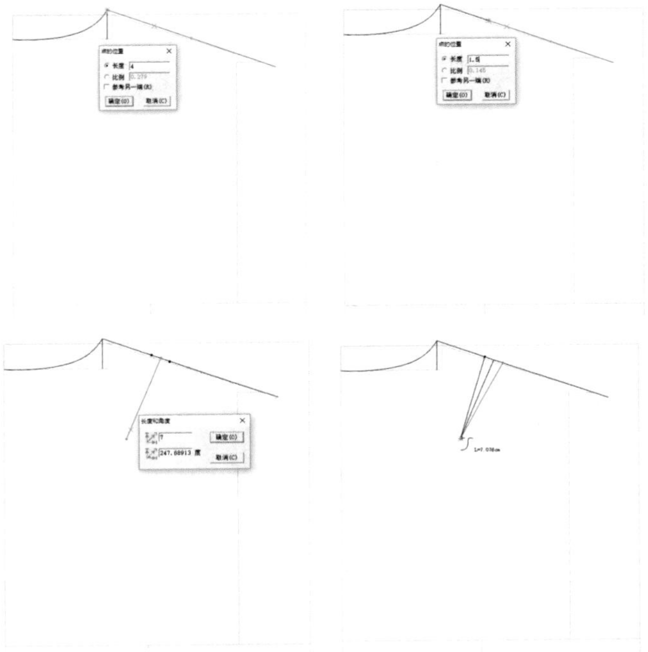

图3-4-8 绘制肩胛省

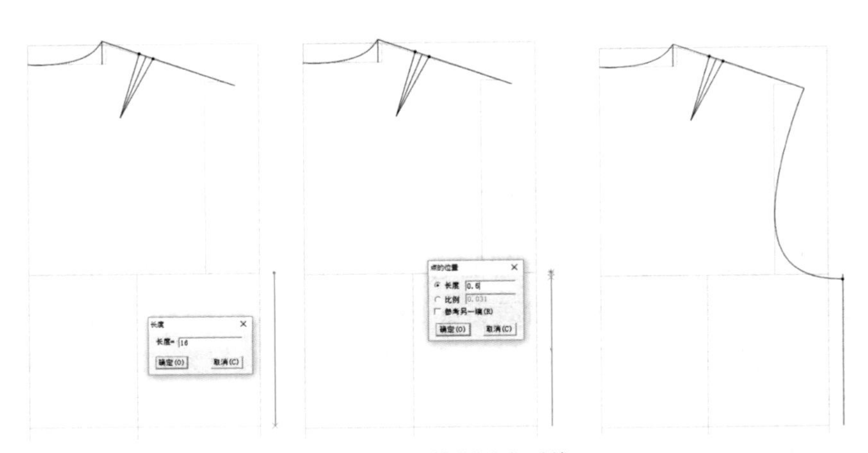

图3-4-9 绘制袖窿弧线

（2）绘制后中线与侧缝线。选择智能笔工具，在后中线侧，分别在胸围线、腰围线与下平线内收“0.4”“1”“1”，并做标记点，依次连接，绘制新后中线，如图3–4–10所示。选择智能笔工具，在侧缝线侧，在腰围线处向内收“0.8”，下平线处外扩“2”，做标记点并依次连接，绘制新侧缝线，如图3–4–11所示。

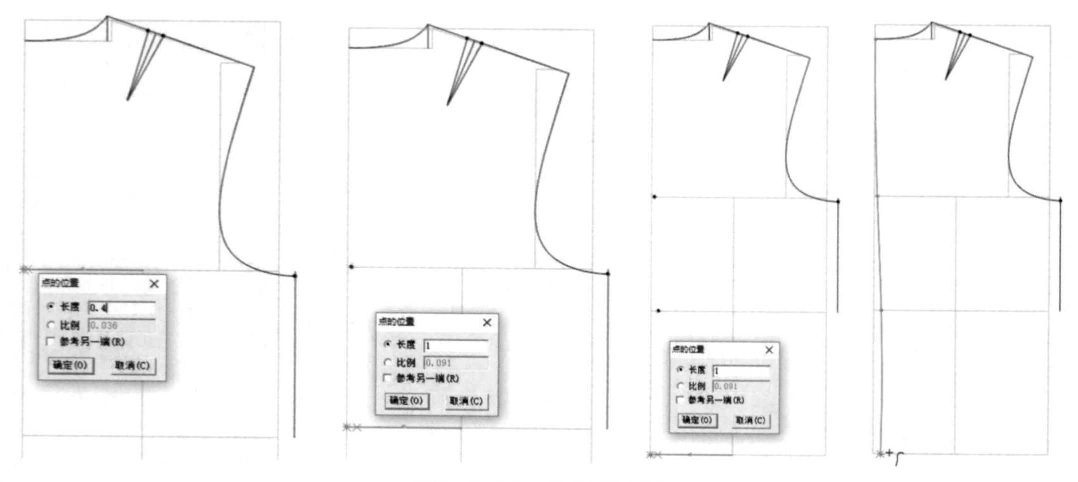

图3–4–10　绘制后中线

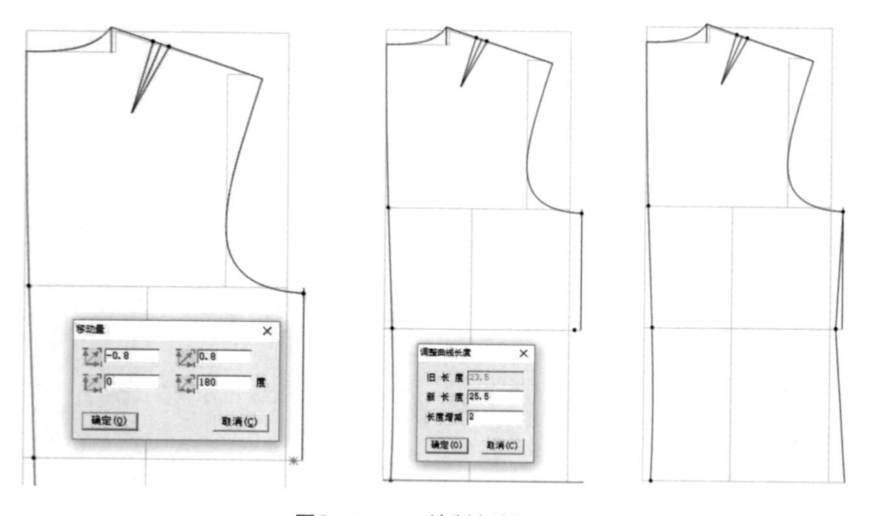

图3–4–11　绘制侧缝线

（3）绘制腰省线与底摆线。选择智能笔工具，进入平行线功能，将原有腰省线向右侧平移“1”，为新腰省线；胸围线与新腰省线交点下移“1”，做省尖点；选择等分规工具，进入线上反向等距功能，在腰围线处以新腰省线为对称轴将腰省宽量设置为“2”，并做标记点；依次连接各标记点，完成腰省绘制，如图3–4–12所示。选择智能笔工具，以腰围线为参照，向下“15.5”处取点绘制平行线，为底摆线，如图3–4–13所示。

（4）改变线型。选择设置线的颜色类型工具，在快捷工具栏中选择线类型，设置为所需类型，鼠标单击所需线段即可，完成后如图3-4-14所示。

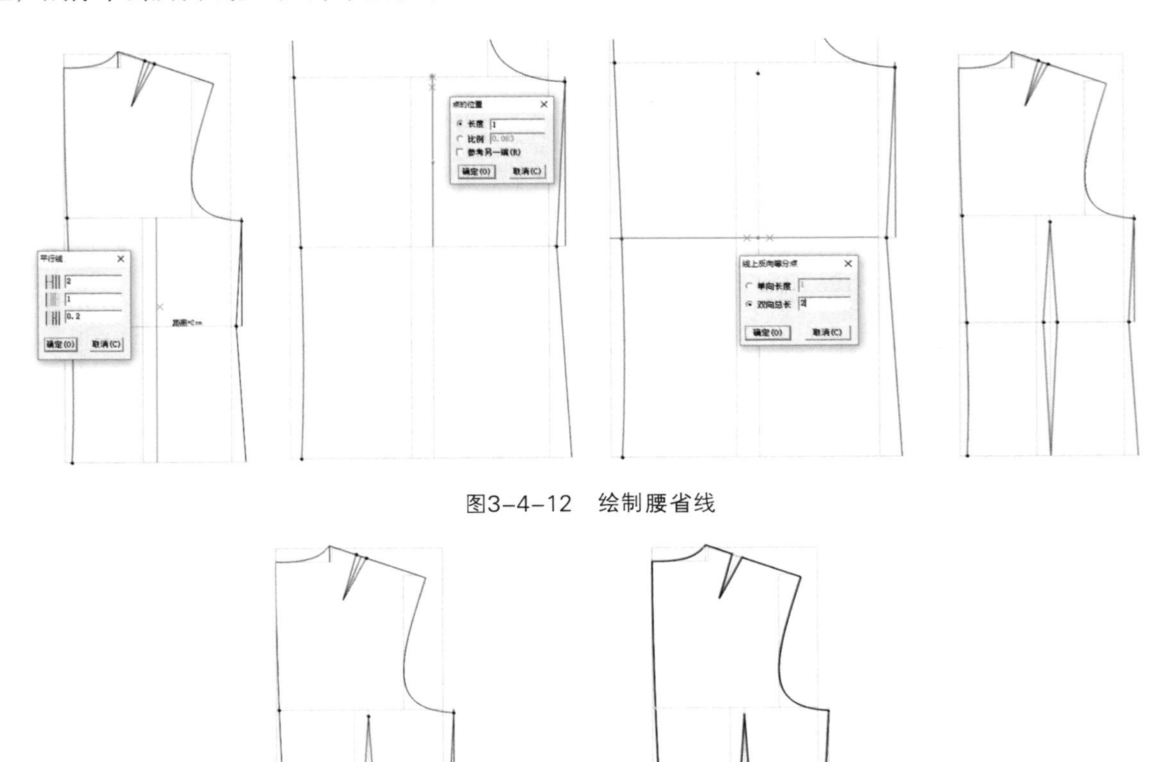

图3-4-12　绘制腰省线

图3-4-13　绘制底摆线

图3-4-14　改变线型，绘制完成

3.4.2.3　绘制前片

（1）绘制领围、肩线与袖窿弧线。选择智能笔工具，进入平行线功能，以上平线为基础线，向上绘制平行线，间距为“1”；继续使用智能笔工具，进入移动量功能，以侧颈点为基础点，分别向上、向右移动“1”，获得新侧颈点，并做标记；连接新侧颈点与前领窝点，修顺线段，完成前领围线绘制，如图3-4-15所示。选择智能笔工具，进入平行线功能，以前落肩线为基础线，向上“2”绘制平行线，为新落肩线；选择圆规工具，以侧颈点为起点，绘制线段长为“12.5”，且交于新落肩线，为新肩线，如图3-4-16所示。以胸围线与侧缝线交点为起点，向左移动“1.5”并向下绘制垂直线，为新侧缝线；连接新肩线端点与新侧缝线端点，修顺线段，完成袖窿弧线绘制，如图3-4-17所示。

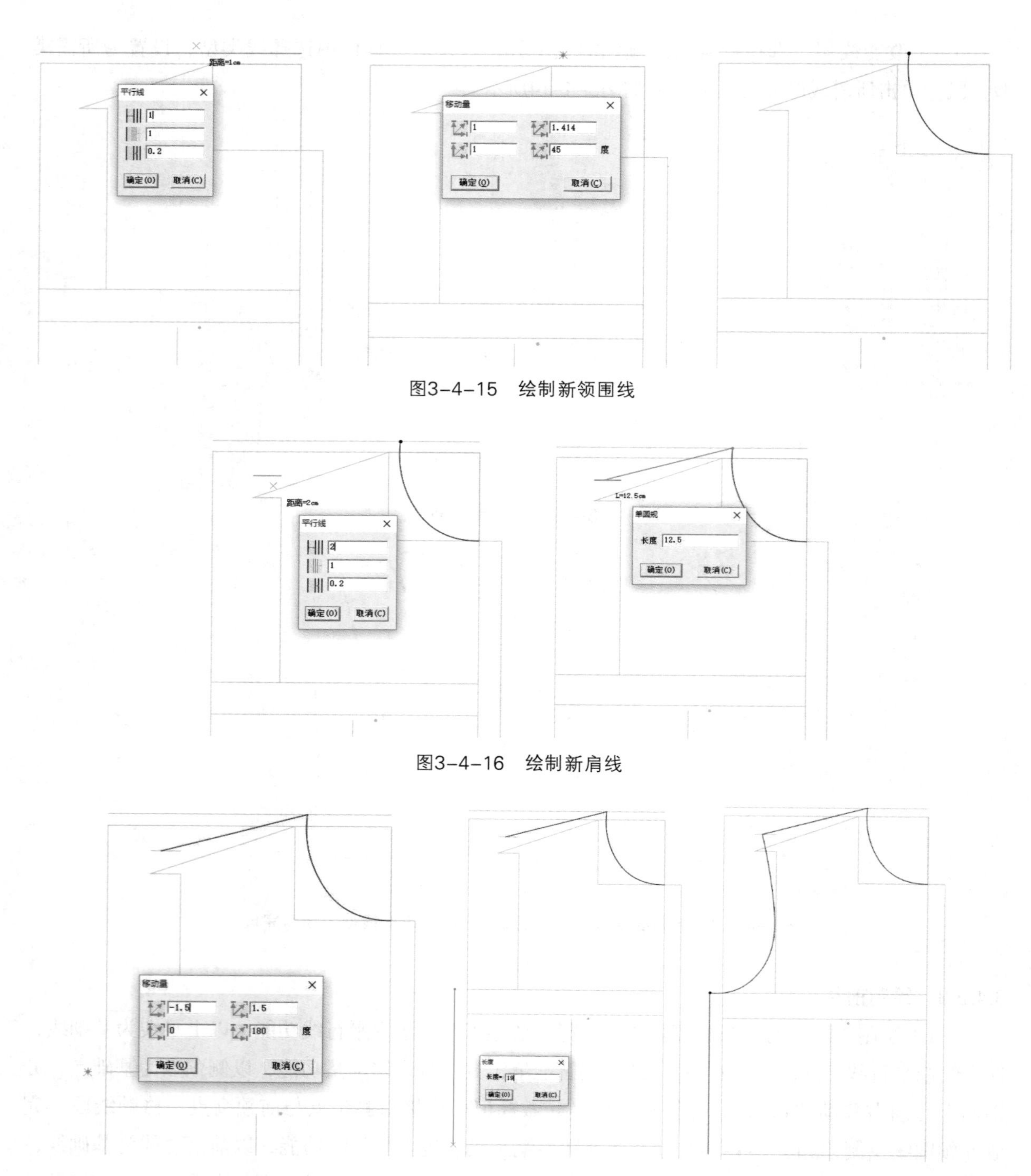

图3-4-15　绘制新领围线

图3-4-16　绘制新肩线

图3-4-17　绘制新袖窿弧线

（2）绘制腋下省。选择智能笔工具，向左平移腰省长上端点“1”，并做标记点；在新侧缝线处下降“2.5”，做省宽量为“2.5”，做标记点；连接各标记点，完成腋下省绘制，如图3-4-18所示。

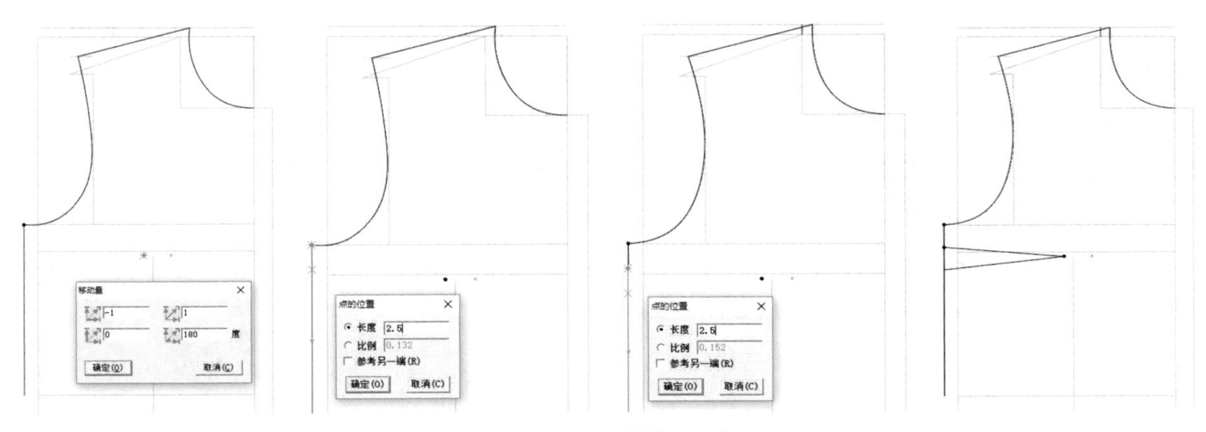

图3-4-18　绘制腋下省

（3）绘制侧缝线及门襟。选择智能笔工具，在腰围处内收“0.8”，做标记点；在底摆处外扩“2”，做标记点，依次连接各点，完成新侧缝线绘制，如图3-4-19所示；选择智能笔工具，在前中处绘制矩形，宽为“2.5”，长至底摆，即为门襟，如图3-4-20所示。

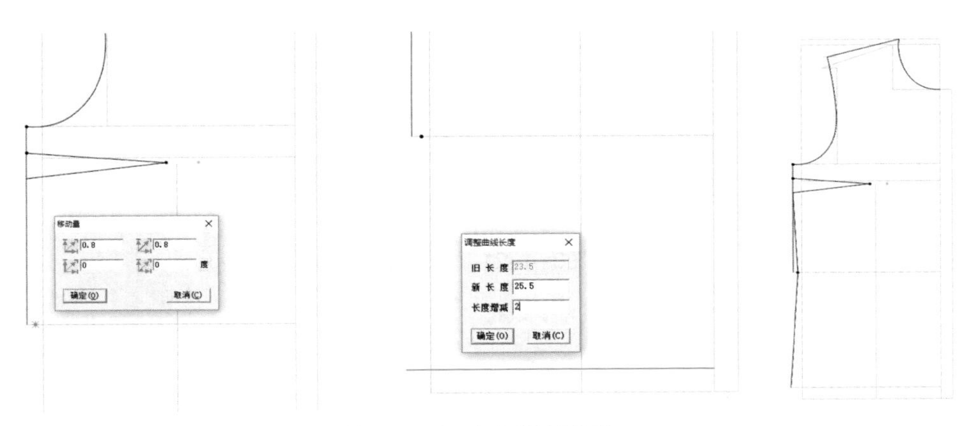

图3-4-19　绘制新侧缝线

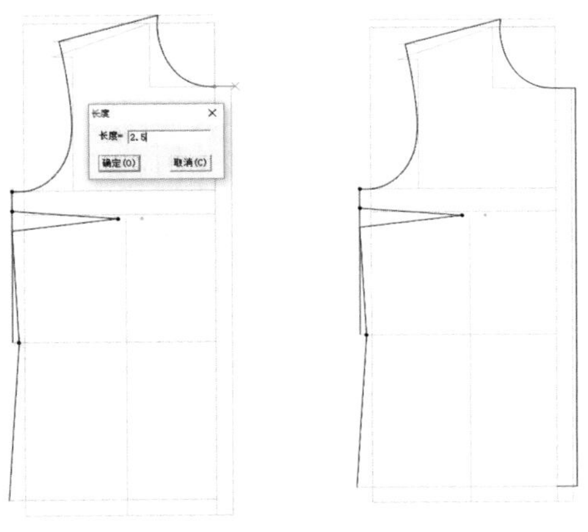

图3-4-20　绘制门襟

（4）绘制腰省及底摆。选择智能笔工具，以腋下省尖点为起点，向下绘制垂直线至底摆，为新腰省长；选择等分规工具，在腰围线处以腰省长为对称轴，进入线上反向等距功能，绘制腰省宽为“1.5”，做标记点；同理在底摆处绘制省宽“0.5”，做标记点；依次连接各点，腰省绘制完成，如图3-4-21所示。以腰围线为基础线，向下“15.5”处绘制底摆线，如图3-4-22所示。

（5）口袋与纽扣定位。选择智能笔工具，根据款式图，绘制纽扣与口袋位置，如图3-4-23所示。

（6）改变线型。选择设置线的颜色类型工具，在快捷工具栏中选择线类型，设置为所需类型，鼠标单击所需线段即可，完成后如图3-4-24所示。

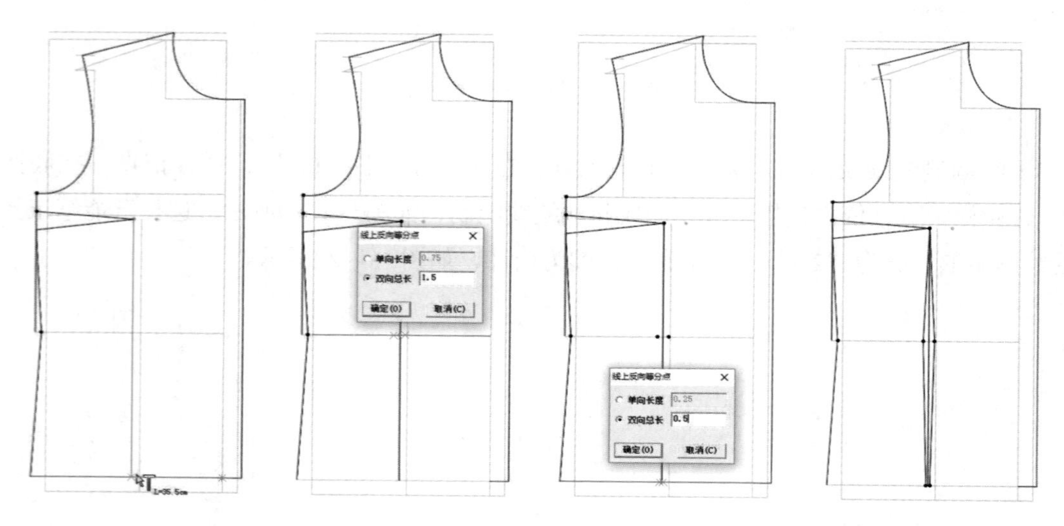

图3-4-21　绘制腰省

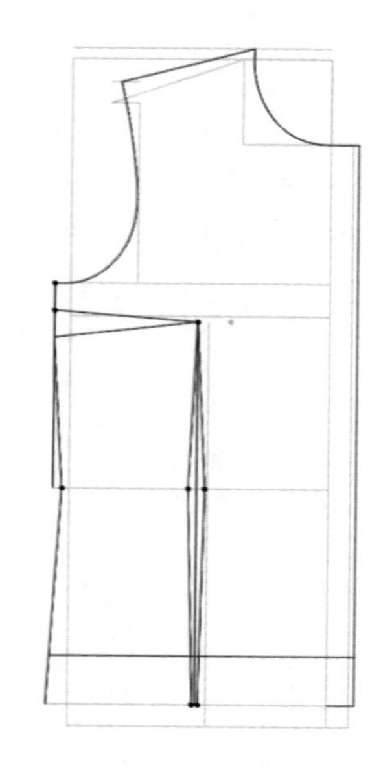

图3-4-22　绘制底摆

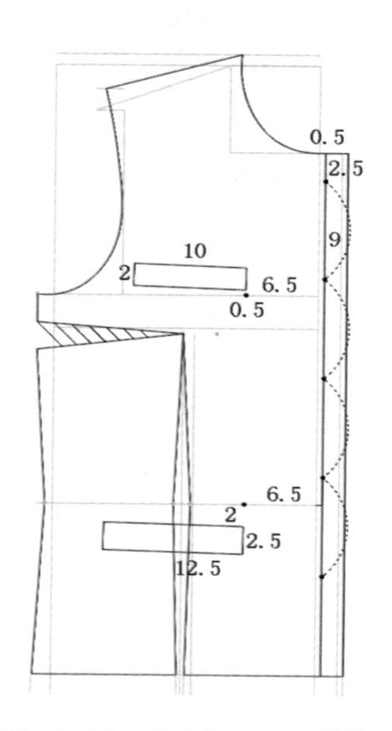

图3-4-23　确定纽扣及口袋位置

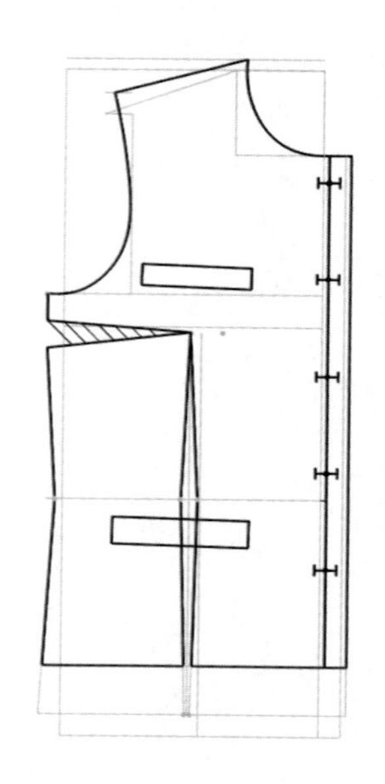

图3-4-24　绘制完成

3.4.2.4 绘制衣袖

（1）确定袖长、袖山高及袖肘线。选择智能笔工具，绘制上平线与下平线，间距为“56”，即袖长；以上平线为基准线，向下绘制平行线，间距分别为“15”“29”，即袖山高与袖肘线，如图3-4-25所示。

（2）确定袖肥与袖口宽。选择智能笔工具，进入调整曲线长度功能，如图3-4-26所示。依次设置线段长度，并连接，如图3-4-27所示。

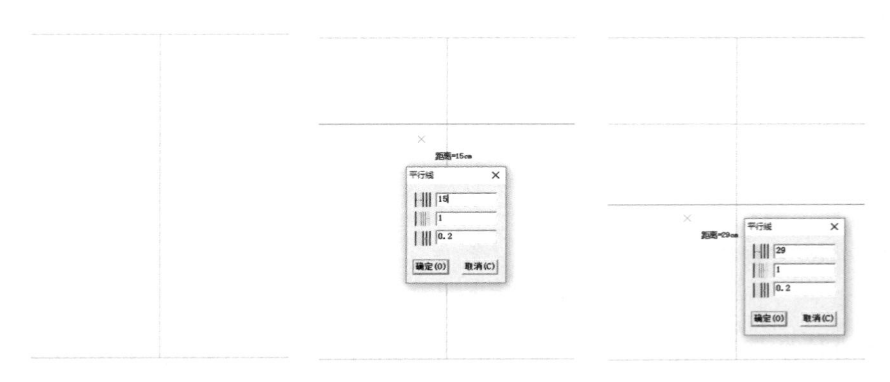

图3-4-25 确定袖长、袖山高及袖肘线

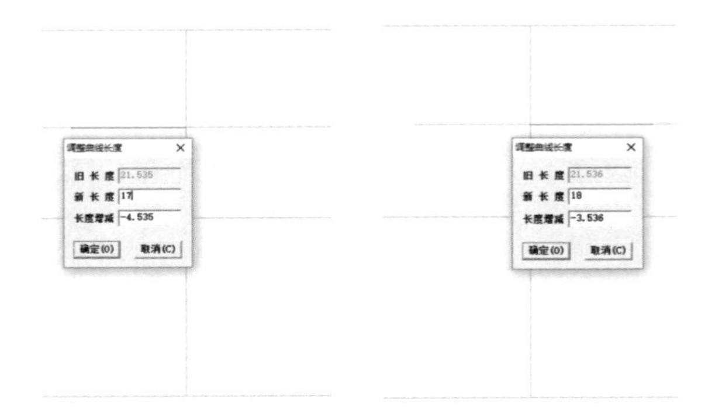

图3-4-26 确定袖肥

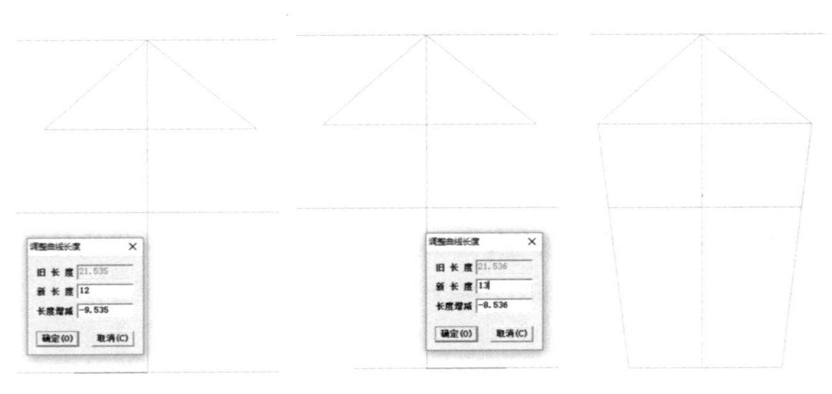

图3-4-27 确定袖口宽

（3）绘制袖窿弧线。选择等分规工具，将前后袖宽分别三等分，绘制垂直线，并在相应位置做标记点，延长袖山高“1.5”，如图3–4–28所示；过标记点绘制袖窿弧线，如图3–4–29所示。

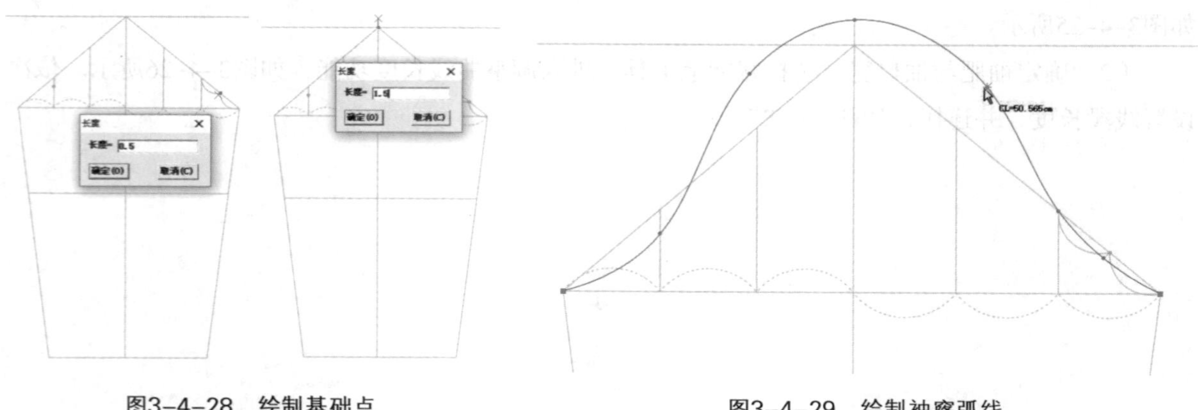

图3–4–28　绘制基础点

图3–4–29　绘制袖窿弧线

（4）绘制袖肘省。选择旋转工具，依次选择袖肘线下半部分，以袖肘线为旋转轴线，设置旋转量为“1.5”，如图3–4–30所示；连接袖肘省两端，并绘制省道长为“8”，完成如图3–4–31所示。

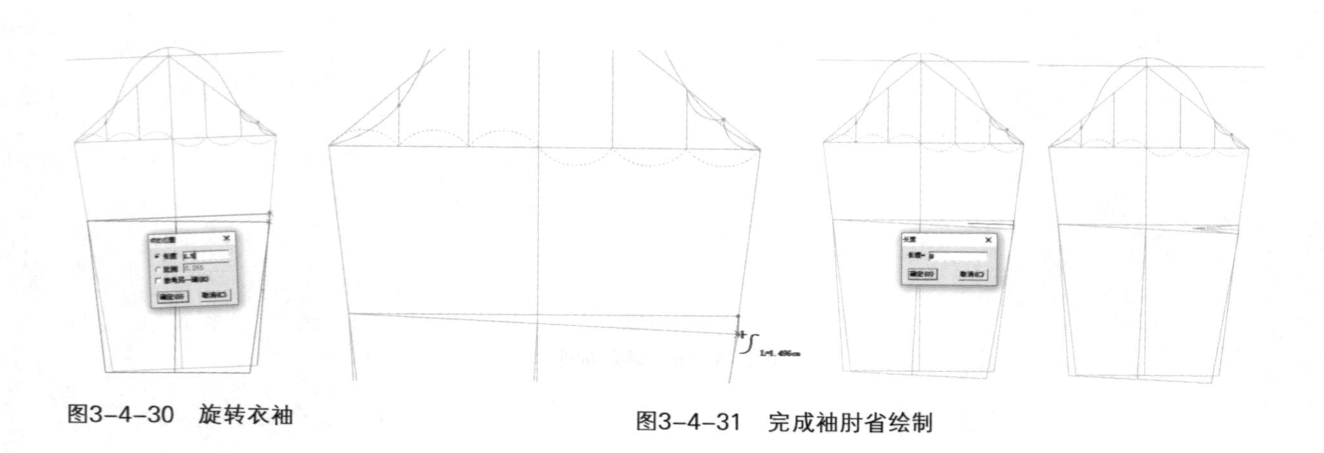

图3–4–30　旋转衣袖

图3–4–31　完成袖肘省绘制

（5）绘制袖开衩。以袖肘省尖点为起点，绘制线段至袖口宽；并在该线段上至袖口宽“24”处做标记点，为袖衩高，如图3–4–32所示。

（6）改变线型。选择设置线的颜色类型工具，在快捷工具栏中选择线类型，设置为所需类型，鼠标单击所需线段即可，完成后如图3–4–33所示。

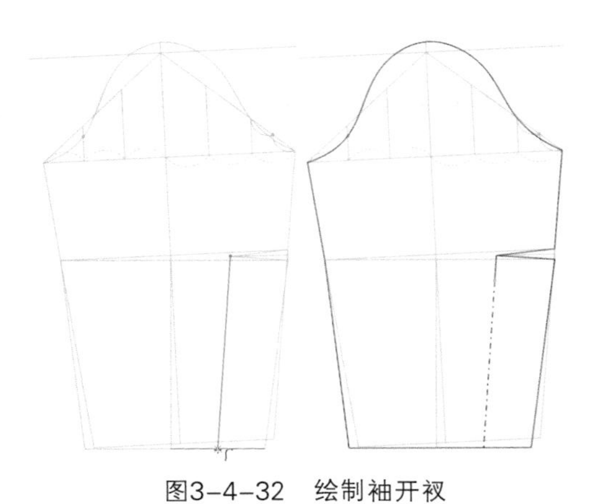
图3-4-32　绘制袖开衩

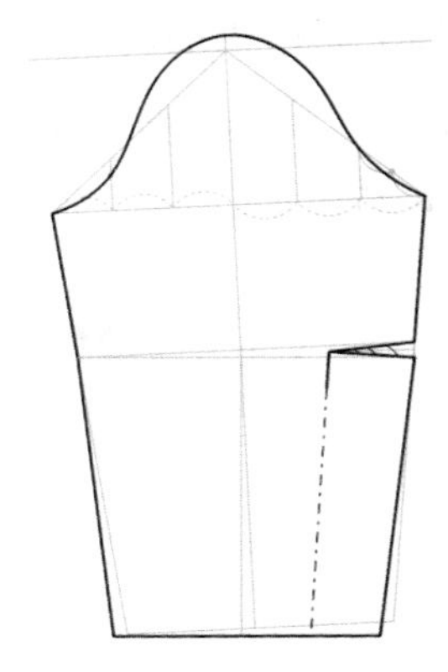
图3-4-33　绘制完成

3.4.2.5　绘制其他部件

（1）绘制后领贴。选择智能笔工具，分别在后衣片肩线及后中心取“3”做标记点，并连接两点，修顺弧线；选择移动工具，复制移动取出相应部分，使用剪断线工具与橡皮擦工具，删除多余线段，完成绘制，如图3-4-34所示。

（2）绘制挂面。选择智能笔工具，在前肩线与底摆分别取“3”“8”做标记点，并连接两点，修顺弧线；选择移动工具，复制移动取出相应部分，使用剪断线工具与橡皮擦工具，删除多余线段，完成绘制，如图3-4-35所示。

（3）绘制胸袋与口袋。选择智能笔工具，绘制矩形；胸袋宽为“4”，长为“10”；口袋宽为“5”，长为“12.5”；绘制完成，如图3-4-36所示。

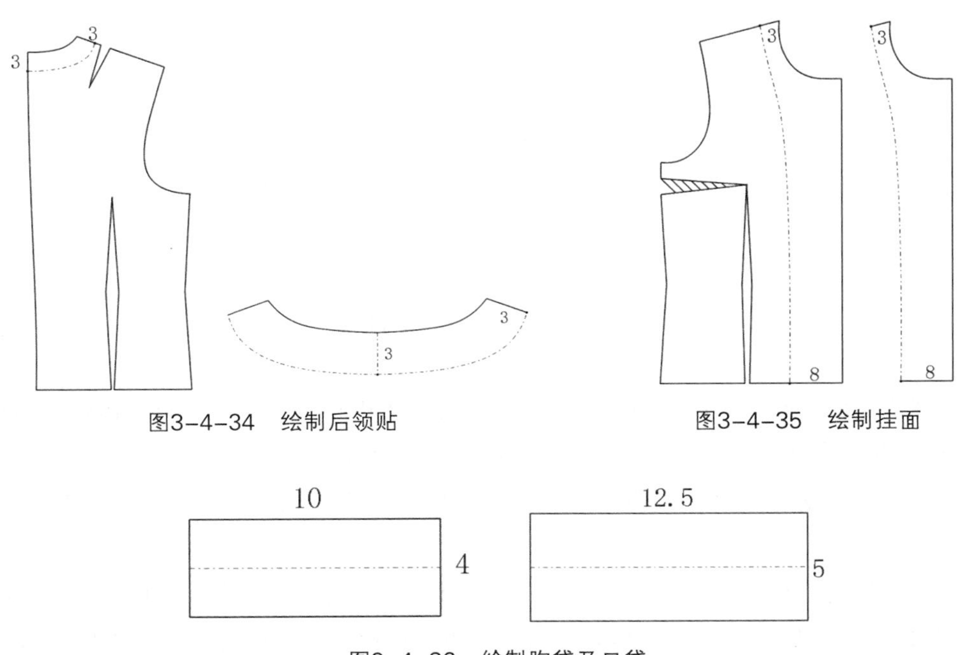

图3-4-34　绘制后领贴

图3-4-35　绘制挂面

图3-4-36　绘制胸袋及口袋

3.4.3 女衬衫工业样板绘制

（1）拾取衣片。选择剪刀工具，可以框选或是使用鼠标依次单击衣片轮廓线后，右击鼠标完成，如图3-4-37所示。

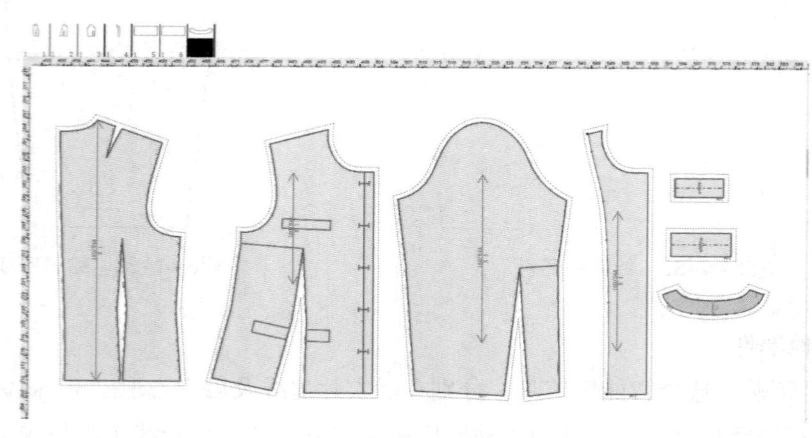

图3-4-37 拾取衣片

（2）编辑纸样资料。鼠标双击界面左上角衣片列表框，在弹出的对话框中依次输入相关信息，如图3-4-38所示。

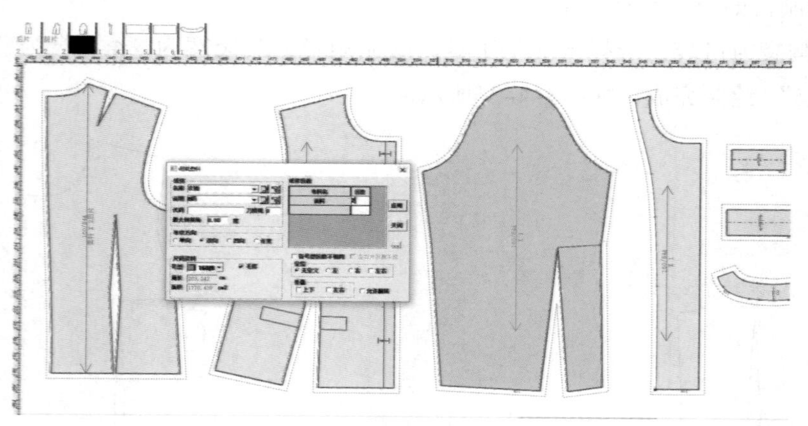

图3-4-38 编辑纸样信息

（3）调整布纹线方向。选择布纹线工具，鼠标单击可移动布纹线位置，鼠标右击可改变布纹线方向，根据纸样调整布纹线方向与位置，如图3-4-39所示。

（4）纸样加缝份。选择加缝份工具，根据纸样需求改变相应缝份，如图3-4-40、图3-4-41所示。

（5）衣片做剪口标记。选择剪口工具，依次做剪口标记，如图3-4-42所示。选择钻孔工具，标记胸袋及口袋位置，如图3-4-43所示。完成女衬衫工业样板绘制，如图3-4-44所示。

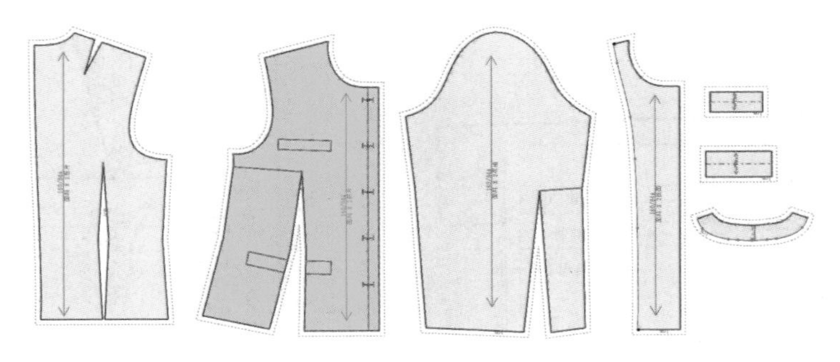

图3-4-39 调整布纹线方向

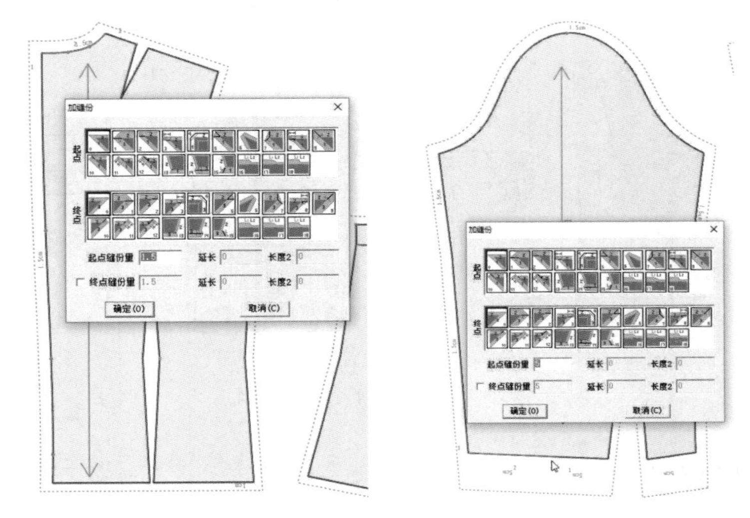

图3-4-40 加缝份

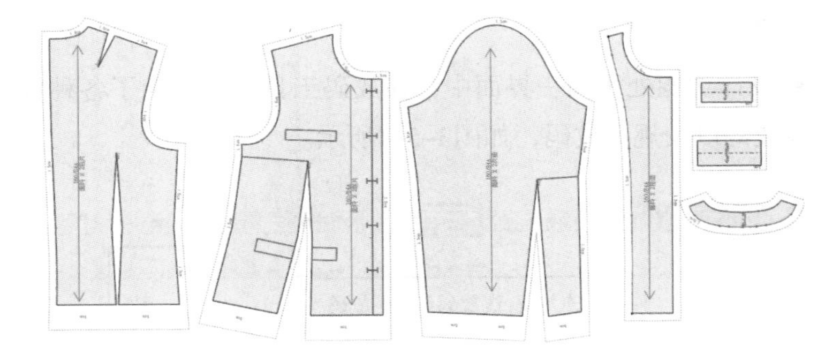

图3-4-41 放缝完成

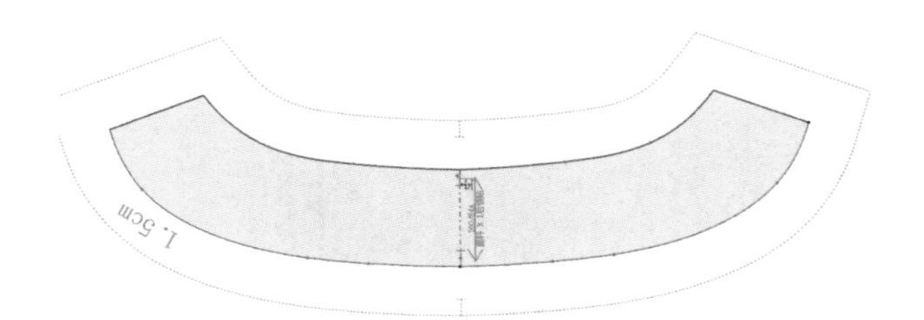

图3-4-42 剪口标记

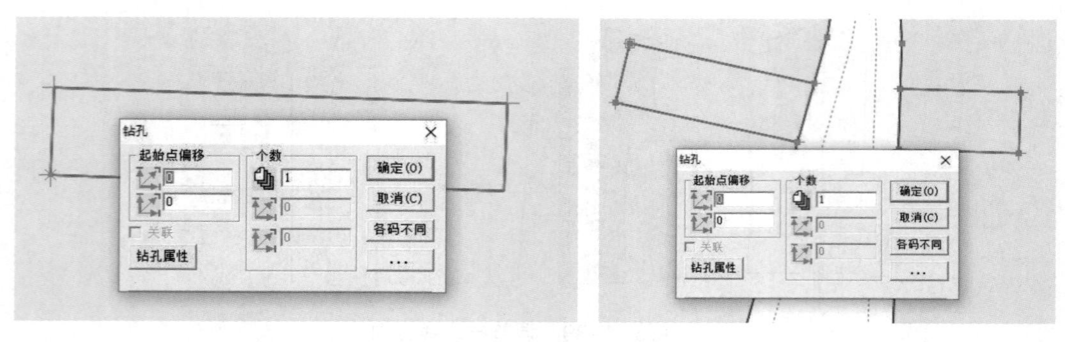

图3-4-43　胸袋与口袋位置标记

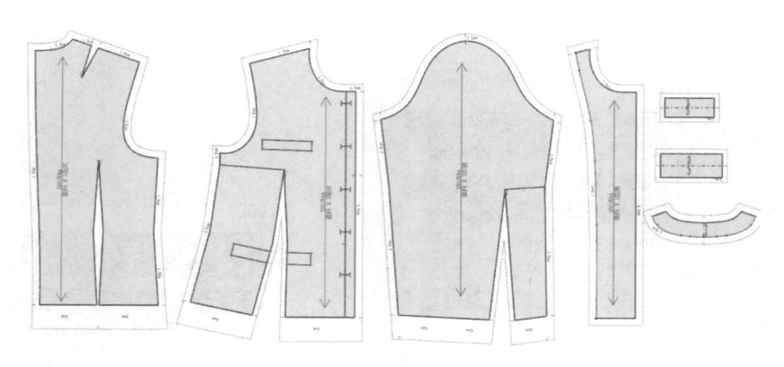

图3-4-44　完成绘制

3.5　富怡CAD板样放码

3.5.1　放码功能介绍

放码功能与结构设计功能处于同一界面中，在放码工具栏中包含了各种放码工具。主要的放码方法有点放码、线放码以及规则放码，如图3-5-1所示。

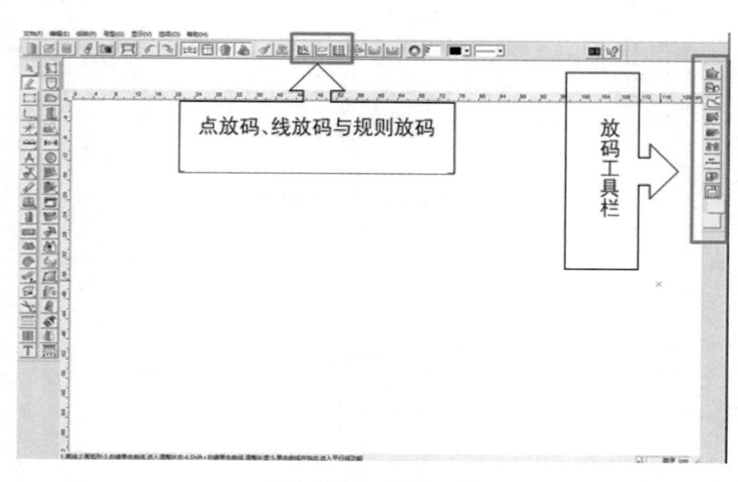

图3-5-1　放码工具

（1）肩斜线放码工具。

该工具可以使各码不平行肩斜线平行。

① 对于肩点没放码的，按照肩宽实际值放码实现。用该工具分别单击后中线的两点，再单击肩点，弹出“肩斜线放码”对话框，输入合适的数值，选择恰当的选项，点击“确定”即可。

② 对于肩点放过码的，可用此工具单击布纹线（也可分别单击后中线上的两点）；再单击肩点，弹出“肩斜线放码”对话框，选择恰当的选项，点击“确定”即可。

（2）平行交点工具。

该工具用于纸样边线的放码，用该工具单击交点，用过该工具后与其相交的两边分别平行。

（3）各码对齐工具。

该工具各码放量按点或剪口（扣位、眼位）线对齐或恢复原状。用该工具在纸样上的一个点上单击，放码量以该点按水平垂直对齐；用该工具选中一段线，放码量以线的两端连线对齐；用该工具在纸样上击右键，为恢复原状。

（4）圆弧放码工具。

该工具可对圆弧的角度、半径、弧长放码。用该工具单击圆弧，圆心会显示，并弹出“圆弧放码”对话框；输入正确的数据，点击“应用”“关闭 ”即可。

（5）设定/取消辅助线随边线放码。

该工具有两种功能，一是辅助线随边线放码，二是辅助线不随边线放码。

① 辅助线随边线放码。

用Shift键把光标切换成辅助线随边线放码。用该工具框选或单击辅助线的“中部”，辅助线的两端都会随边线放码；如果框选或单击辅助线的一端，只有这一端会随边线放码。

② 辅助线不随边线放码。

用Shift键把光标切换成辅助线不随边线放码。用该工具框选或单击辅助线的“中部”，再对边线点放码或修改放码量后，辅助线的两端都不会随边线放码；如果框选或单击辅助线的一端，再对边线点放码或修改放码量后，只有这一端不会随边线放码。

（6）平行放码。

对纸样、纸样辅助线平行放码，常用于文胸放码。用该工具单击或框选需要平行放码的线段，右击，弹出“平行放码”对话框；输入各线各码平行线间的距离，点击“确定”即可。

提示：一般而言，软件初装后，界面中只显示常用工具，部分工具图标被隐藏。通过工具栏配置，可以根据自己的工作需求重新配置相关工具的图标显示。单击菜单栏中的“显示”可以查看当前界面中显示工具栏数量，如图3-5-2所示；单击菜单“选项”下的“系统设置”，在弹出的对话页面中单击“工具栏配置”，如图3-5-3所示；即可根据工作需求和习惯设置相应工具显示位置与数量，如图3-5-4所示。

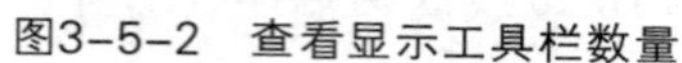
图3-5-2　查看显示工具栏数量

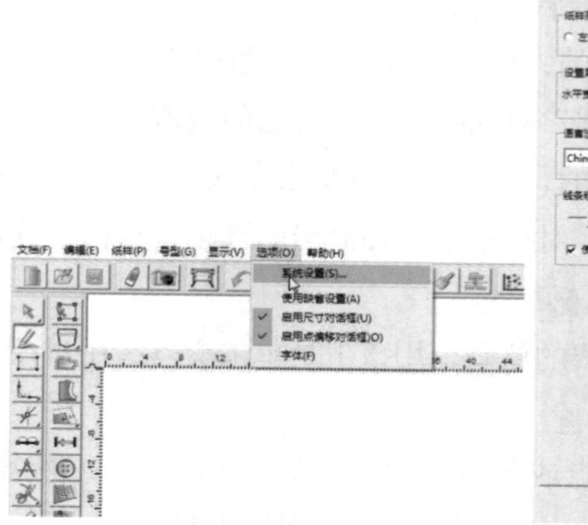

图3-5-3　工具栏配置

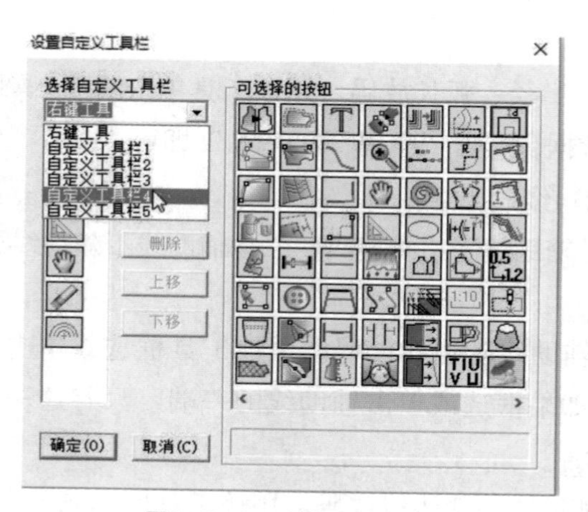

图3-5-4　自定义工具栏

3.5.2　女衬衫放码实例

3.5.2.1　富怡CAD女衬衫放码分析

本案例女衬衫各部位放码档差，如图3-5-5所示。

本案例，假设前、后片放码的坐标原点都是中心线和胸围线的交点；袖子的放码原点是袖中线和袖宽线的交点；领子的放码原点是领子与侧颈点缝合的点。

3.5.2.2　女衬衫后片放码演示

（1）纸样显示。按下快捷工具栏中的仅显示一个纸样工具，再单击纸样列表框中的后衣片，则工作区只显示该纸样；反之，则同时显示多个纸样。鼠标单击仅显示一个纸样工具，选择只显示后衣片，如图3-5-6所示。

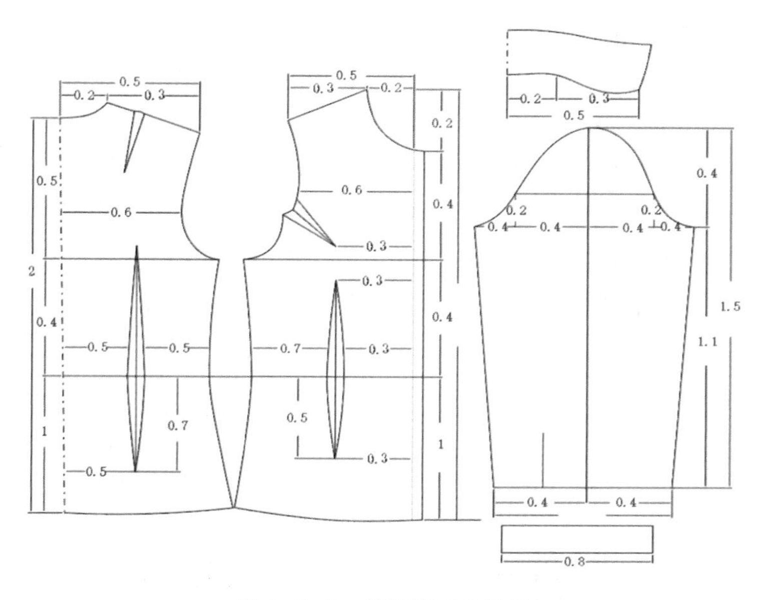

图 3-5-5 档差放码示意图

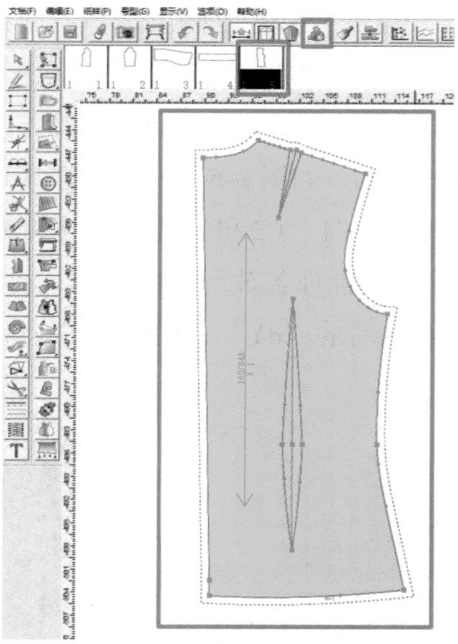

图3-5-6 仅显示后衣片

（2）后领围放码。选择点放码工具，弹出“点放码表”对话框，再选择选择纸样控制点工具，并按下自动判断放码正负按钮。鼠标右键框选A、B两点，在155/80A后的“dY”一栏输入档差“0.6”（系统识别为“–0.6”），点击Y相等按钮，则系统自动给框选各点加上等量放码量。按键盘Esc键，取消放码点的选择，也可在空白处单击。鼠标框选B点，在155/80A后的“dX”一栏输入档差“0.2”，再点击X相等按钮，则系统会自动给B点的其他号型加上放码量，如果系统未能识别为“–0.2”，则单击X取反按钮，如图3-5-7所示。

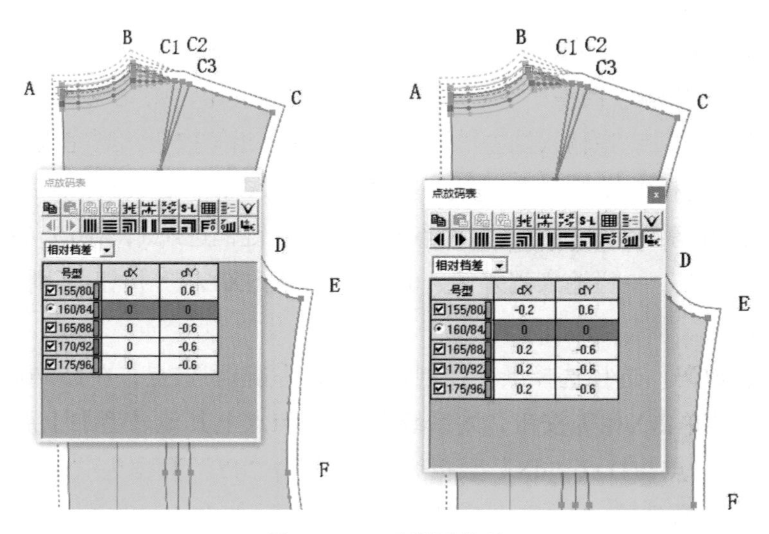

图3-5-7 后领围放码

（3）后肩省放码。选择肩斜线放码工具，左键分别单击A点和H点后滑动光标至C1点，单击，弹出“肩斜线放码”对话框，勾选“裆差”，在155/80A的“距离”一栏输入“－0.3”，选择“与前放码点平行”（以顺时针方向定前后，即与B点平行）；单击“均码”，“确定”完成肩省C1的放码，如图3–5–8所示。选择选择纸样控制点工具，单击C1点，单击复制放码量按钮，再左键框选C1、C2和C3点，单击粘贴XY放码量按钮，则C2、C3复制完成C1的放码量；按ESC键，取消前面各放码点的选择，再框选C4，单击粘贴X按钮，则C4与C1的X裆差保持一致；在155/80A后的“dY”一栏输入“－0.4”，单击Y相等按钮，肩省放码完成，如图3–5–9所示。

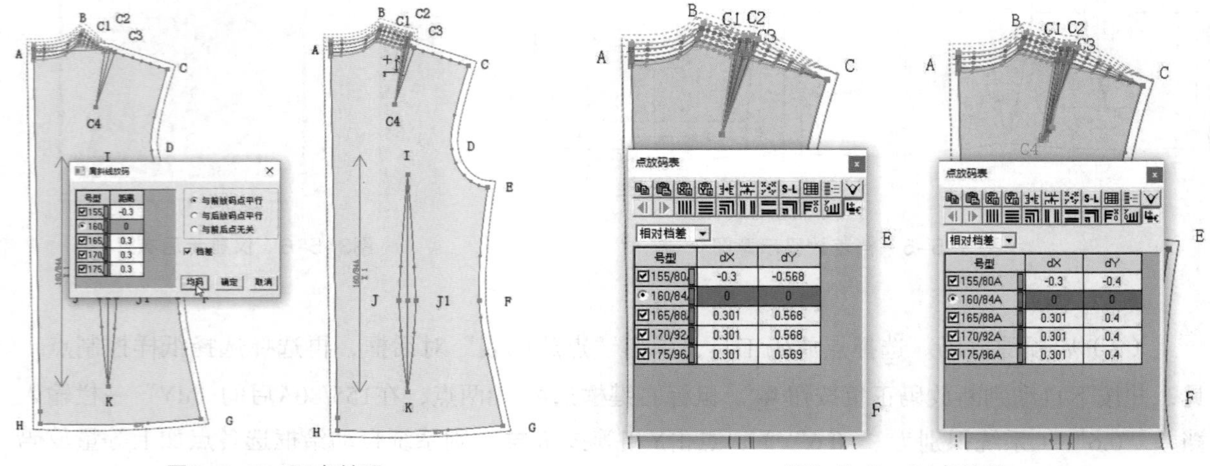

图3–5–8　C1点放码

图3–5–9　C4点放码

（4）后肩点放码。选择肩斜线放码工具，左键分别单击A点和H点后滑动光标至C点，单击，弹出“肩斜线放码”对话框，勾选“裆差”，在155/80A的“距离”一栏输入“－0.5”，选择“与前放码点平行”，单击“均码”，“确定”完成肩省肩点的放码，如图3–5–10所示。

（5）袖窿、侧缝以及底摆放码。选择选择纸样控制点工具，左键框选E、F、G点，在155/80A后“dX”一栏输入裆差“－1”，再单击X相等按钮，则完成该三点放码量。左键框选F点，在155/80A后“dY”一栏输入裆差“0.4”，再单击Y相等按钮，则完成该点放码量，如图3–5–11所示。继续选择选择纸样控制点工具，左键框选H、G点，在155/80A后“dY”一栏输入裆差“1.4”，再单击Y相等按钮，则完成该两点放码量。左键框选D点，在155/80A后“dX”一栏输入裆差“－0.6”，“dY”一栏输入裆差“－0.2”，再单击XY相等按钮，则完成D点放码量。完成后如图3–5–12所示。

（6）后腰省放码。选择选择纸样控制点工具，左键框选I点，在155/60A后“dX”一栏输入裆差“－0.5”，再单击X相等按钮，则系统会自动给I点上其他号型加上放码量。使用同样方法设置J1、J2与K点。J点与J1点“dX”数据为“－0.5”“dY”数据为“0.4”；K点的“dX”数据为“－0.5”“dY”数据为“1.1”，完成后腰省放码。如在该过程中“dX”未能显示负数，单击X取反按钮即可，如图3–5–13所示。

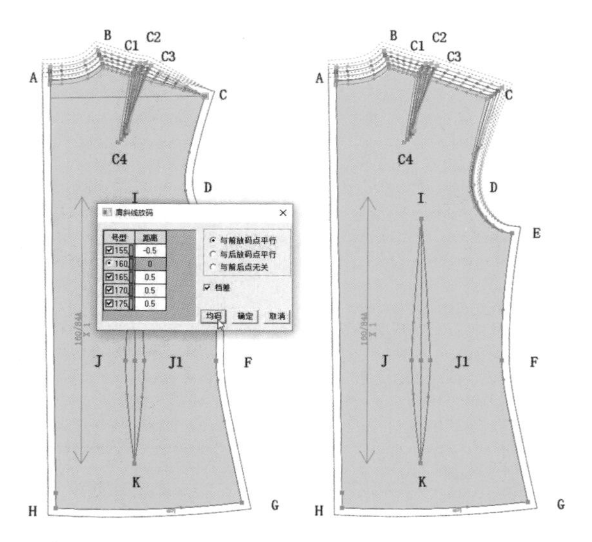

图3-5-10　C点（后肩点）放码完成

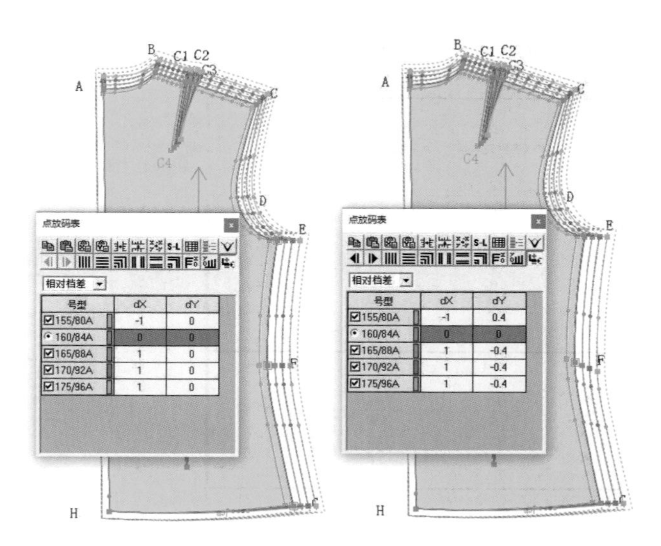

图3-5-11　E、F、G三点放码（侧缝线）

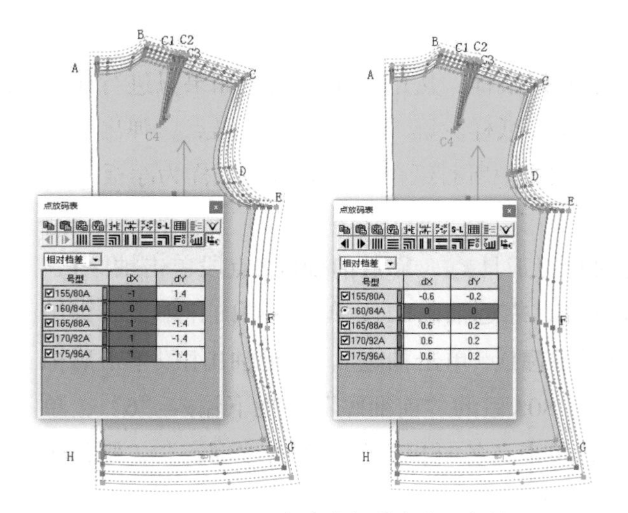

图3-5-12　H、G点（底摆线）与D点放码

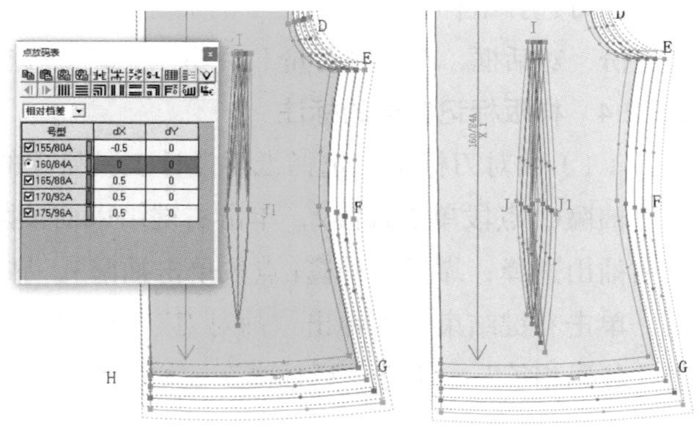

图3-5-13　后腰省放码

3.5.2.3　女衬衫其他样片放码

选择选择纸样控制点工具与点放码工具，对前片、袖子、袖克夫和领子等其他部件进行放码。选择肩斜线放码工具对前片C点进行放码，各点放码档差，如表3-5-1所示。其他部件完成放码后，如图3-5-14所示。

在实际生产过程中，遇到承接批量量体制作，各个服装号型之间的档差不相等的情况时，如果采用点放码的方式就需要在每个号型后输入“dX”“dY”的档差，并点击X不等距、Y不等距、XY不等距进行放码。

表3-5-1　各点放码表

	各点代码	dX	dY
前片各点代码	A、A1	0	-0.4
	B	0.2	-0.6
	C（肩斜线放码）	AH为底边；勾选"档差"；"距离"为"-0.5"；"各码与后放码点平行"；均码	
	D1、D2、D3	0.6	-0.2
	D4	0.3	0
	E	1	0
	F	1	0.4
	G	1	1.4
	H	0	1.4
	I	0.3	0
	J、J1	0.3	0.4
	K	0.3	1.1
袖子各点代码	A	0	-0.4
	B	0.8	0
	B1	-0.8	0
	C	0.5	1.1
	C1	-0.5	1.1
	D	0.25	1.1
	D1	0.25	1.1
袖克夫各点代码	A、A1	-1	0
领子各点代码	A、A1	-0.5	0
	B	-0.3	0

图3-5-14　放码完成

放码完成后可按F4键隐藏其余各码纸样，只显示基码纸样，按F7显示缝头。如果只进行净板纸样，可选择纸样设计工具栏中的加缝份工具，单击任一纸样轮廓线上的任一放码点，弹出“衣片缝份”对话框，在“缝份量”后输入“0”，选择“款式中所有纸样”，则所有纸样为净板。

3.5.2.4　样板标记符号的标注

（1）袖对刀标记。选择纸样设计工具栏中的袖对刀工具，靠近前袖窿E点段单击袖窿1，靠近袖窿C1点段单击袖窿2，单击右键结束前袖窿选择，靠近袖山B1段单击前袖山，单击右键结束前袖山选择；靠近后袖窿F点段单击袖窿3，靠近后袖窿D点单击袖窿4，靠近袖山B段单击后袖山，单击右键结束，则弹出“袖对刀”对话框。在150/80A后的“前袖窿”一栏下输入“6”，单击“各码相等”，再在“后袖窿”一栏下输入“6”，单击“各码相等”，单击“确定”，则袖子和袖窿前后、袖山顶点的对刀剪口完成，如图3-5-15所示。

（2）眼位标记。选择纸样设计工具栏中的眼位工具，单击前中心线，则弹出“线上扣眼”对话框，将“个数”修改为“5”，去掉“等分线段”前的勾选；在“间距”后输入“9”，观察扣眼角度是否平行；如若不平行，则在“角度”后输入相应数值进行调整。单击“各码不同”，弹出“各号型”对话框，勾选“档差”，在150/80A后的“间距”一栏下输入“－0.2”，单击“均码”，单击“确定”，返回“线上扣眼”对话框，单击“确定”，完成门襟扣眼定位与放码。选择眼位工具，单击袖头A点，弹出“加扣眼”对话框，在“起始点偏移”下分别输入“－1.5”“－2”，“角度”后输入“180°”，如图3-5-16所示。

完成后女衬衫净板放码。

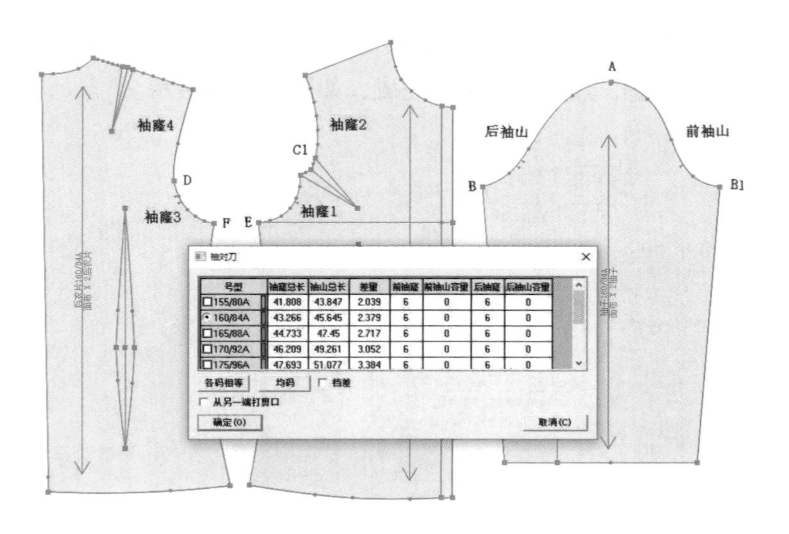

图3-5-15　袖对刀工具

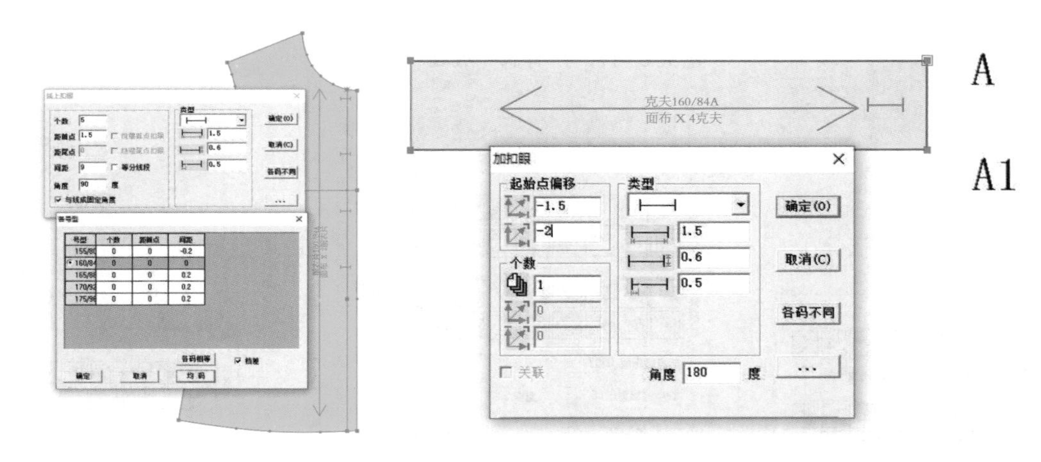

图3-5-16　眼位工具

3.5.2.5　富怡CAD进行女衬衫毛版设计演示

（1）所有衣片加缝份。按F4键隐藏其他号型，按F7键显示缝份，选择纸样设计工具栏中的加缝份工具，左键单击任意衣片的任何一个轮廓点，弹出“衣片缝份”对话框，在“缝份量”后输入“1”，选择“款式中所有的纸样”，则所有衣片放缝1cm，如图3-5-17所示。

（2）后片肩线与底摆缝份量调整。选择加缝份工具，左键框选后肩线，单击右键，弹出“加缝份”对话框，单击“起点”后的▣，点击“确定”完成。（本软件中，起点和终点的认定是按照顺时针方向。）左键框选后下摆，单击右键，弹出“加缝份”对话框，“起点缝份量”改为“2.5”，单击“起点”后的▣，点击“确定”完成，如图3-5-18所示。

（3）前片肩线缝份量调整。选择加缝份工具，左键框选前肩线，单击右键，弹出“加缝份”对话框，单击“终点”后的▣，点击“确定”完成，如图3-5-19所示。

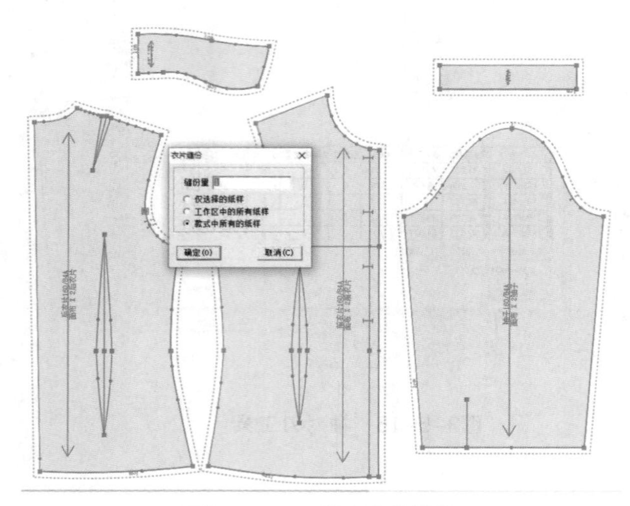

图3-5-17　所有衣片放缝

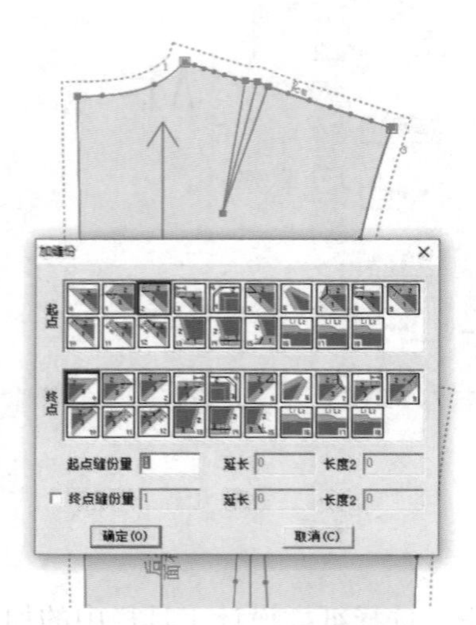

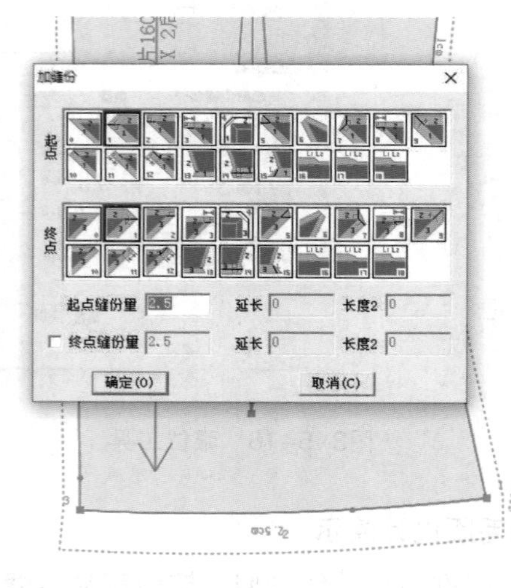

图3-5-18　后衣片缝份量调整

图3-5-19　前肩线缝份调整

（4）绘制前贴边并加缝份。选择智能笔工具，与前止口线相距6cm，向上绘制垂直线与领口线相交；选择对称复制纸样局部工具▣（在工具栏配置中选择），单击对称轴，即前止口线，再单击辅助线，则对称出前片贴边，如图3-5-20所示。选择橡皮擦工具，删除此前绘制的6cm辅助线。选择加缝份工具，左键框选前贴边线，单击右键，弹出“加缝份”对话框，“起点缝份量”改为“0”，完成如图3-5-21所示。

（5）前底摆加缝份。选择加缝份工具，左键框选前下摆，单击右键，弹出“加缝份”对话框，“起点缝份量”改为“2.5”，单击“起点”后的▣，点击“确定”完成，如图3-5-22所示。

（6）领子与袖克夫加缝份。选择加缝份工具，将领子和袖克夫“缝份量”都改为“1.5”，袖衩“缝份量”改为“0”，如图3-5-23所示。

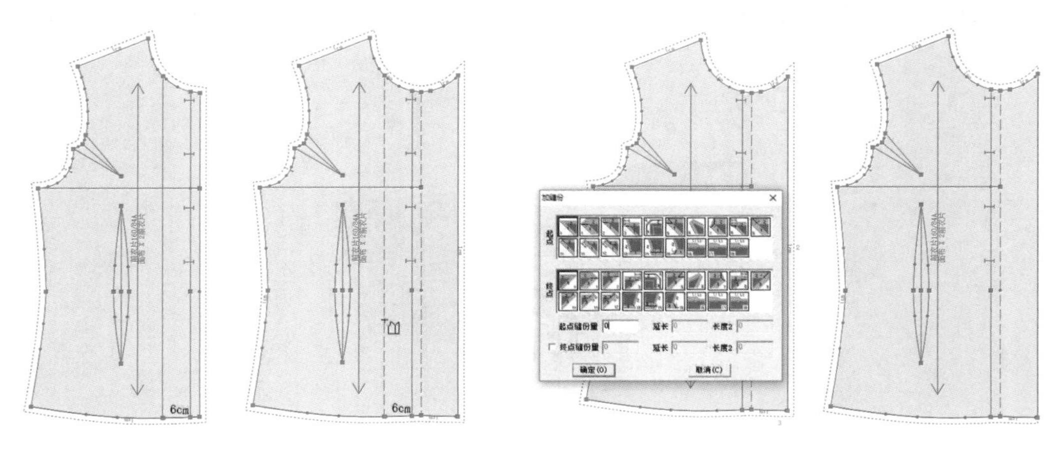

图3-5-20 绘制前贴边　　图3-5-21 修改前贴边缝份量

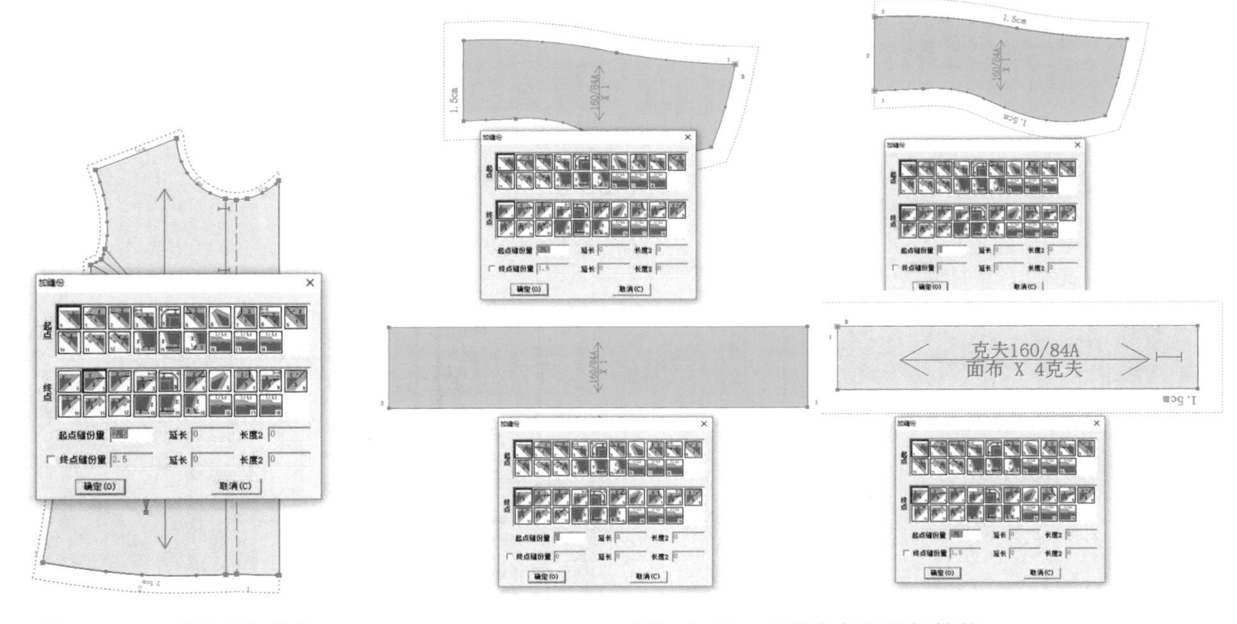

图3-5-22 前底摆加缝份　　图3-5-23 袖克夫与领子加缝份

（7）绘制领衬与袖头衬。选择纸样设计工具栏中做衬工具，单击领子纸样内部，弹出“衬”的对话框，在“缝份减少”一栏输入“0.5”，勾选“保留缝份”，“纸样名称”修改为“领衬”（或其他相关名称，便于工作、识别），单击“确定”，则生成领衬纸样，该纸样与领子纸样重叠，可选择移动纸样工具进行移动分离，如图3-5-24所示。使用同样的方法生成袖头衬纸样，如图3-5-25所示。生成贴边衬纸样方法与之类似，不同处在于，要在“衬”对话框“折边距离”一栏输入“12”，“缝份减少”一栏输入“0”，其余操作一致，如图3-2-26所示。

（8）对称纸样。选择纸样设计工具栏中的纸样对称工具，单击后衣片的后中心线，则后片对称展开，如图3-5-27所示；单击领子和领衬的后中心线，则领子和领衬对称展开，如图3-5-28所示。

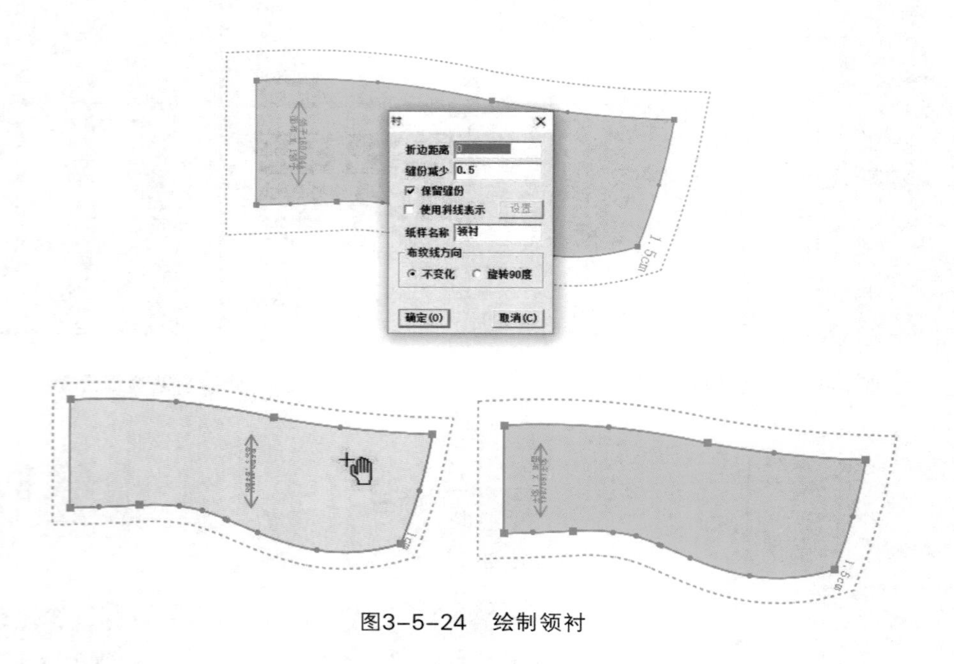

图3-5-24　绘制领衬

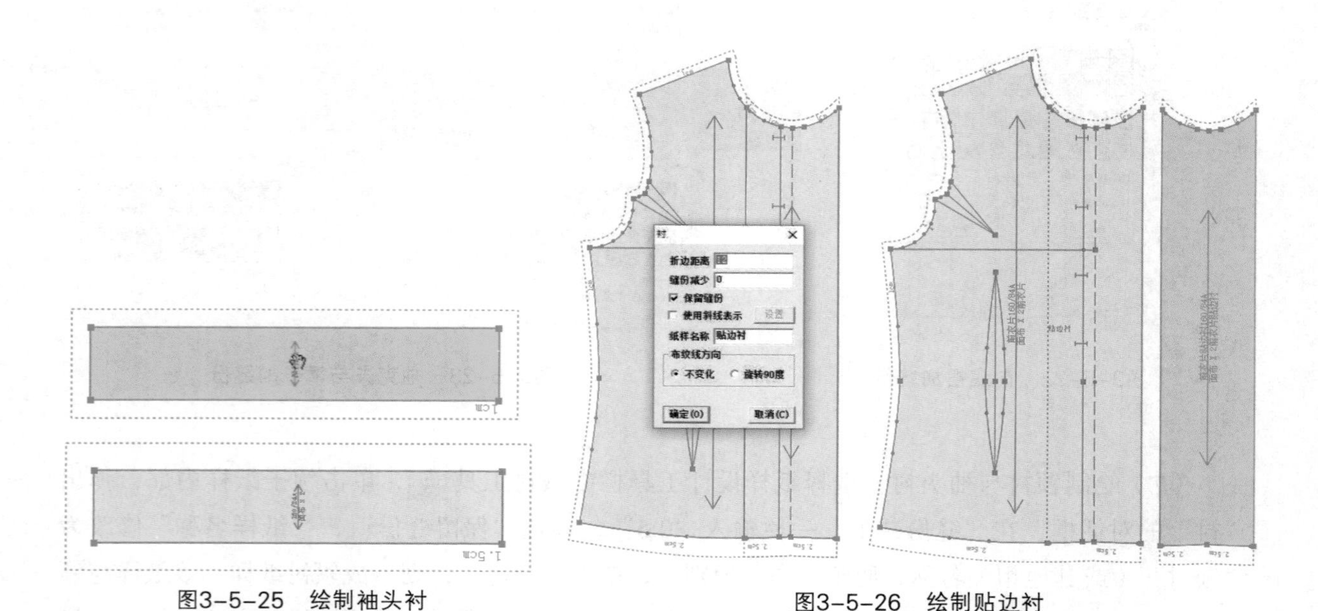

图3-5-25　绘制袖头衬

图3-5-26　绘制贴边衬

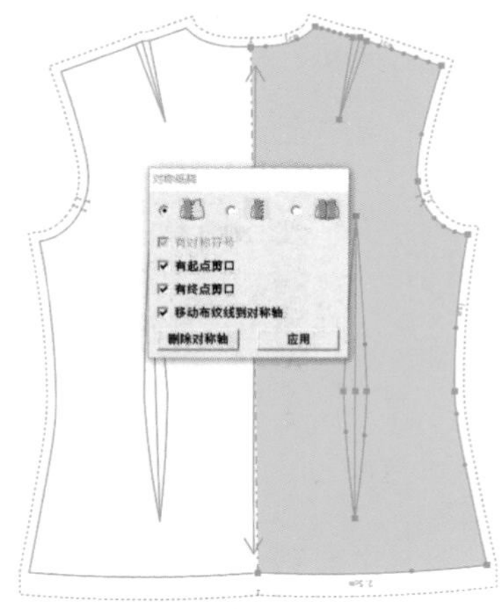

图3-5-27 对称后衣片

图3-5-28 对称领子与领衬

（9）完成后的女衬衫纸样如图3-5-29所示。

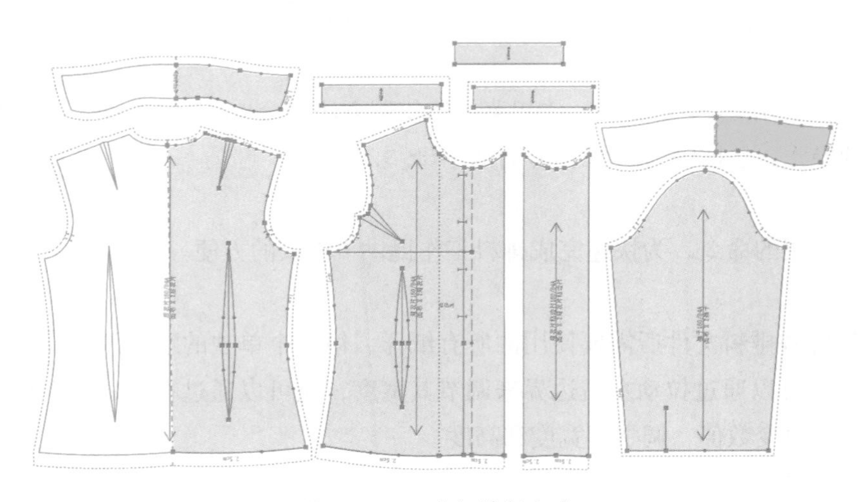

图3-5-29 全部绘制完成

3.6 富怡CAD板样排料

3.6.1 排料系统概述

富怡CAD排料系统是为服装行业提供的排唛架专用软件，可以超级排料，全自动、手动、人机交互，按需选用；使用键盘操作排料，快速准确；能自动计算用料长度、利用率、纸样总数、放置数；能提供自动、手动分床，可对不同布料的唛架自动分床，对不同布号的唛架自动或手动分床；能提供对格对条功能；可与裁床、绘图仪、切割机、打印机等输出设备接驳，进行小唛架图的打印及1：1唛架图的裁剪、绘制和切割。界面如图3-6-1所示。

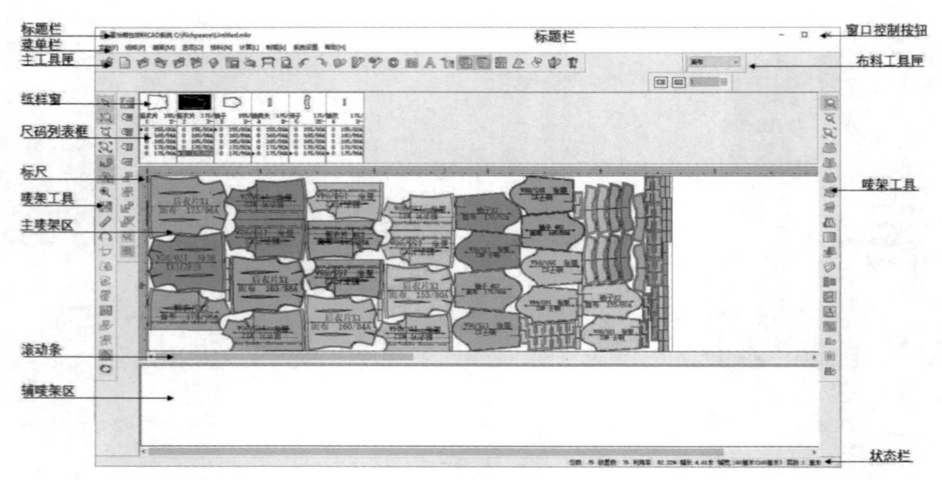

图3-6-1　排料界面

（1）标题栏。

位于窗口的顶部，用于显示文件的名称、类型及存盘的路径。

（2）菜单栏。

在标题栏下方，由9组菜单组成，GMS菜单的使用方法符合Windows标准，单击其中的菜单命令可执行相应的操作，快捷键为Alt加括号后的字母。

（3）主工具匣。

该栏放置着常用的命令，为快速完成排料工作提供了极大的方便。

（4）纸样窗。

纸样窗中放置着排料文件所需要使用的所有纸样，每一个单独的纸样放置在一小格的纸样框中。纸样框的大小可以通过拉动左右边界来调节其宽度，还可以通过在纸样框上单击鼠标右键，在弹出的对话框内改变数值，调整其宽度和高度。

（5）尺码列表框。

每一个小纸样框对应着一个尺码表，尺码表中存放着该纸样对应的所有尺码号型及每个号型对应的纸样数。

（6）主唛架区。

主唛架区可按自己的需要任意排列纸样，以取得最省布料的排料方式。

（7）辅唛架区。

将纸样按码数分开排列在辅唛架上，方便主唛架排料。

3.6.2　女衬衫排料设计

（1）唛架的设置。左键双击富怡服装排版系统图标，点击菜单“唛架”，进入“单位选择”命令，弹出“量度单位”对话框，设置长度单位为厘米，如图3-6-2所示，点击“确定”完成。单击“文档”，进入“新建”命令，在弹出的“唛架设定”对话框中设定唛架宽度与长度，根据工作需要进行相应数值的设定，如图3-6-3所示。

（2）载入衬衫样板。单击“唛架设定”对话框中的“确定”，弹出“选取款式”对话框，点击“载入”。根据女衬衫纸样的存储路径打开纸样文件，则弹出“纸样制单”对话框，可以设置面料的缩水率、裁片的参数、各个号型排料的套数，设置偶数纸样是否要求对称，如图3-6-4所示，点击“确定”完成，则又进入“选取款式”对话框，可以选择多个纸样文件套排，点击“确定”完成。

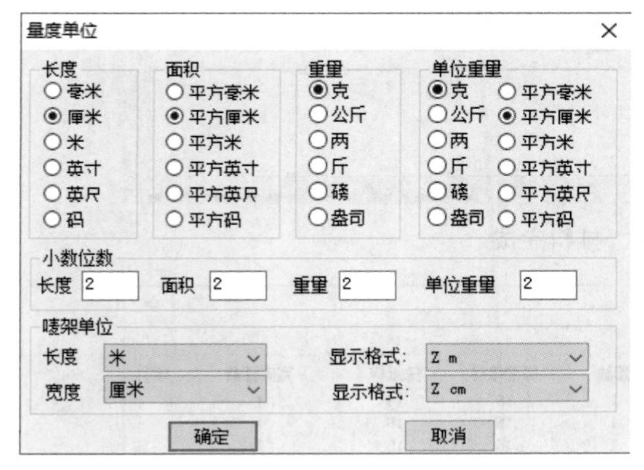

图3-6-2 设置单位

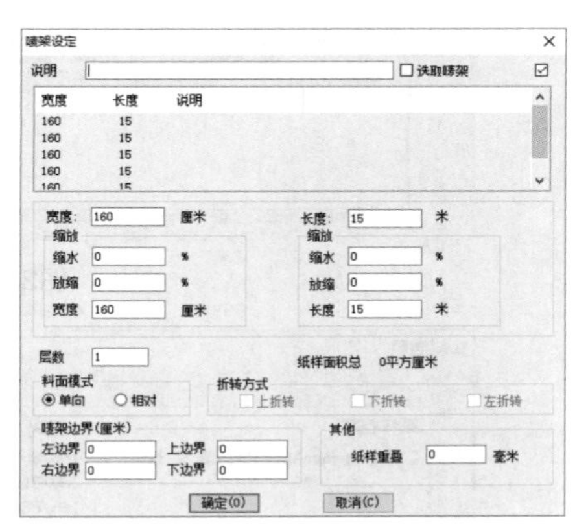

图3-6-3 唛架设置

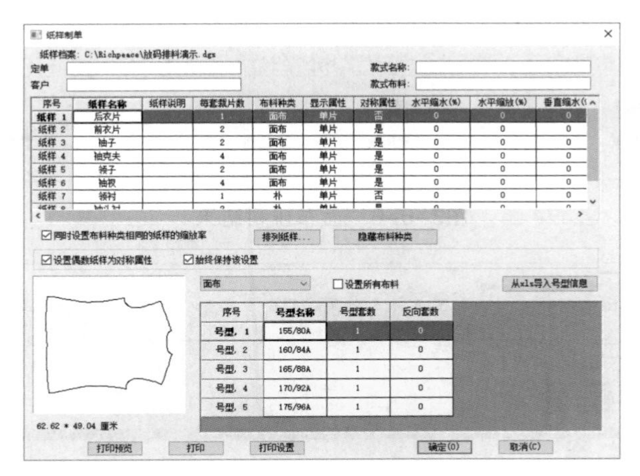

图3-6-4 “纸样制单”对话框

（3）自动排料。进入排料系统界面后，则“纸样窗”和“尺码表”里会出现选中的纸样及其基本资料。本案例中有面料和朴（黏合衬）两种材料，先进行面料排料，选择“布料工具匣”中的面布。为了提高工作效率，可以采用系统的自动排料功能。单击菜单“排料”，进入“开始自动排料”命令，则系统会自动进行排料，排料结束则如图3-6-5所示。也可单击菜单“排料”进入“排料结果”中查看所排纸样的各个参数，并会显示面料的利用率，如图3-6-6所示。选“布料工具匣”中的朴，进行衬料排料，排料结果如图3-6-7所示。

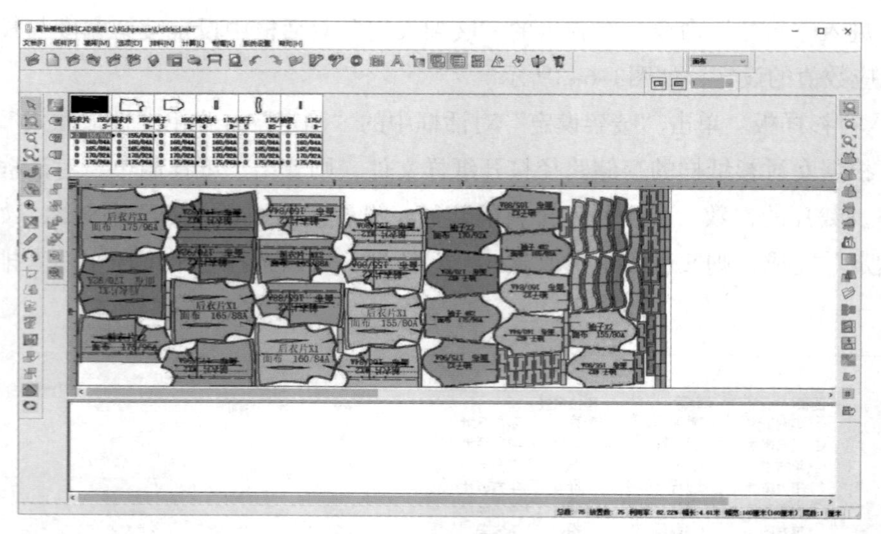

图3-6-5　排料完成

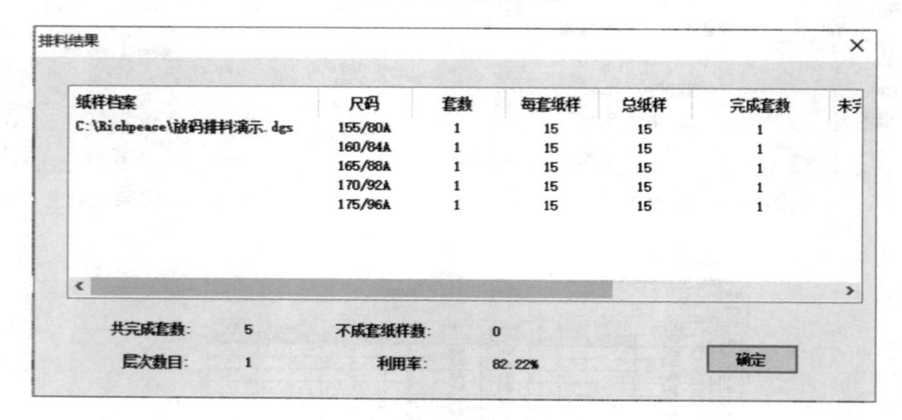

排料结果

纸样档案	尺码	套数	每套纸样	总纸样	完成套数	未完
C:\Richpeace\放码排料演示.dgs	155/80A	1	15	15	1	
	160/84A	1	15	15	1	
	165/88A	1	15	15	1	
	170/92A	1	15	15	1	
	175/96A	1	15	15	1	

共完成套数:　5　　不成套纸样数:　0

层次数目:　1　　利用率:　82.22%

确定

图3-6-6　面布排料结果

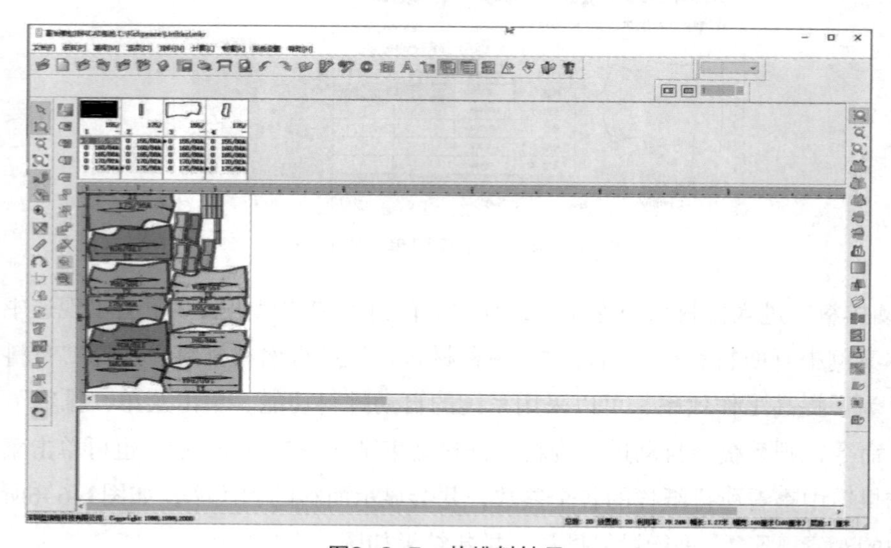

图3-6-7　朴排料结果

（4）人机交互式排料。左键双击“尺码表”里的某个号型，则该衣片自动进入排料唛架。在唛架内，用“唛架工具匣”里的纸样选择工具左键单击衣片，同时按住鼠标左键并滑动光标就可以移动衣片，在合适的位置松开左键确定衣片的位置。移动衣片位置也可以按小键盘上的方向键↑、↓、←、→，则纸样会自动向唛架相应方向移动。如果碰到别的纸样，会自动与其按方向紧靠。用纸样选择工具在排料唛架里指向某个纸样，单击右键，可以翻转衣片。根据“齐边平靠、斜边颠倒、弯弧相交、凹凸互套、大片定局、小件填空、经短求省、纬满在巧”的排料原则，依次排列各片，使用率至少能达到80%。如果需要将唛架上所有衣片都放回纸样窗，则点击“唛架”，进入“清除唛架”命令即可。排料结果可以直接看窗口右下角状态栏的提示，也可以单击“排料”，进入“排料结果”命令，查看排料结果。排料完成后点击“文档”，进入“保存”命令即可。

智尊宝纺篇

4　智尊宝纺软件简介

智尊宝纺服装CAD软件是由北京六合生科技发展有限公司出品的一款专业服装CAD系统，由打板、排料、推码等部分组成，可以让服装企业提高制板效率，并且可以节省大量的治理及耗材费用，是服装企业迅速发展必不可少的助手之一。

4.1　制板流程

智尊宝纺软件的制板流程如图4-1-1所示。

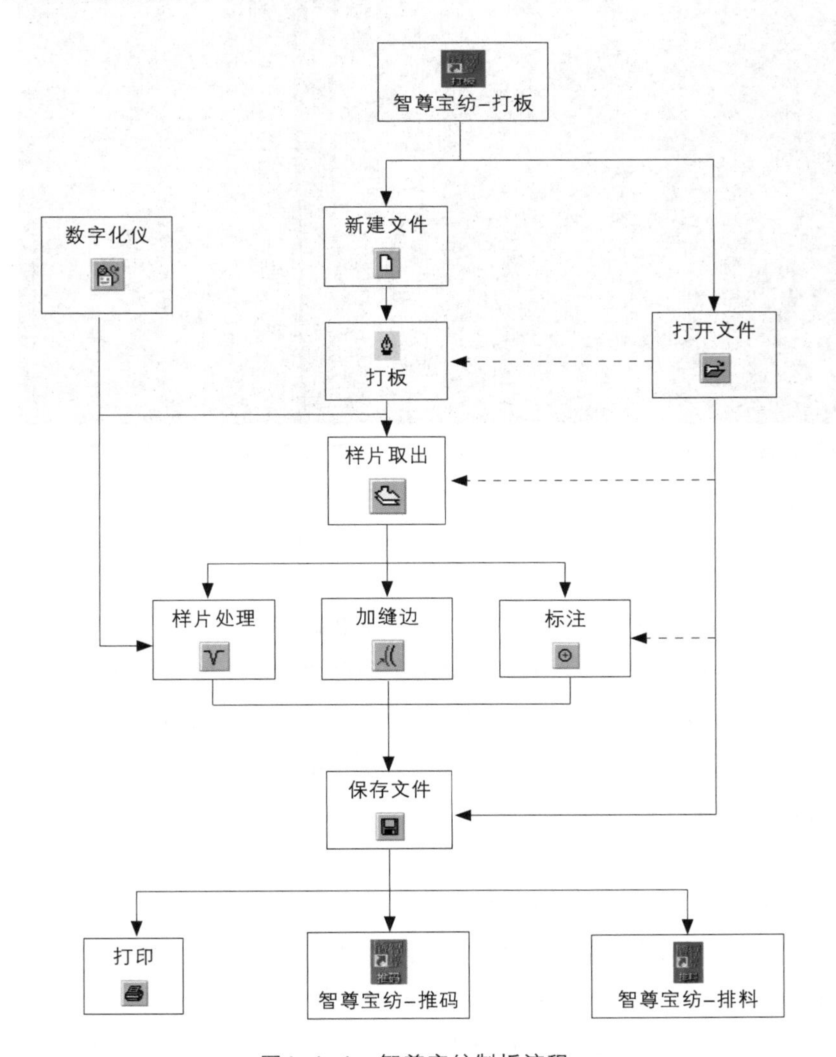

图4-1-1　智尊宝纺制板流程

4.1.1 打板操作界面介绍

如图4–1–2所示为智尊宝纺的操作界面。

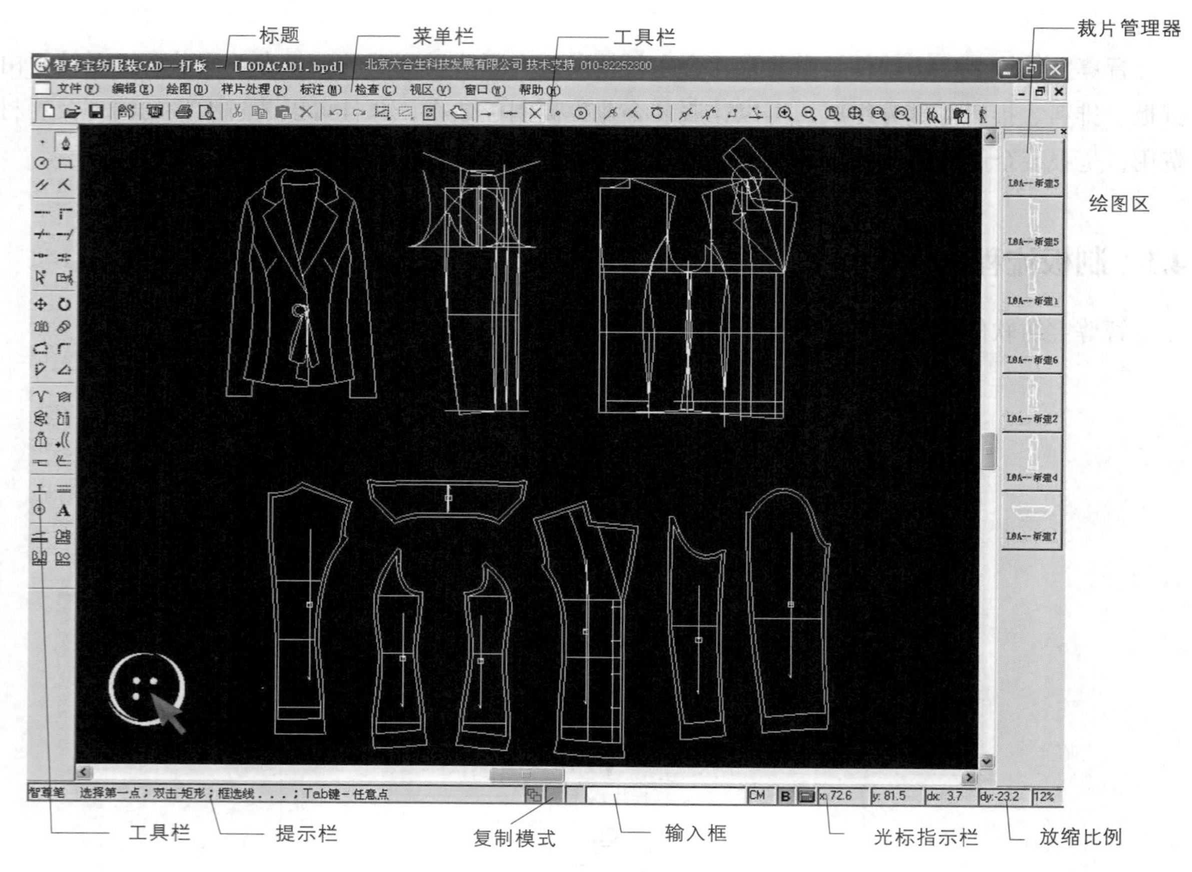

图4–1–2　智尊宝纺操作界面

① 标题栏：显示当前正在运行的程序名及当前正在编辑的文件名。

② 菜单栏：排列显示系统功能菜单名。单击菜单名可显示下级功能菜单（命令）。

③ 工具栏：以图标形式排列显示功能键（命令）。工具栏包括标准工具栏、绘图工具栏等多个工具栏，移动鼠标到工具栏上点击右键出现工具菜单可选择开启/关闭工具栏的种类。

④ 裁片管理器：排列显示已做成的裁片图样。

⑤ 绘图区：用于打板制图的区域。

⑥ 提示栏：提示当前功能键的使用方法。

⑦ 复制模式：打开此功能，可对移动，旋转，镜像，对齐，绘制自由式曲线、吸附式曲线进行复制操作，即原对象保留不变，按操作复制出另外一份。

⑧ 输入框：用于输入坐标、长度及各种参数，通过Enter键（回车键）确认。

⑨ 光标指示栏：显示当前光标（鼠标指针）的坐标位置。

⑩ 放缩比例：视区对象大小与实际大小的比例。

4.1.2 基本操作介绍

鼠标左键双击打板，进入打板程序。按键盘左上角的Esc键跳过动画，再按Esc键退出全屏状态，左键单击新建。此时鼠标没有选择工具，形状为⌖，此为空状态。

（1）鼠标使用方式。

① 左键单击：点击鼠标左键并迅速松开鼠标按钮。

② 右键单击：点击鼠标右键并迅速松开鼠标按钮。

③ 双击：迅速按下鼠标左键两次并松开。

④ 拉框选择：按住鼠标左键不放并移动鼠标器，到指定位置后再松开左键。

一般在没说明的情况下为左键，如单击、双击即为左键单击、左键双击。

（2）对象的选择。

① 对象的选中方式（对象选中后为红色显示）。

A. 鼠标左键单击对象（点、线或样片记号）。

B. 拉框选择：

由左上至右下拖动矩形框，完全包含其中的对象被选中。

由右下至左上拖动矩形框，与其相交的对象被选中。

C. 点击工具栏中的“全部选中”功能键。

② 选中状态下对象的取消选中方式。

A. 空状态鼠标右键单击对象。

B. 点击“全部未选中”功能键。

C. 按住Alt键，拉框选择选中对象。

（3）坐标输入方式。

① 坐标原点（0，0）位于屏幕的中心。

② 坐标单位：需在“视区—系统设置—选项—基本信息”中设定。

③ 坐标（图4-1-3）。

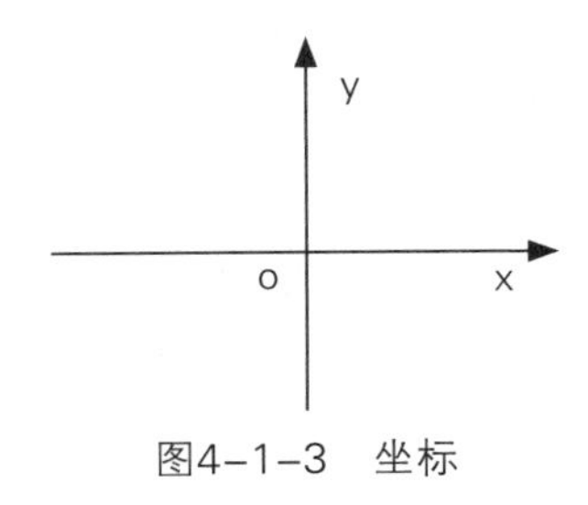

图4-1-3　坐标

A. x方向：横向，向右为正值，向左为负值。

B. y方向：纵向，向上为正值，向下为负值。

④ 坐标输入法。

A. 绝对坐标法：也就是屏幕坐标，屏幕中心为原点。例如，（20,30）表示距离原点往右横向距离为20，往上纵向距离为30的位置。

B. 相对坐标法：相对上一个点的坐标。例如，（@20, – 30）表示相对上一个点向右横向距离为20，向下纵向距离为30的位置（输入@的方法是，按下Shift键的同时按下2）。

C. 长度角度法：以上一个点为原点的极坐标。例如，（L50,15）表示长度为50，与水平线的夹角为15° 的位置。

（4）功能使用方式。

① 选中功能：单击功能键图标（或单击其所在的菜单名，在下拉菜单中单击该功能命令）。

② 按照功能提示栏出现的提示要求进行操作；根据需要在提示栏输入框中输入相应内容，按Enter键确认输入。

③ 可通过点击鼠标右键或者点击其他功能键结束正在使用的功能。

④ 使用过某一功能，到空状态时，按右键可打开此功能。

（5）操作的恢复与撤销。

① 撤销：修正错误操作，执行UNDO（撤销）命令，可撤销最近执行的一个操作步骤；反复执行UNDO命令，可连续撤销多步操作。

② 恢复：恢复被撤销的操作步骤，执行REDO（重复）命令，可恢复最近被撤销的一个操作步骤；反复执行该命令，可恢复被撤销的多步操作。

（6）点的捕捉方式。

当需要使用某功能键快速捕捉到准确的点时，可结合以下不同属性的点的捕捉方式来辅助作图和编辑。当鼠标靠近符合该属性的点或其附着物时，该点会显示为一种专用的符号，此时意味着该点已被捕捉到，点击鼠标左键，即选中。

点捕捉功能键均为开关键，即按下图标，可激活功能；弹起图标，则关闭功能。

注意：点捕捉功能键不能独立使用，必须与功能键结合使用。

端点捕捉：捕捉线条的端点和关键点，快捷键F1。

中点捕捉：捕捉线条的中点，快捷键F2。

交点捕捉：捕捉两条相交线条的交点，快捷键F3。

独立点捕捉：捕捉独立点，快捷键F4。

中心点捕捉：捕捉圆心点。

吸附点捕捉：捕捉线条上的任意一点，快捷键F6。

用法：选中功能（如智尊笔），在操作过程中，可以打开吸附点捕捉，这时把鼠标放在线条上就会出现“吸附标记”，点击鼠标，就会吸附在线上。

垂点捕捉：捕捉两条相互垂直直线的垂足点，快捷键F7。

用法：例如，在用智尊笔画直线时，左键单击为第一点，拖动鼠标至需要画垂线的线条附近，这时会浮现“垂直标记”，点击鼠标确定第二点即可。

切点捕捉：捕捉曲线/圆上的切点，快捷键F8。

定长点捕捉：捕捉指定线条（直线或曲线）上距鼠标靠近端端点的一定长度的点，快捷键F9。

用法：选中功能（如智尊笔），在操作过程中，可以打开“定长点捕捉”，输入定长值，把鼠标放在直线或曲线上（靠近需要找长度的端点），这时会出现“定长点标记”，点击鼠标左键即可进行操作。

比率点捕捉：捕捉指定线条（直线或曲线）上的设定比率的点，快捷键F10。

用法：用法与定长点捕捉类似，不过输入的是比率值，如“1/3”“0.4”等。

相对点捕捉：捕捉相对于指定点的相对点，快捷键F11。

用法：选中功能（如智尊笔），在操作过程中，打开“相对点捕捉”，左键单击基准点，输入相对坐标（如：@10，20），按回车键确定，即确定一个点，它离基准点横向距离为10，纵向距离为20。

投影点捕捉：捕捉指定点投影在指定线条上的定长点，快捷键F12。

用法：此功能用于绘制指定长度的直线，且此直线第二点在另一线条上。选中智尊笔，单击左键确定第一点，打开“投影点捕捉”，输入线条长度按回车键确定，鼠标左键选择另一线条，即可绘制出输入长度的直线。

4.1.3　功能简介

（1）上边工具条（表4-1-1）。

表4-1-1　上边工具条功能

功能名称	图标	功能简介	操作说明
新建		建立新的打板文件	快捷键：Ctrl＋N
打开		打开已有的打板文件	快捷键：Ctrl＋O
关闭		关闭当前窗口	快捷键：Ctrl＋F4
保存		保存当前打板文件	快捷键：Ctrl＋S
全部选中		选中所有对象	选中功能即可实现操作
全部未选中		使所有对象不选中	选中功能即可实现操作
样片取出		生成裁片，即将所选线条组成的最大封闭图形取出	选中功能，选择组成样片的线条；移动鼠标至样片放置处，单击右键弹出对话框，输入裁片信息，确定。快捷键：G
放大		放大选定的区域	选中功能，拉矩形框选定待放大的区域

续表

功能名称	图标	功能简介	操作说明
缩小		缩小整个画面	选中功能即可实现操作
复原		恢复最初的绘图状态	选中功能即可实现操作
全画面显示		显示所有的对象使所有要素以适合屏幕大小的尺寸显示在绘图区	选中功能即可实现操作
上一缩放状态		回到上一次缩放的画面	选中功能即可实现操作
缝边显示		显示裁片的缝边	按下状态为显示裁片缝边模式；弹起状态则为不显示裁片缝边模式
裁片管理器		管理裁片，在裁片管理区内显示做成的裁片	选中功能，屏幕右侧出现裁片管理区，右键选中裁片，可进行裁片的修改、删除、属性查看等操作；右键单击空白区域，可进行裁片文件的打开、保存、添加裁片、查看/切换物料等操作
时装效果图		调入时装效果图	选中功能，在效果图画框内双击左键，调入效果图文件，单击右键关闭

（2）左边工具条（表4-1-2）。

表4-1-2　左边工具条功能

功能名称	图标	功能简介	操作说明
任意点		绘制任意点	点击绘点处，或输入该点的绝对坐标，Enter键。快捷键：D
圆		绘制圆	鼠标左键单击确定圆心位置，移动鼠标，选择圆周上任一点，或输入半径长度，Enter键。快捷键：C
智尊笔		绘制直线或曲线	（1）绘制直线：单击左键选择第一点，移动鼠标，选择第二点，右键结束（两点决定一条直线）。 （2）绘制曲线：单击左键第一点、第二点、第三点……右键结束（三点或三点以上决定一条曲线）。 （3）绘制定长直线、任意直线：① 点击鼠标左键后直接输入数值，并用鼠标指明方向即生成竖直或水平定长直线；② 点击鼠标左键后输入坐标数值（如@－5，12）则生成坐标方向斜线；③ 点击鼠标左键后删除@，输入极坐标值（如L50，15）则生成长度为50，角度为15° 的直线
矩形		绘制矩形	鼠标左键单击第1点，移动鼠标，直接单击第2点，或输入长宽数值（如@49，－65），按回车键确定
自由式/吸附式曲线	空状态下	将直线变成自由式/吸附式曲线	在空状态下，双击直线，再单击该线中间的任意点，移动鼠标（此时点击“TAB”键可切换为吸附式曲线），单击确定停靠点

续表

功能名称	图标	功能简介	操作说明
修改线条	空状态下	各种线条（样片净边）关键点的修改、添加、删除，线条切矢的修改等，使线条形状趋于完美	在空状态下，双击直线进入修改状态：① 单击关键点，移动鼠标到合适位置单击；② 双击线上非关键点为增加关键点；③ 右键单击关键点为删除该关键点；④点击“TAB”键为修改切矢。 单击线外空当处即结束线条修改
平行线		绘制直线或曲线的平行线	单击平行基准线，移动鼠标，参照数字输入栏内变化的数字，输入平行线与基准线间的距离，Enter键；或直接单击左键，将平行线放置在满意位置处
垂线		绘制直线或曲线的垂直线	选择基准线；选择垂线的起点位置；拖动鼠标，参照数字输入栏内变化的数值，输入垂线的长度，Enter键，或直接点击左键，得到满意长度的垂线
延长		延长或缩短线条长度或至某一长度	左键单击要延长或缩短的线条（靠近要延长一端）；移动鼠标单击左键确定，或输入要延长或缩短的距离（加“t”视为总长度，如“t30”表示此线条总长度30），Enter键确认
角连接		将两条成角度的线条连接在一起	分别选中待连接的两条线条或拉框选择两线条（靠近操作端）
修剪		修剪选中相交线条多余的部分	左键单击或拉框选择参与操作的线条（两条线以上，且线条相交），右键结束选择；左键单击各线条需要剪掉的部分，右键结束功能
延伸至		将线条延伸至另一线条处	左键单击线条（作为延伸的墙壁，一根线或多根），右键结束选择；左键分别单击待延伸的线条，右键结束功能
断开		将线条断开，由一条线变成两条线	用法1：左键单击要操作的线条，左键单击线条确定断开点。 用法2：拉框选择两根以上的相交线条，右键单击，则所有交点处都断开。快捷键：X
拼合修正		将多条线条拼合成一条曲线并能修改线条	左键依次单击参与操作的线条（注意靠近连接端），右键单击，此时生成一根曲线并浮现出曲线关键点（即为修改曲线状态），按照修改曲线的方法修改即可
点移动		移动线条的端点（多根线交于一点可一起移动）	左键单击要移动的端点（当左键单击空白处时会自动切换成拉伸），移动鼠标，左键单击或输入相对坐标确定新位置。 不选工具用法：在空状态下，双击线条的端点，即打开点移动功能
拉伸		拉伸选择的区域	左键单击拉伸框的第一点，移动鼠标，单击第二点（使线条或线条端点位于拉伸框内）；左键单击基准点；移动鼠标，单击停靠点或输入相对坐标，回车键确定（如输入“@0，5”，表示纵向向上拉伸5cm）
移动		移动选中的对象	左键单击或拉框选择参与操作的对象，右键结束选择；左键单击基准点；移动鼠标，左键单击停靠点或输入相对坐标，回车键确定

续表

功能名称	图标	功能简介	操作说明
旋转		旋转选中的对象	左键单击或拉框选择参与操作的对象，右键结束选择；左键单击基准点；移动鼠标，左键单击停靠点或输入旋转角度，回车键确定
镜像		对选中的对象进行镜像操作	左键单击或拉框选择参与操作的对象，右键结束选择；左键单击基准点1，移动鼠标（此时可看到镜像效果，可以按住Shift键（上档键）进行水平或垂直镜像），左键单击基准点2。快捷键：W
相似		生成一条与基准曲线相似的曲线	左键单击曲线；单击端点1对应点、单击端点2对应点（分别确定相似曲线的两个端点的位置）
对齐		将一条或多条线条与目标对齐	左键单击或拉框选择参与操作的对象，右键结束选择；左键单击基准点1，移动鼠标，单击目标点1；单击基准点2，移动鼠标，单击目标点2。 注：此功能相当于移动加旋转，把对象由基准点1、2对齐到目标点1、2
加圆角		对两条相交的线条加圆角	左键单击线条1、线条2，移动鼠标，左键单击或输入圆弧的半径，确定
直立		将选中对象以一条直线为基准变为直立状态放置	左键单击或拉框选择待操作对象（线条、样片），右键结束选取；左键单击选中对象中要直立放置的直线
水平		将选中对象以一条直线为基准变为水平状态放置	左键单击或拉框选择要操作的对象（线条、样片），右键结束选取；左键单击选中对象中要水平放置的直线
挖省		制作边省（可在样片或结构图上实现）	左键单击省打开线，再左键单击省中心线；输入省宽，Enter键确定。 注：左键单击省打开线、省中心线后选择转移中心点，则切换为搿省
褶生成		在样片上做褶	（应先画好褶中心直线，且中心直线要穿透样片），选择样片（可左键单击样片标记或样片线条），单击褶中心线，右键弹出对话框，输入褶参数，确定；左键单击样片内中心线的左侧或右侧来确定褶倒向侧
样片剪开移动		将样片沿指定线条剪开并发生位移	选择样片剪开边，右键结束选择；分别输入第一分割处和第二分割处的移动量，Enter键，分别输入第一、第二分割处的连接种类（0或1）；左键点击指示样片不动侧
样片分割		将一片样片分割为两片或多片	选择样片中的分割边，右键结束
样片对称展开		将对称样片沿对称轴展开	左键单击样片中的对称轴（对称轴应为直线）

续表

功能名称	图标	功能简介	操作说明
加缝边		为裁片加缝边	① 拉框选择多个要加缝边的裁片记号，右键结束选择，输入缝边宽度，Enter键。 ② 拉框选择要加缝边的净边，右键结束选择，输入缝边宽度，Enter键。 ③ 左键单击需加缝边的裁片净边，输入缝宽，Enter键；选择下一缝宽改变处的净边，输入缝宽，Enter键；继续，右键结束
段差生成		制作含段差的缝边	左键单击要加段差的裁片净边；弹出对话框，输入段差信息，确定
加切角		制作缝边切角	选中功能，弹出对话框，选择切角类型，左键单击裁片净边（靠近要加切角的一端），在对话框中输入相应参数，点击应用。右键结束功能
插入刀口		在已知线上加刀口	在需要加刀口的线上单击鼠标左键
压线		在样片上标注压线标志	左键单击需要标注的裁片净边；右键弹出对话框，输入参数，Enter键。如需修改重做即可
扣		标注各类扣的大小和位置	左键单击纽扣附着线（样片的净边或内线）；在弹出的对话框中输入纽扣属性，确定
测量线条长度		测量选中线条的长度	选中功能，左键单击待测线条（可连续选多条线条）；右键弹出“检查”对话框，确定
拼合检查		对需要拼接的裁片进行长度拼接对合检查	连续单击或拉框选择线条（作为第一组拼接边），右键结束；选择第二组（与第一组相对应）拼接边，右键，弹出“检查结果”对话框，确定
接角对合检查		对需要拼接对合的两片或两片以上的裁片进行接角对合检查，并修改	① 对于两片裁片，连续选择两片裁片需要对接的边，右键结束，选择对接第二点或输入长度，然后选择要修改的端点，拖动进行修改，左键确定修改，右键取消修改。 ② 对于三片及三片以上的裁片，连续选择裁片对接线（靠近要连接处），右键结束，选择要修改的端点，拖动进行修改，左键确定修改，右键取消修改
对位检查		对需要拼接对合的两片或两片以上的裁片进行对位检查，并修改刀口的位置	选择第一组拼接边，右键结束；选择第二组（与第一组相对应）拼接边，右键结束；弹出“检查结果”对话框，确定。 注意：选择拼接边时，要注意刀口的对位

（3）绘图（表4–1–3）。

表4–1–3　绘图功能

功能名称	功能简介	操作说明
等分点	等分线段	选择多条或一条连续线条，右键结束选择；指示等分的起始点与终止点；输入等分的数目，Enter键
定长点	在直线或曲线上绘制定长点	输入定长点与基准点之间的距离，Enter键；选择停靠对象，右键结束选择；选择基准点；在给出的定长点中选择所需的点（按回车键确认所有定长点）
精确绘制线条开关	在绘制直线、曲线、自由式曲线时显示线条长度	开关模式，打开功能，在用智尊笔时就会显示线条长度
角度线	绘制一条与基准直线成一定角度的直线	选择基准直线；指示角度线的起始点位置，或输入起始点坐标，Enter键；输入角度线与基准线的夹角，Enter键；移动鼠标，左键单击确定角度线终点（或输入角度线的长度，Enter键）
角平分线	绘制角平分线	分别左键单击两条相交的线条；移动鼠标，左键单击确定角平分线终点（或输入角平分线的长度，Enter键）

（4）编辑（表4–1–4）。

表4–1–4　编辑功能

功能名称	图标	功能简介	操作说明
复制模式		移动、旋转、镜像、对齐的辅助键	选中功能，再激活移动、旋转、镜像、对齐、绘制自由式曲线、绘制吸附式曲线等功能键。意味着加上复制功能，即移动变为移动拷贝、旋转变为旋转拷贝、镜像变为镜像拷贝、对齐变为对齐拷贝，等等。快捷键：Space＋C
放缩	编辑下点选	将一个或者多个对象放大或者缩小	点击或拉框选择需要进行放大或者缩小的线或衣片，右键结束，选择基准点，拖动鼠标或者输入放缩值（放缩值为“0.5”，表示缩小为原来的0.5倍，“3”表示放大为原来的3倍。也可以输入“0.8，0.7”，表示X方向缩小为原来的0.8倍，Y方向缩小为原来的0.7倍），Enter键
区域填充	标注下单选	一些封闭型线条或样片的填充	① 单击或拉框选择组成区域的线条，右键结束；指示任意点或选择所要填充的样片，弹出对话框，设置填充属性，确定。 ② 选择需要填充的裁片，右键结束；弹出对话框，设置填充属性，确定

（5）样片处理（表4–1–5）。

表4–1–5　样片处理功能

功能名称	图标	功能简介	操作说明
样片解散	样片处理下单选	将样片还原成结构线	选中功能，选择需解散的样片即可
掰省	样片处理下单选	制作边省（在构图上实现）	选中省打开线（靠近旋转端）、省中心线、转移中心点、参与旋转的线条（最后一条靠近固定端），右键结束，输入省宽，Enter键

功能名称	图标	功能简介	操作说明
省转分割线	样片处理下单选	将侧缝省转移到刀背缝上（只能在结构图上实现）	选中功能，在结构图上选择待移省（必须是用自动做边省功能做出来的省），选择刀背线，依次选择分割线至省之间的线条，右键结束选择
添加元素到样片内	右键单选	将元素添加到样片内	选中功能，选择裁片（指示裁片记号），左键单击或拉框选择要添加的元素，右键结束
从样片内删除元素	右键单选	删除选中样片内的对象	选中功能，选择样片内要删除的元素，右键结束
删除缝边		删除裁片的缝边	选中功能，选择待删除缝边的裁片记号

（6）标注（表4-1-6）。

表4-1-6　标注功能

功能名称	图标	功能简介	操作说明
自由纱向		标注任意方向的纱向	选中功能，选择要加纱向的裁片，在裁片内绘制纱向线（方法同绘制直线，下同）
垂直纱向		标注垂直方向的纱向	选中功能，选择裁片内与纱向相垂直的基准边，绘制纱向线
平行纱向		标注水平方向的纱向	选中功能，选择裁片内与纱向相平行的基准边，绘制纱向线
正斜纱向		标注45° 角方向的纱向	选中功能，选择要加纱向的裁片，在裁片内绘制纱向线
刀口—刀口删除	刀口删除	删除刀口	选中功能，选择刀口所在裁片净边，选择刀口删除，完成
删除标记		删除标注	选中功能，选择标注附着的对象（如裁片净边等）

（7）检查（表4-1-7）。

表4-1-7　检查功能

功能名称	图标	功能简介	操作说明
点距测量		测量两点间的直线距离	选中功能，分别选择要测量的两个点，弹出“点距检查”对话框，确定
多点距测量		测量多点之间的距离	选中功能，分别选择要测量的点（可以是不连续线之间的点），右键弹出“检查”对话框，此时可以设定参数，方便以后的使用，确定
测量两点间线条长度		测量连续线条上任意两点间的线条长度	选中功能，连续选择组成要测量线条的直线或曲线，右键结束选择；选择起点与终点；弹出“检查”对话框，确定
测量角度		测量两相交直线之间的角度	选中功能，分别逆时针选择待测角的两条边线；弹出“检查”对话框，确定

（8）视区（表4-1-8）。

表4-1-8 视区功能

功能名称	功能简介	操作说明
号型尺寸表	设置号型尺寸	选中功能，弹出“设置号型尺寸”对话框，输入参与打板的号型规格、部位变量等信息，确定
系统设置	设置（绘图）颜色	选中功能，弹出“颜色设置”对话框，设置颜色，确定
	设置（绘图）线宽	选中功能，选择线宽
	设置（绘图）线型	选中功能，选择线型
	设置点的属性	选中功能，弹出对话框，左键双击点造型框，选择合适的点造型；在点大小输入框里输入数值，确定
全屏显示	整个屏幕只显示打板画面	选中功能即可实现操作。快捷键：Esc
显示线条长度	显示所有线条的长度	选中功能即可实现操作。快捷键：Space＋L
显示缝宽	显示缝边的宽度	选中功能即可实现操作
显示后续变量	显示在制图过程中定义的新变量	选中功能，即可显示在制图过程中定义的新变量

4.2 推码工具介绍

4.2.1 推码工作界面

推码工具界面包括工具栏、点推码工作区、工作区、裁片管理区等，如图4-2-1所示。

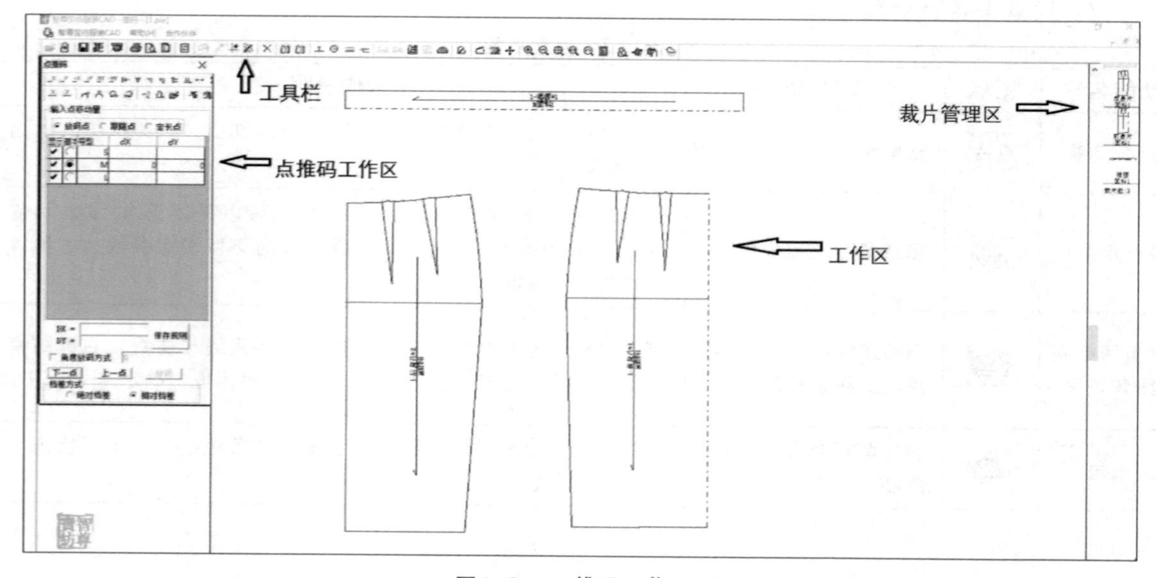

图4-2-1 推码工作界面

按键盘上的Esc键进入全屏模式，再按一次就可返回常规模式。

4.2.2　基础知识

（1）打开文件，快捷键：Ctrl + O。

打开一个已经存在的文件。选此功能后，出现“文件打开”对话框，选择文件名后，按“打开”，文件即被打开，如图4–2–2所示。

（2）文件保存或另存为，快捷键：Ctrl + S。

在弹出的对话框中，选择保存文件的位置。在文件名处输入文件名后，点击“保存”按钮，如图4–2–3所示。

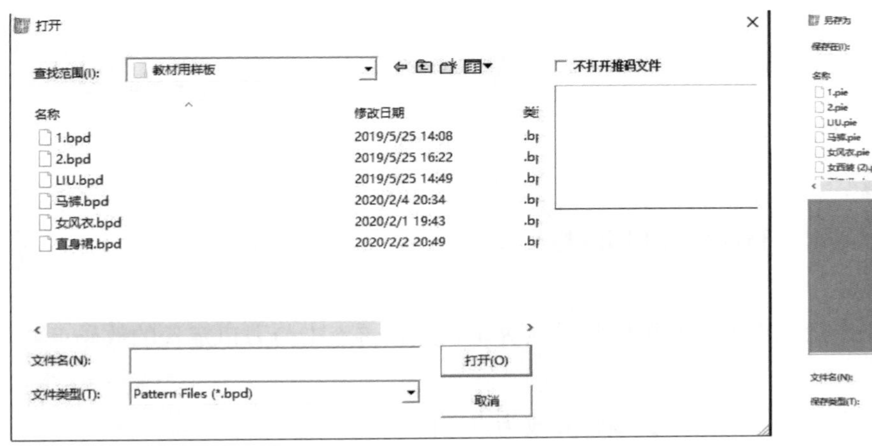

图4–2–2　打开推码文件

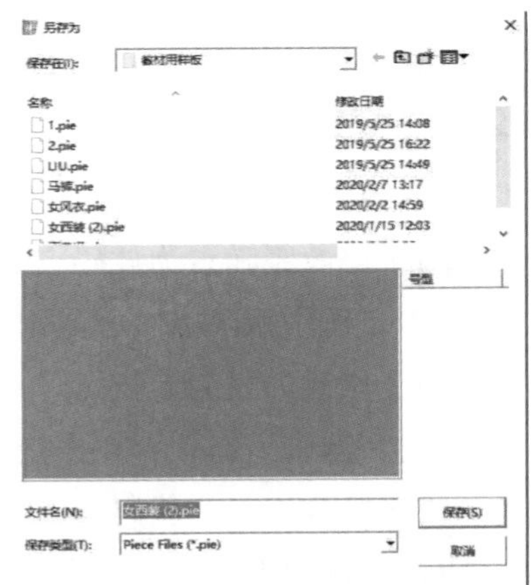

图4–2–3　保存推码文件

（3）号型尺寸表的设置。

当码数多而放码量不规则时，逐个码输入放码量太麻烦且出错几率较高，因此我们采用尺寸表进行放码，如图4–2–4所示。

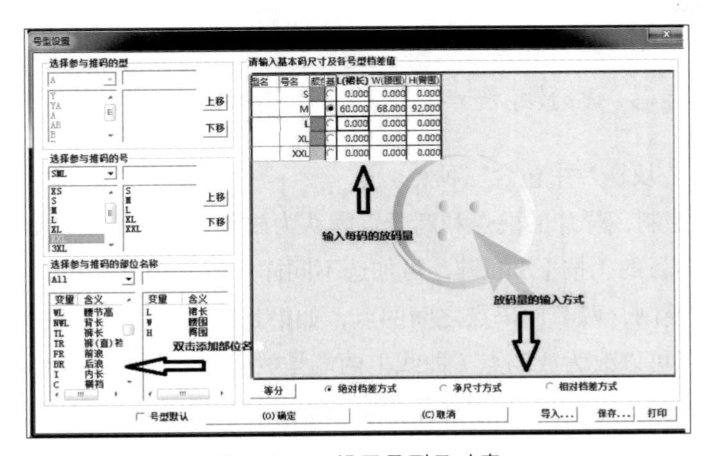

图4–2–4　设置号型尺寸表

（4）放码量的输入方式（图4–2–5）。

① 绝对档差方式：每个码距基码之间的相差数。

② 净尺寸方式：纸样的实际尺寸输入方式。

③ 相对档差方式：相邻两个码之间的相差数。

L（裙长）	W（腰围）
–1,500	–4,000
60,000	68,000
1,500	4,000
3,000	8,000
4,500	12,000

绝对档差方式

L（裙长）	W（腰围）
58,500	64,000
60,000	68,000
61,500	72,000
63,000	76,000
64,500	80,000

净尺寸方式

L（裙长）	W（腰围）
–1,500	–4,000
60,000	68,000
1,500	4,000
1,500	4,000
1,500	4,000

相对档差方式

图4–2–5　放码量的输入方式

4.2.3　点放码

进入放码系统，按图标进入点放码模式。

（1）修改跟随点为放码点。

点击“选中跟随点”，点击放码点前的小圆圈将其改为放码点（图4–2–6）。

（2）修改刀口为定长点。

点击“选中刀口”，点击定长点前的小圆圈将其改为定长点，再点击与刀口定长的放码点。

（3）修改刀口为放码点。

点击“选中刀口”，点击放码点前的小圆圈将其改为点（图4–2–7）。

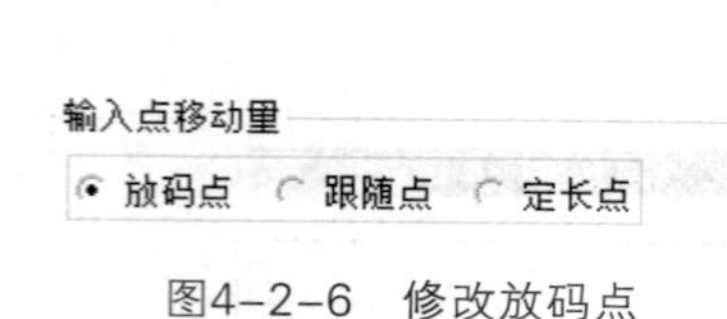

图4–2–6　修改放码点

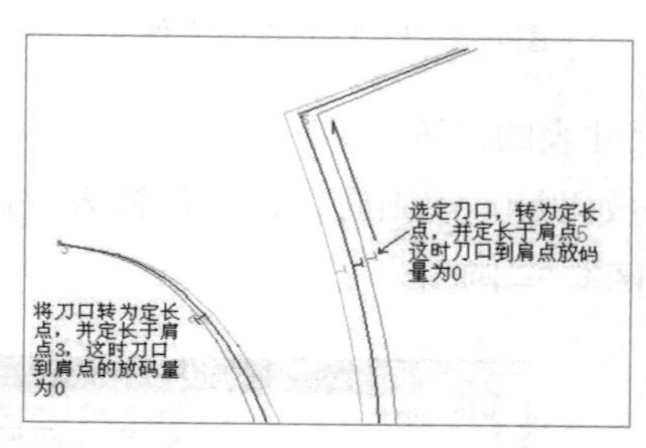

图4–2–7　刀口放码

（4）点放码中，一块样片中包含三种点。

① 放码点：数值控制，样片的端点和断开点默认为放码点，系统通过dX和dY的数值来移动其他码的量，达到放码的目的（按下Shift键，可加选不同样片但放码量相同的点可同时放码）。

② 跟随点：顺放控制，两个放码点之间的点，如果是跟随点，那么这个点就会依据前后的放码点数据顺放。跟随点可以改为放码点（曲线上两端是放码点，中间的曲线点是跟随点）。

③ 定长点：对刀控制，只有刀眼才能作为定长点。将刀口转换成定长点，可固定一条线段的长度，达到刀口对位的目的。

（5）输入放码量的方式。

X轴和Y轴的正负方向（图4-2-8）。

（6）输入放码量的方法（规则放码）。

框选需要放码的点，在基码下面的码数方框内输入放码量。按D对所有码进行等分（确定即将输入的放码数是X轴还是Y轴）（图4-2-9）。

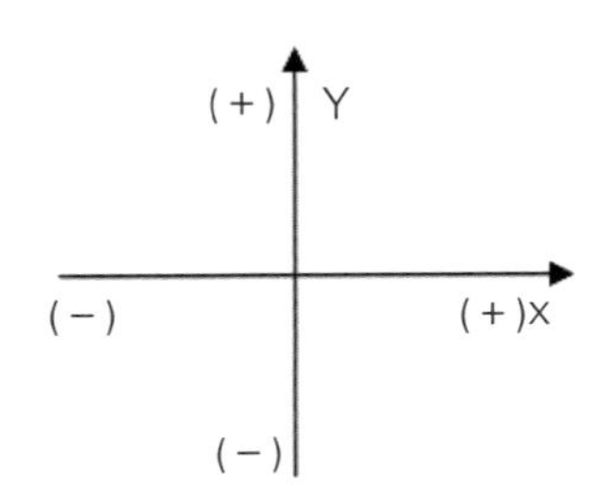

图4-2-8　X轴和Y轴的正负方向

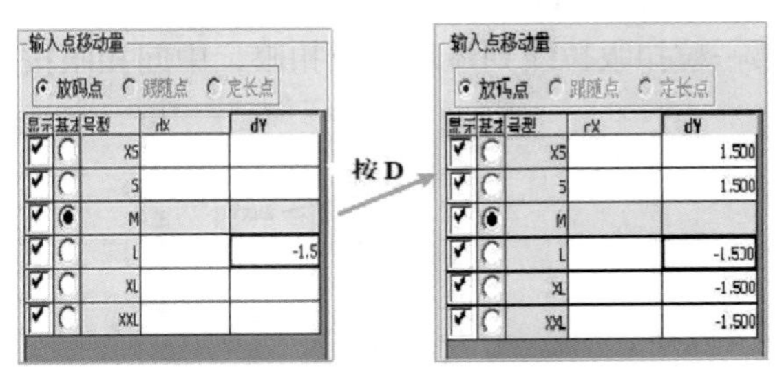

图4-2-9　输入放码量

（7）取消放码量的方法。

X归零：当X轴放码数值出现错误时，选中放码点清除放码数值。

Y归零：当Y轴放码数值出现错误时，选中放码点清除放码数值。

（8）沿线放码。

框选放码点，勾上“角度放码方式”，选择“切线方向”改变坐标的方向，看坐标输入放码量（箭头指示的方向为正数，相反则为负数）（图4-2-10）。

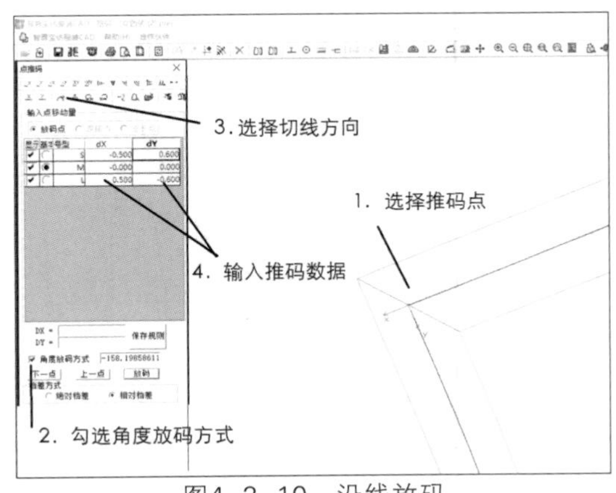

图4-2-10　沿线放码

（9）拷贝放码量。

拷贝X轴相同方向的放码数。拷贝Y轴相同方向的放码数。

拷贝X轴相反方向的放码数。拷贝Y轴相反方向的放码数。

拷贝XY相同方向的放码数。拷贝XY相反方向的放码数。

（10）顺放工具。

一般分为水平方向顺放和垂直方向顺放。

顺放读图的扣眼（图4-2-11）：

① 框选最后一个扣眼，将其放码。

② 框选中间需要等量放码的扣眼。

③ 选择工具 跟随Y轴。

④ 从第一粒扣眼拉线到最后一粒扣眼，中间扣眼按比例自动放码。

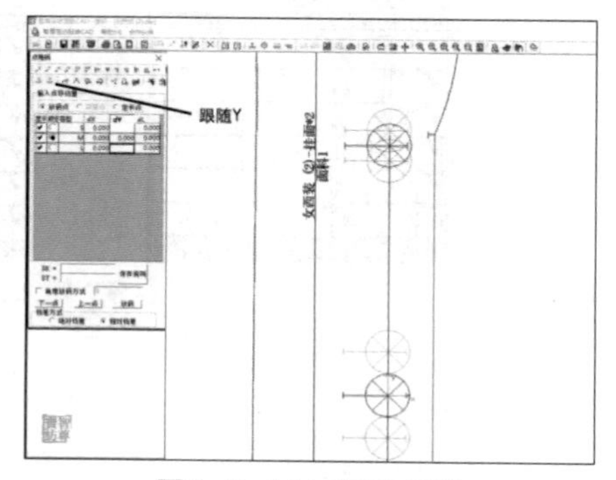

图4-2-11　顺放扣眼

4.2.4　测量与调整

（1）测量尺寸 。

几条线相加测量：

① 选择拼合检查工具。

② 鼠标点击选择要测量的基码线条（蓝的线）。

③ 点两下右键结束选择（连点两下，将第二组忽略不记）。

④ 选择查看方式，选相对档差（图4-2-12）。

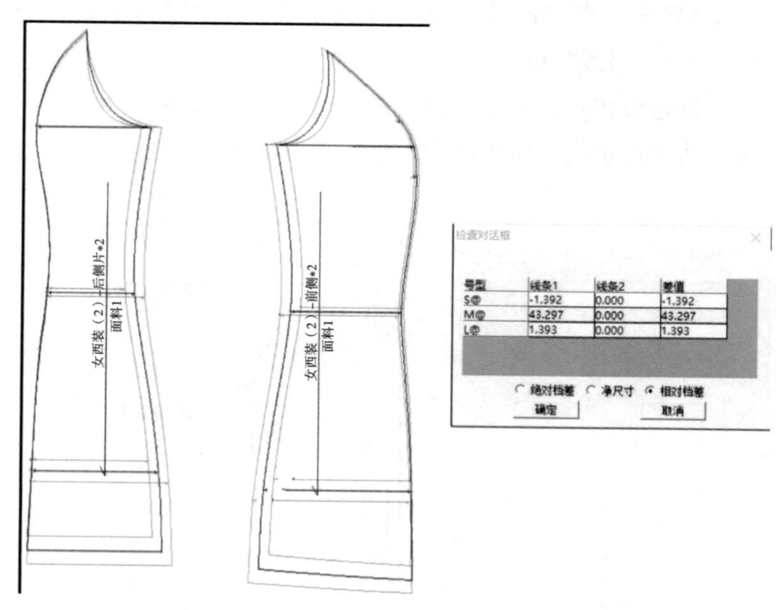

图4-2-12　测量放码线条

（2）曲线长度调整 。

逆时针方向操作，先指示第一点再逆时针方向指示第二点。

注：修改大码的放码长度后，两端是不动的，修改的是中间的曲线长度（图4-2-13）。

（3）直线长度调整。

① 修改dL长度数值。

② 调整方向：在对话框下点选方向选择。

③ 确定后会按照上述指示的方向沿线调整长度（图4-2-14）。

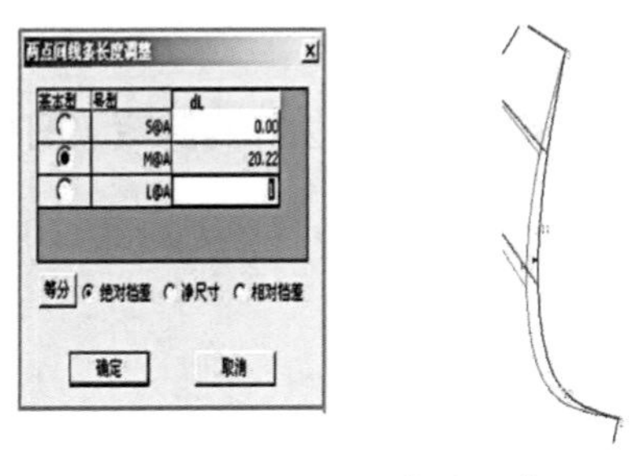

图4-2-13　放码曲线调整

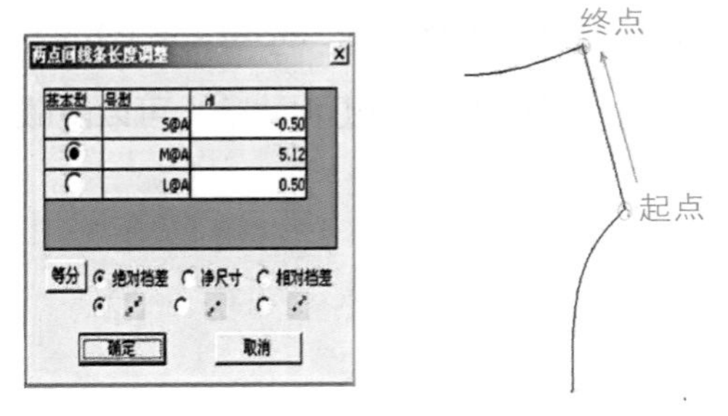

图4-2-14　直线调整

4.2.5　检查与对位

（1）对位测量。

此功能可快速调整缝合线条之间的各码刀口对位。

① 选择对位检查的工具。

② 拉线选择要检查的刀口所在线条，两下右键结束第一组。

③ 拉线选择要检查的刀口所在线条，两下右键结束第二组。

④ 出现对话框，显示线条间刀口的放码量及对刀误差。

⑤ 调整对话框中显白的数据，达到第一组和第二组线条刀口对位的要求（图4-2-15）。

对位的两组线条的要求：

① 两组线条内刀口数目一定要相同。

② 两组线条分段的数目可以不相同。

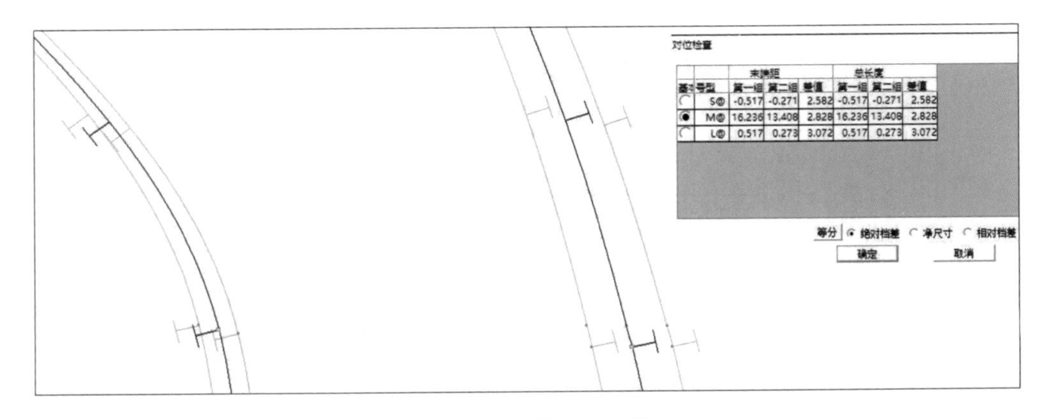

图4-2-15　检查与对位

4.2.6 对齐显示

此功能是在放码后以不同的点为不动点，来查看不同的视觉效果，具体操作为：鼠标在空白处双击，然后点击对齐点（图4-2-16）。

4.2.7 显示选项（快捷键：Space+V）。

在操作中，为了使界面更加清洁，可以隐藏一些选项。打钩为显示，去掉为隐藏（图4-2-17）。

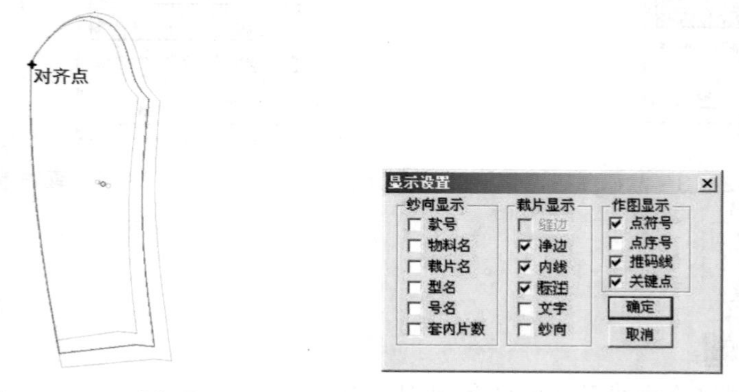

图4-2-16 对齐显示　　图4-2-17 显示选项

4.2.8 右键工具

为了让用户使用时更加得心应手，特意设置了右键工具。用户不用大幅度移动鼠标去寻找工具，直接在裁片上点击右键即可进行操作（图4-2-18）。

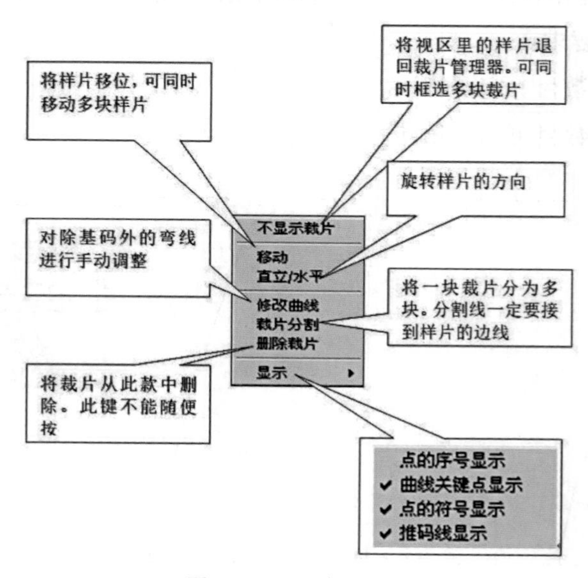

图4-2-18 右键工具

4.2.9 放码快捷键

放码快捷键如表4-2-1所示。

表4-2-1 放码快捷键

功能	快捷键	功能	快捷键
点放码	G	检查压线	W
线放码	Shift + G	检查扣眼	B
等分放缩	Ctrl + G	检查对刀	C
角度放码	Shift + R	检查段差	H
退出放码模式	Esc	延线放码	Alt + M
等分放码	D	对齐样片	U
显示隐藏放码线	A	点对齐	屏幕上双击
打开变量表	Space + X / + Y	延长线段	Alt + M
打开文件放码规则	Ctrl + M	对位检查	按下M键后在屏幕空白处双击
检查功能	M	样片退回	Alt + E
号型设置	Space + S	返回头样	P
显示设置	Space + V	样片分割	E
长度显示	Space + L	拉框放大	Z
样片管理器	Space + O	拷贝X Y	F6
拷贝X	F1	跟随X	F7
拷贝Y	F2	跟随Y	F8
拷贝负X	F3	放码	F9
拷贝负Y	F4		

一次Tab，两点间直度；二次Tab，两点间角度；三次Tab，直线/曲线长度调整。

4.3 排料工具介绍

4.3.1 排料基本操作

（1）新建。

选中“新建”，开始新的排料。

（2）裁片设置。

选中“调入裁片”，在弹出的“打开文件”对话框中，选择待排料文件，确定（图4-3-1）。在自动弹出的“件数设置”对话框中设置裁片件数，确定（图4-3-2）。

（3）布料设置。

在布料切换区中选中有关布料层进行设置，或右键调入已有布料库中的布料（已设置好的布料也可以在此保存放入布料库中）（图4-3-3）。

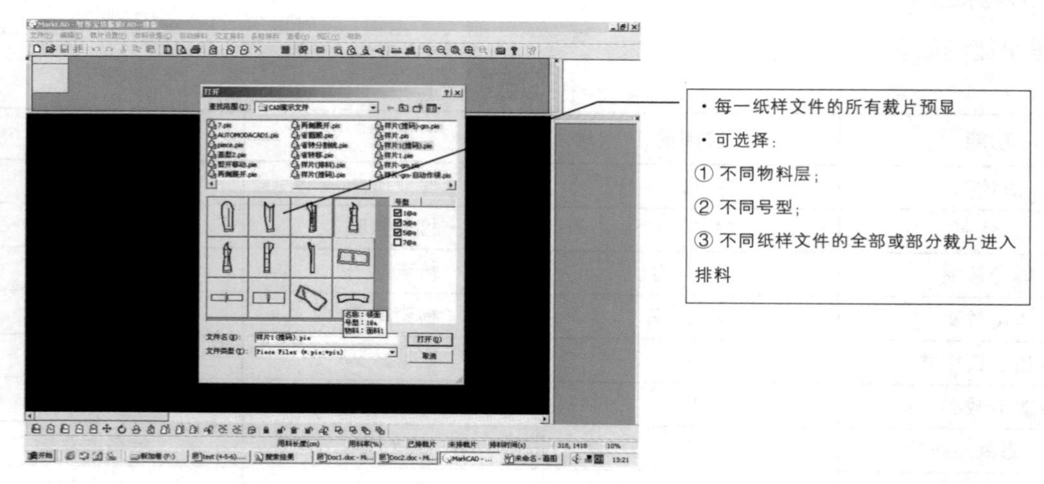

图4-3-1 调入裁片

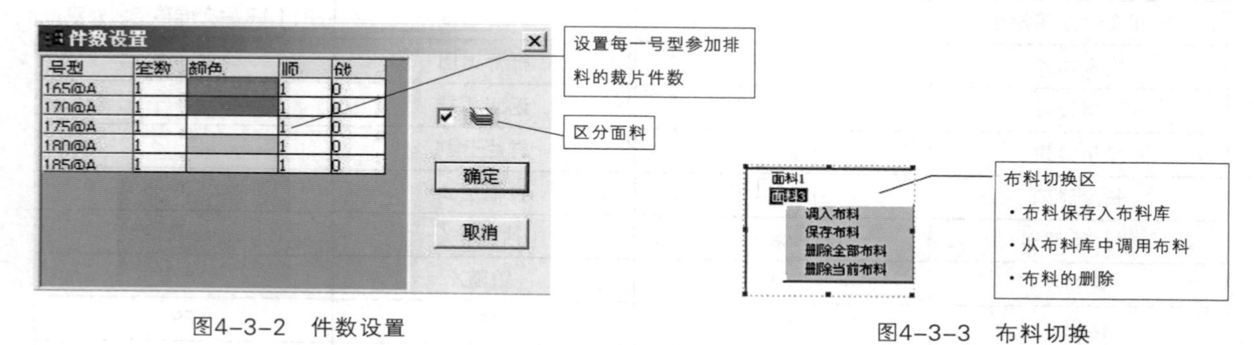

图4-3-2 件数设置

图4-3-3 布料切换

在布料属性表中设置布料的有关属性，如图4-3-4所示。

布料属性	参数值
布料名	面料1
注释	
幅宽(cm)	110.000
布长(cm)	1000.000
预设用料(cm	1000.000
X向缩水(%)	0.000
Y向缩水(%)	0.000
Y向留边量(cr	0.300
纱向限制	裁片自由旋转
纱向(与X正向	0
双幅、单幅或	单幅
条格设置	否
漫花设置	无漫花
段花设置	否
疵点设置	否
疵点序号	
横向初始(cm	0.000
纵向初始(cm	0.000
横向边长(cm	0.000
纵向边长(cm	0.000
颜色	

布料属性表

- 输入布料基本信息
  - 布料名
  - 布料注解
  - 布料幅宽/布料长度/预设用料（厘米）
  - X/Y向缩水率（%）
  - Y向留边量（厘米）
  - 纱向限制/纱向角度（度）
  - 单双幅（双击切换）
  - 条格设置（双击打开“是”开关）/横向初始/横向间距/纵向初始/纵向间距
  - 漫花设置/段花设置/横向初始/横向间距/横向循环/纵向初始/纵向间距/纵向循环
  - 疵点设置/疵点序号/横向初始/纵向初始/横向边长/纵向边长
  - 颜色（双击弹出“颜色设置”对话框）

图4-3-4 布料设置

布料确认，进入排料阶段。

（4）取下裁片到排料区。

选中“取下所有裁片”，将裁片管理器中的待排裁片全部取下。

（5）开始自动排料或交互排料。

选中“自动排料”，开始自动排料，或选中“交互排料”中的有关功能，进行手动排料。在排料区上点击鼠标右键，弹出交互排料各项功能的下拉框，可选择下拉菜单或图标进行操作（图4-3-5）。

（6）查看各种排料信息。

查看当前排料的裁片信息点击“查看”，点选“裁片信息”，出现当前裁片相关设置，如图4-3-6所示。

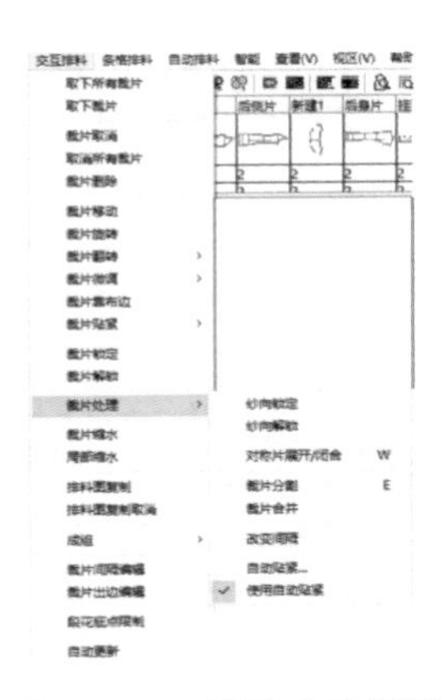

图4-3-5 排料功能设置

裁片属性	参数值
裁片名	前片
号型	M@ 顺
颜色	
物料层	面料1
片数	1
反转片数	1
套中片数	2
是否对称片	否
翻转允许	否
旋转限制	0
纱向限制	0
可分割片数	0
X向间隔(mm	0
Y向间隔(mm	0
排料对格	否
副点数目	0
从点数目	0
注释	

图4-3-6 裁片信息

查看当前排料已用布长、用料率等信息，点选竖直、水平边线显示，视区右下角出现排料信息 已用长度(cm)91.63 用料率(%)54.84 已排:2 。

（7）保存。

选中“保存”，将排料图存档。

（8）打印输出排料图。

选中“打印”，输出各种比例排料图；选中“打印到绘图仪”，输出1：1版图。排料完成图，如图4-3-7所示。

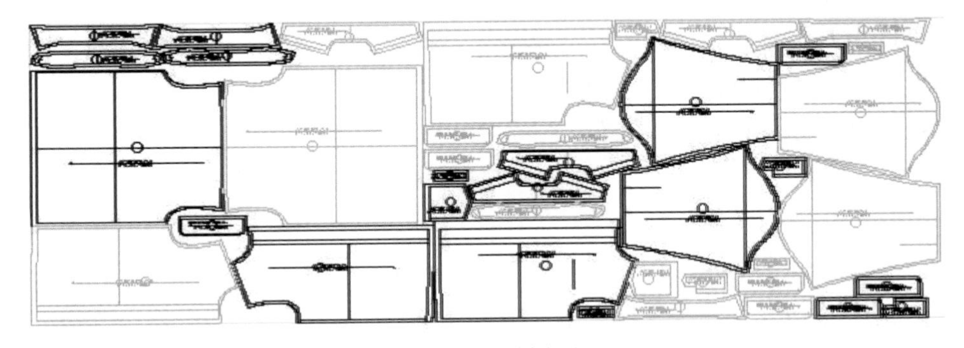

图4-3-7 排料完成图

（9）退出。

选中“退出”，或点击右上角“×”，退出排料系统。

4.3.2 界面介绍

排料窗口如图4-3-8所示。

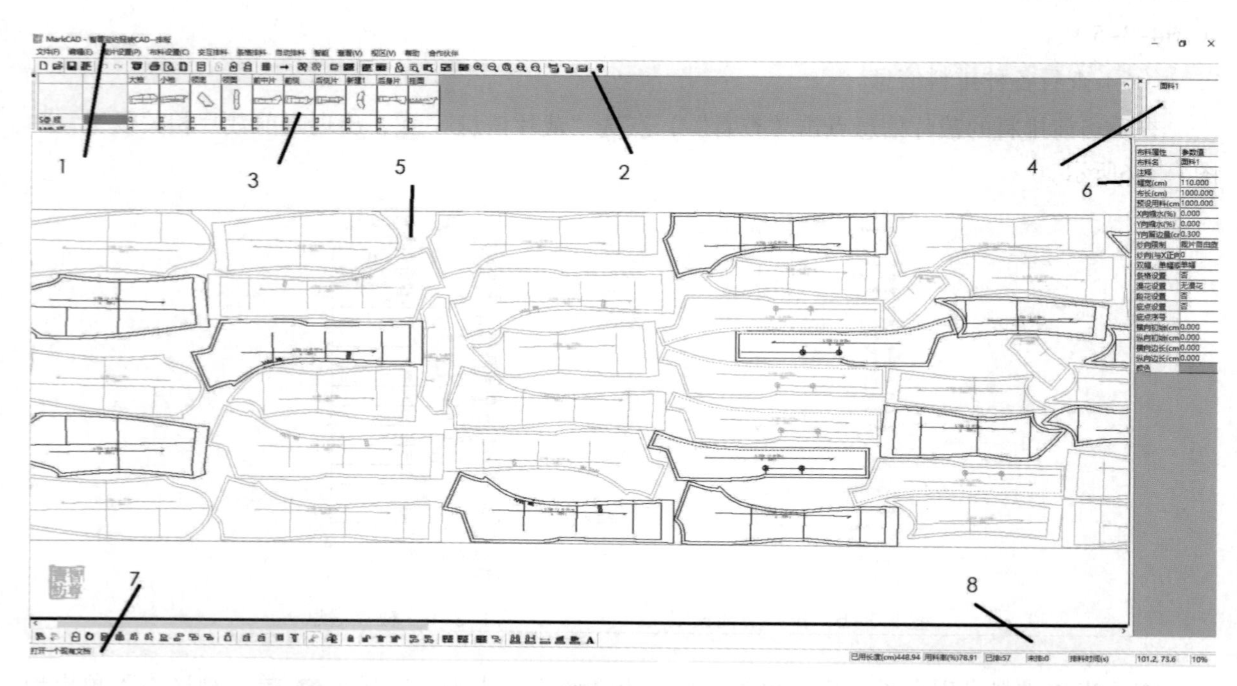

图4-3-8 排料界面

① 标题栏：显示当前样板或文件名称。

② 快捷工具栏：常用工具。

③ 待排裁片区：还未排料的裁片放置区域。

④ 布料切换区：不同布料显示切换。

⑤ 排料区：排料操作区域。

⑥ 查看布料/裁片信息区。

⑦ 提示栏：显示有关操作步骤及排料信息。

⑧ 光标状态栏：显示光标坐标位置。

4.3.3 功能简介

（1）文件（表4–3–1）。

表4–3–1 文件功能

功能名称	图标	功能简介	操作说明
新建		建立新的排料文件	选中功能，建立新的文件
打开		打开已有排料文件	选中功能，弹出对话框，选择欲打开的文件名，确定
关闭		关闭当前窗口	选中功能，关闭当前文件窗口
保存		保存当前排料文件	选中功能，弹出“保存”对话框，选择或输入文件名，保存
另存为		用新的名字保存当前排料文件	选中功能，弹出“另存为”对话框，选择或输入文件名，保存
调入临时文件		调出事先存在的文件	选中功能，弹出对话框，选择或输入文件名，即可
打印		打印当前屏幕上的排料图	选中功能，弹出对话框，点击打印，可打印A4大小排料图，并有排料信息显示
打印设置		设置打印机	选中功能，设置打印机型号和参数
打印预览		预览当前屏幕上排料图的打印效果	选中功能，页面显示即将打印的排料图
退出	退出(X)	退出排料程序	选中功能，退出排料程序

（2）编辑（表4–3–2）。

表4–3–2 编辑功能

功能名称	图标	功能简介	操作说明
取消		撤销上一步操作	选中功能即可实现操作
恢复		恢复前一步撤销的操作	选中功能即可实现操作

（3）裁片设置（表4–3–3）。

表4–3–3 裁片设置功能

功能名称	图标	功能简介	操作说明
调入裁片		调入裁片至待排料区	选中功能，在页面中选择要排料的文件
添加裁片		添加裁片至待排料区	同调入裁片
清除		删除待排料区中的所有裁片	选中功能即可实现操作
自动更新裁片		更新当前排料裁片	选中功能即可实现操作

（4）布料设置（表4-3-4）。

表4-3-4　布料设置功能

功能名称	图标	功能简介	操作说明
布料设置		设置布料的属性	选中功能，弹出对话框，输入有关数据
布料确认		确认布料设置允许进入排料	选中功能即可（排料系统必须先进行布料设置和确认）

（5）自动排料（表4-3-5）。

表4-3-5　自动排料功能

功能名称	图标	功能简介	操作说明
自动排料		对排料区中的裁片自动进行排料	选中功能即可
相似排料-替换号型	替换号型	对排料区中裁片的号型进行替换	选中功能，选择被替换裁片，在弹出的对话框中进行设置，左键确定
相似排料-替换裁片	替换裁片	对排料区中的裁片进行替换	选中功能，选择被替换裁片，在弹出的对话框中进行设置，左键确定
相似排料-相似自动搜索	相似自动搜索	对要进行排料的裁片搜索出相似的排料图	选中功能，在弹出的对话框中搜寻相似的排料图，左击执行排料

（6）交互排料（表4-3-6）。

表4-3-6　交互排料功能

功能名称	图标	功能简介	操作说明
取下所有裁片		将待排裁片全部取下至排料区	选中功能即可
取消所有裁片		将排料区中所有的非复制裁片都放回待排裁片区	选中功能，弹出对话框，选择确定即可
裁片取消		将排料区中的非复制裁片逐一放回到待排裁片区	选中功能，选择要取消的裁片，裁片即回到待排裁片区
裁片旋转		旋转裁片	选中功能，选择待旋转裁片，弹出对话框，选择旋转方式和角度，确定，并把裁片放置在新的位置
裁片翻转X方向		以X方向为轴将裁片翻转	选中功能，选择待翻转裁片，拖动鼠标放置裁片
裁片翻转Y方向		以Y方向为轴将裁片翻转	同上
裁片微调-距离微调		微调裁片的坐标位置	选中功能，选择要微调的裁片，按键盘上的方向键（“↑、↓、←、→”）调节裁片位置（按一下方向键，裁片移动1mm）；Enter键，结束微调

续表

功能名称	图标	功能简介	操作说明
裁片微调–旋转微调		微调裁片的旋转角度	选中功能，选择要微调的裁片记号，按方向键“↑（逆时针旋转）、↓（顺时针旋转）”调节裁片旋转角度（按一下方向键，裁片旋转1°）；Enter键，结束微调
裁片靠布边		使裁片紧贴布边	选中功能，选择要贴近布边的裁片，按键盘上的方向键（“↑、↓、←、→”）调节裁片靠布边的方向
裁片贴紧–自动贴紧		使两裁片紧贴在一起	选中功能，选择要移动紧贴的裁片，再选择要与其紧贴的目标裁片
裁片贴紧–拉线贴紧		使裁片按照拉线方向紧贴另一裁片或布边	选中功能，选择要移动紧贴的裁片，产生拉线，指示拉线方向，左键确定，右键取消
裁片锁定		固定裁片的位置	选中功能，选择要锁定的裁片（裁片锁定后将无法进行移动、翻转等操作）
裁片解锁		将锁定的裁片解锁	选中功能，选择已被锁定但需要解锁的裁片（锁定的裁片只有解锁后才可以进行移动、翻转等操作）
裁片处理–纱向锁定		将排料区中裁片上所标纱向锁定	选中功能即可（纱向锁定后裁片将无法进行翻转、旋转等操作，以保持其纱向不变）
裁片处理–纱向解除		将裁片上已锁定的纱向解锁	选中功能即可（解锁后的裁片才可以进行翻转、旋转等操作）
裁片处理–对称片展开/闭合		将闭合的对称裁片展开或将展开的对称裁片闭合	选中功能，选择待展开的裁片，指示其位置，将闭合的对称片展开；或者选中功能，选择待闭合的对称裁片，指示其位置，将展开的对称片闭合
裁片处理–裁片分割		将一片裁片分割为两片或多片	选中功能，选择需要分割的裁片，产生一水平分割线，鼠标拖动至合适位置，或用旋转分割线确定合适位置（“[”，以逆时针1°旋转；“]”，以顺时针1°旋转；“<”，以逆时针10°旋转；“>”，以顺时针10°旋转），按下Enter键，完成
裁片处理–裁片合并		将两片裁片合并为一片	选中功能，选择要取消分割的裁片即可（此功能只针对已被分割的裁片）
裁片处理–改变间隔		改变裁片之间的间隔	选中功能，弹出对话框，分别输入裁片间X方向、Y方向的间距（负数为重叠），确定
块–块定义		将若干裁片定义为一个整体	选中功能，确定矩形框第一点，以拉对角线方式拖动鼠标，确定第二点，使所选裁片全部位于矩形框内即可
块–块解除		解除已定义的块	选中功能，选择待解除的块
排料图复制		对已完成的排料图进行复制	选中功能，在弹出的对话框中进行设置，左键确定
排料图取消复制		将复制的排料图取消	选中功能，左键确定

（7）条格排料（表4–3–7）。

表4–3–7　条格排料功能

功能名称	图标	功能简介	操作说明
主对格点设置	对格点设置状态	设置主对格点	选中功能，选择主对格点所在片，选择主对格点，左键确定
对格点设置–XY向对齐	XY向对齐	设置XY方向对格点	选中功能，按照提示依次选择主片、从点、从片、副点，左键确定，右键取消
对格点设置–X同向对齐	X同向对齐	设置X方向对格点	同上
对格点设置–X对称对齐	X对称对齐	设置X对称方向对格点	同上
对格点设置–Y同向对齐	Y同向对齐	设置Y方向对格点	同上
对格点设置–Y对称对齐	Y对称对齐	设置Y对称方向对格点	同上
条格排料状态		进入/退出条格排料状态	选中功能即可
清除所有对格点设置	清除所有对格点设置	清除所有对格点设置	选中功能即可，左键确定

（8）查看（表4–3–8）。

表4–3–8　查看功能

功能名称	图标	功能简介	操作说明
测量–点距		测量两点间的X、Y方向的距离	选中功能，点击鼠标左键确定第一点，拖动鼠标，确定第二点，在提示栏里查看测量结果
测量–面积		测量选定区域的面积	选中功能，确定矩形框的第一点，以拉对角线方式拖动鼠标，确定第二点，在提示栏里查看测量结果
裁片信息		显示裁片信息	选中功能，双击要查看的裁片，弹出裁片属性表
布料信息		显示布料信息	选中功能即可调出当前布料属性表

（9）视区（表4–3–9）。

表4–3–9　视区功能

功能名称	图标	功能简介	操作说明
刷新		刷新屏幕	选中功能即可实现操作
全屏显示		整个屏幕只显示排料画面	选中功能即可实现操作
放大		放大选定的区域	选中功能，拉矩形框选定待放大的区域
缩小		缩小整个画面	选中功能即可实现操作
放缩复原		恢复到屏幕最初始的显示状态（放缩前）	选中功能即可实现操作

续表

功能名称	图标	功能简介	操作说明
全排料区		缩小画面显示排料区的全部	选中功能即可实现操作（用“放缩复原”恢复至原画面）
长度线显示–竖直边线		显示已排裁片所占用的布料长度	选中功能即可实现操作
长度线显示–水平边线		显示已排裁片所占用的布料宽度	选中功能即可实现操作
计算器		打开计算器	选中功能，弹出计算器，即可进行计算

（10）帮助（表4–3–10）。

表4–3–10　帮助功能

功能名称	图标	功能简介	操作说明
关于智尊宝纺		描述版本信息	选中功能即可查看版本信息
帮助		查看帮助信息	选中功能，单击工具按钮、菜单或窗口查看帮助信息

5 智尊宝纺实践操作

5.1 直身裙

款式分析：本款直身裙款式简单，造型大气。装腰，后中装隐形拉链，有省道，后中下开衩（图5–1–1）。各部位尺寸如表5–1–1所示。

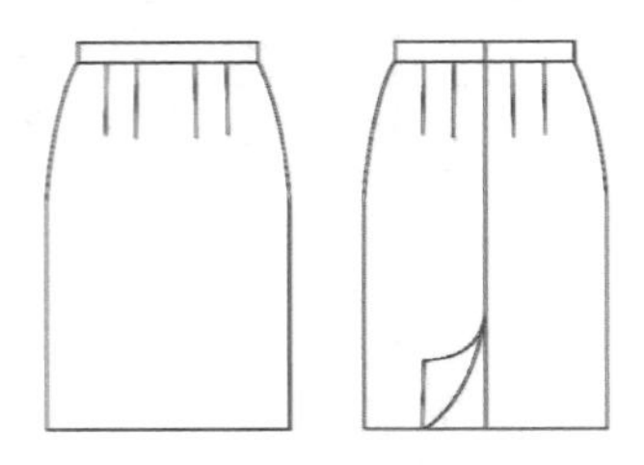

图5–1–1 直身裙款式图

表5–1–1 各部位尺寸

单位：cm

部位	裙长	腰围	臀围
尺寸	60	66	92

5.1.1 直身裙结构设计

（1）新建文件。左键双击打板图标，屏幕会出现打板启动Flash动画，如图5–1–2所示。单击键盘上的Esc键两次，进入新建界面（图5–1–3）。

图5–1–2 启动画面

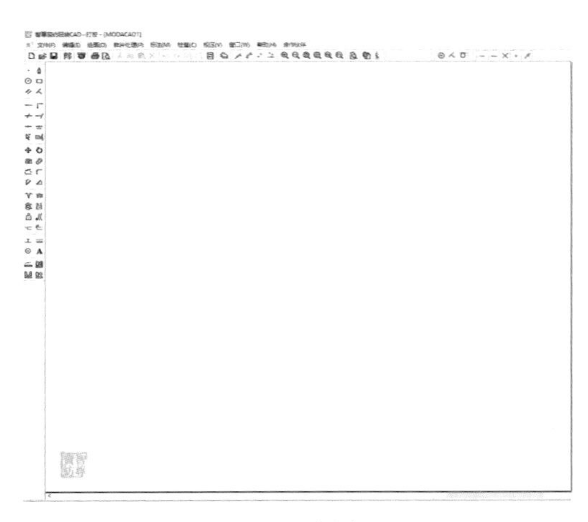

图5-1-3 新建界面

（2）输入规格表。左键单击屏幕左上角新建图标🗋，出现“号型设置”对话框，在“选择参与打板的型名”下选择A，一般默认为A体，在“选择参与打板的号名”下用鼠标左键双击选择S/M/L（如有不需要的规格尺寸，可鼠标左键双击取消）。在“选择参与打板的部位名称”下选择：裙长/腰围/臀围；在“请输入基本码尺寸及各号型档差值”下用鼠标左键双击可以调整颜色；把基本码M ◉规格后面的选项选中变成黑点，接着输入基本码尺寸：裙长，60；腰围，66；臀围，92。在右下角选中“相对档差方式”，在基本码的大一档里输入档差，在“等分所有部位”前面的框里鼠标左键单击选中，然后左键单击“等分”，如图5-1-4所示（“相对档差方式”是两个尺码之间的档差；“绝对档差方式”是针对基本码而言的档差；“净尺寸方式”是输入净尺寸，一般先按教材相对档差方式完成后可随意切换）。

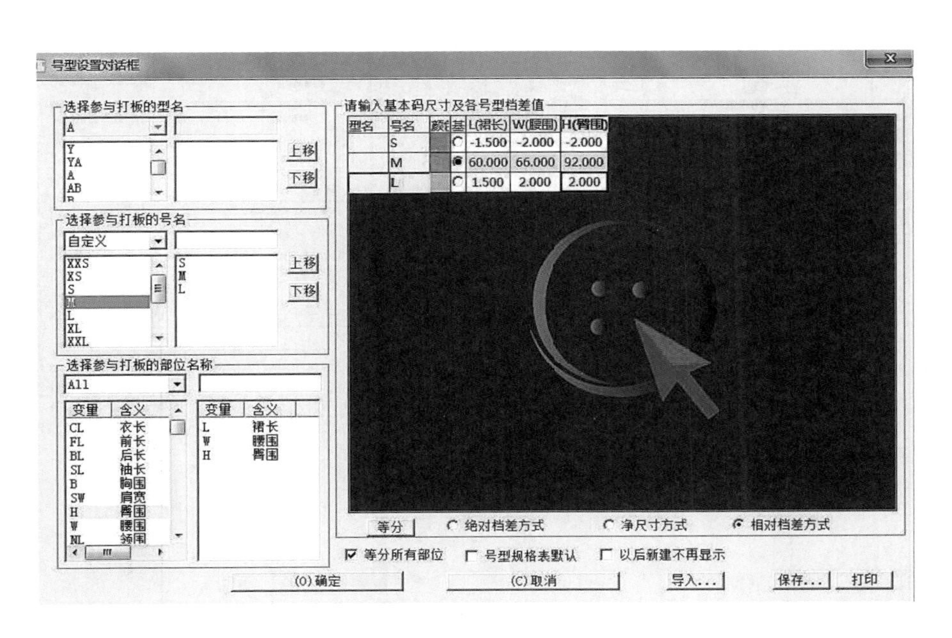

图5-1-4 输入规格号型

（3）规格表输入完成，点击确定，并保存文件；打开文件保存位置能看见三个文件：① 打板文件；② 放码文件；③ 规格表文件（图5–1–5）。

（4）设置工具栏：在标准工具条一栏里找到“视区—系统设置—选项—工具条”，在常用工具条：标准、绘图I、点捕捉1、点捕捉2前面打钩，常用工具栏就设置好了，可以将点捕捉工具条放置在标准工具条后面（图5–1–6）。

完成后界面：由于软件自带底色是黑色，我们在教学屏幕上做了反色处理，如图5–1–7所示。

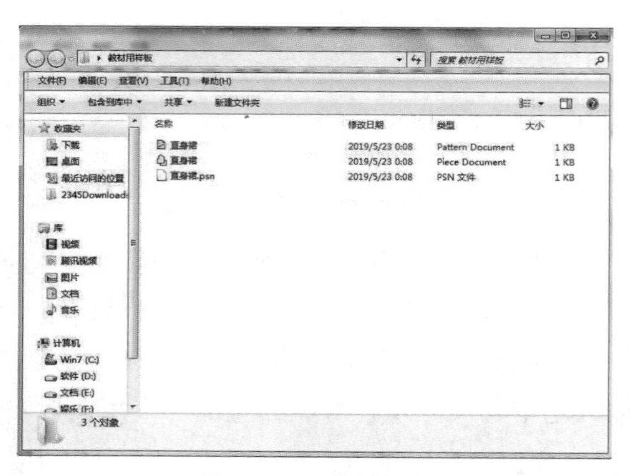

图5–1–5　文件保存

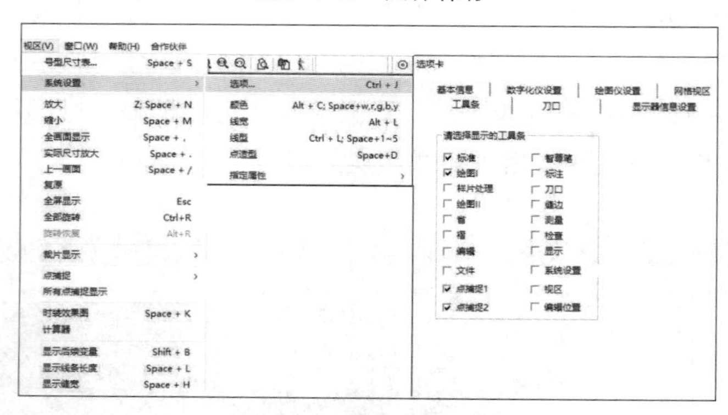

图5–1–6　设置工具栏

图5–1–7　完成后界面

（5）鼠标左键单击屏幕右下角的[B]，会出现我们先前设置的规格表。鼠标左键单击矩形工具[矩形工具图标]（当把鼠标放在相应工具上时，会出现对应的工具名称[工具名称图标]），在屏幕空白处左键单击后松开，拖动鼠标，在屏幕右下角数据输入区里输入“@46,57”，即“臀围/2”，“裙长－腰宽3”。这里要注意几点：① 要遵循坐标轴先X，后Y方向，中间要用逗号（,）隔开区分；② 也可以点击旁边显示的规格表输入“@H/2,L－3”；③ “@”符号一般是自动生成的，输入时要看仔细；④ 确定逗号（,）是在英文状态下，不然电脑无法默认为分隔符。输入完成后Enter键确认（图5-1-8）。

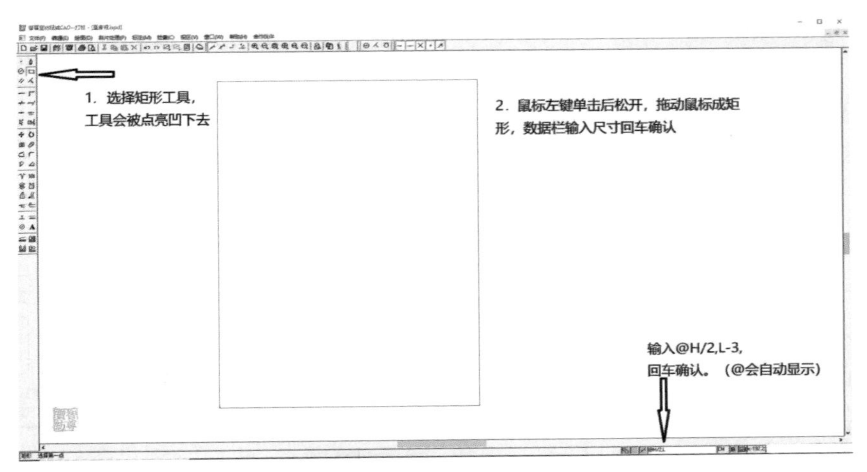

图5-1-8　绘制裙子框架

（6）选择平行线工具[平行线工具图标]，鼠标左键单击上平线，向下拖动，在数据输入栏里输入臀高线“18cm”，Enter键确定。继续左键点击上平线向上拖动，输入侧缝起翘高“0.7cm”，Enter键确定。左键点击前中线向中间方向拖动，输入“H/4＋0.5”，Enter键确定，为侧缝线（图5-1-9）。

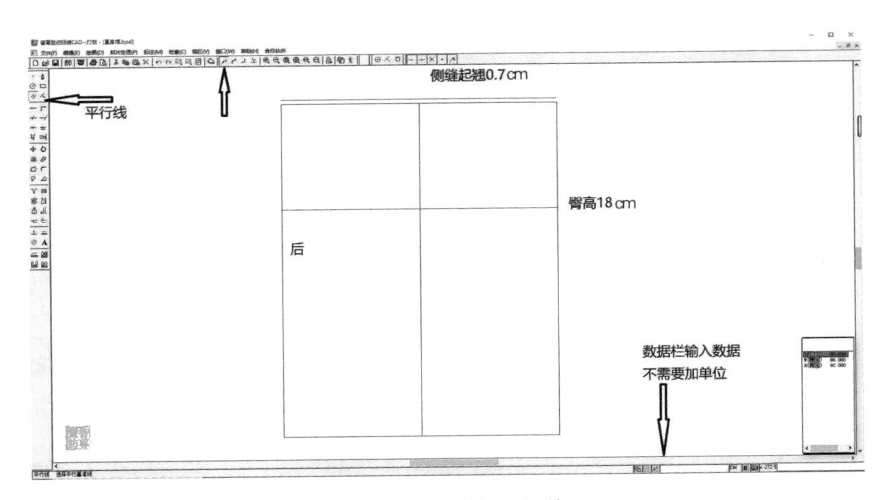

图5-1-9　绘制平行线

（7）选择智尊笔工具，看一下“定长点捕捉”有没有打开（默认为打开），在数据栏输入“1”，在后中腰口找到后中下1cm的位置，鼠标左键单击，移动鼠标拉出直线，打开“投影点捕捉”，在数据栏输入“W/4＋4”，按Enter键确定，然后在起翘线上任意位置，鼠标左键单击，定位后拖动鼠标至侧缝交点，左键单击，然后用鼠标右键把线条断开，再右键单击结束线条（图5–1–10）。

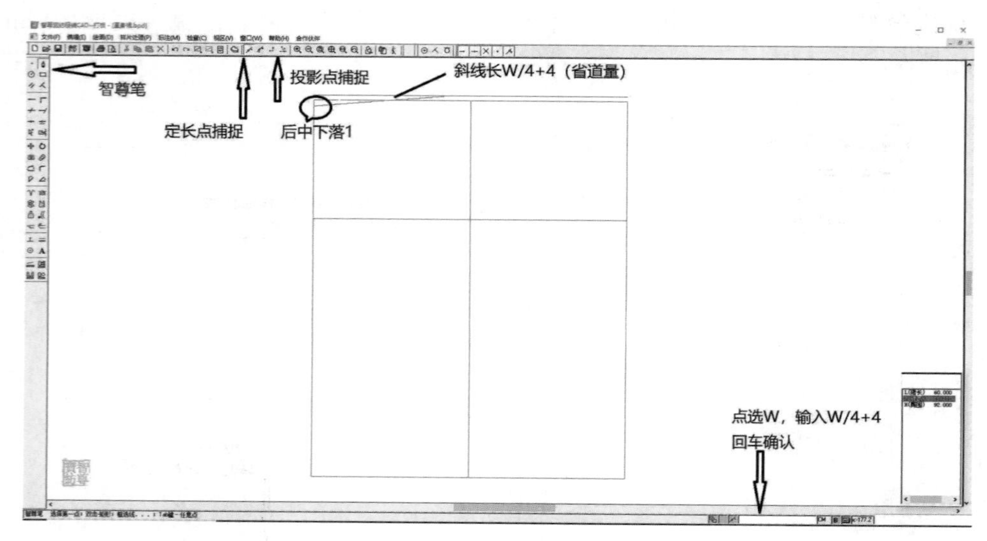

图5–1–10　绘制起翘线

（8）选择延长线工具，鼠标左键单击需要改动的线条，拖动鼠标，把上平线和起翘线在后片处缩短至侧缝；鼠标右键单击退出工具选择（此时光标为），鼠标左键双击侧缝斜线，此时线条会变成两端点的直线，鼠标左键单击中间位置，拖动，变成较为圆顺的弧线。同样把腰线拉成弧线且两端垂直（图5–1–11）。

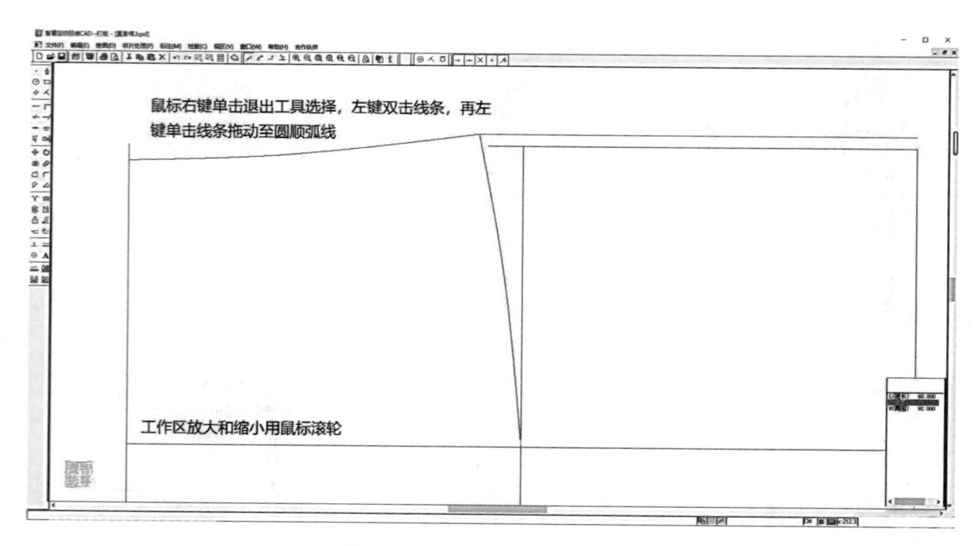

图5–1–11　延长线工具使用

（9）选择垂线工具，鼠标左键单击选择腰围线变成红色，再选择比例点捕捉工具，看一下输入栏里的比例值：1/3（也可以自行输入），移动鼠标至腰围线靠近端点位置，会显示1/3的位置标记，鼠标左键单击后拖动就可以作垂线，在输入栏里输入省道长：后中14cm，后侧13cm（图5-1-12）。

（10）选择镜像工具，需要把复制工具也打开，鼠标左键单击后侧缝弧线，右键单击选择结束，选择侧缝直线为参考线，左键单击腰口端点，拖动鼠标，在下摆端点左键单击，即完成镜像复制过程，如图5-1-13所示（此时可以参考屏幕左下方提示框提示操作）。

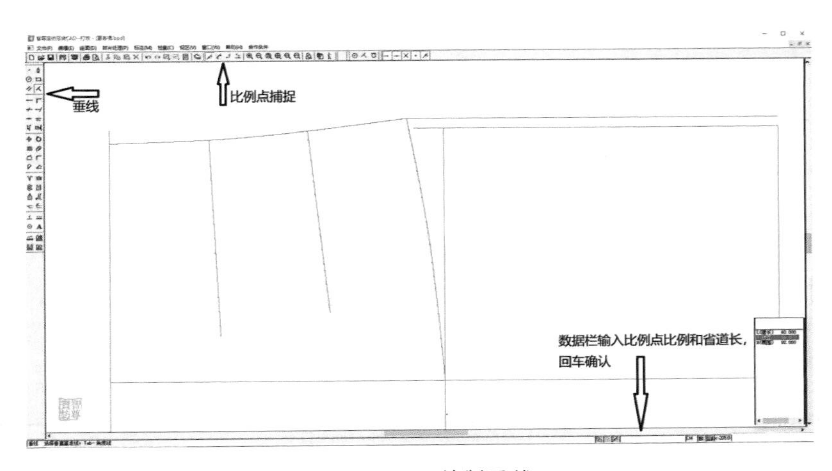

图5-1-12　绘制垂线

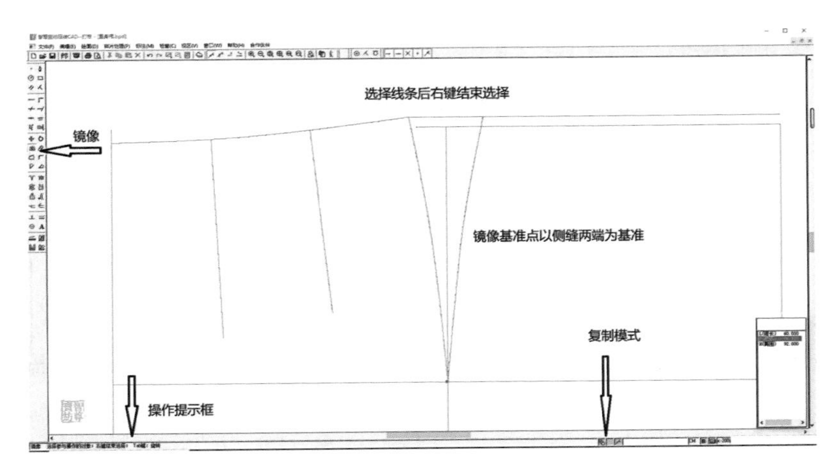

图5-1-13　侧缝镜像复制

（11）选择智尊笔工具，把前片腰围线画好，鼠标左键单击两个端点，完成后右键断开，再右键结束。鼠标右键单击退出工具，左键单击0.7cm的起翘线，使之变成红色，鼠标左键单击，把起翘线删除。鼠标左键双击腰围线，使之变成带两个端点的直线，鼠标左键单击拖动线条变成两端垂直的弧线（图5-1-14）。

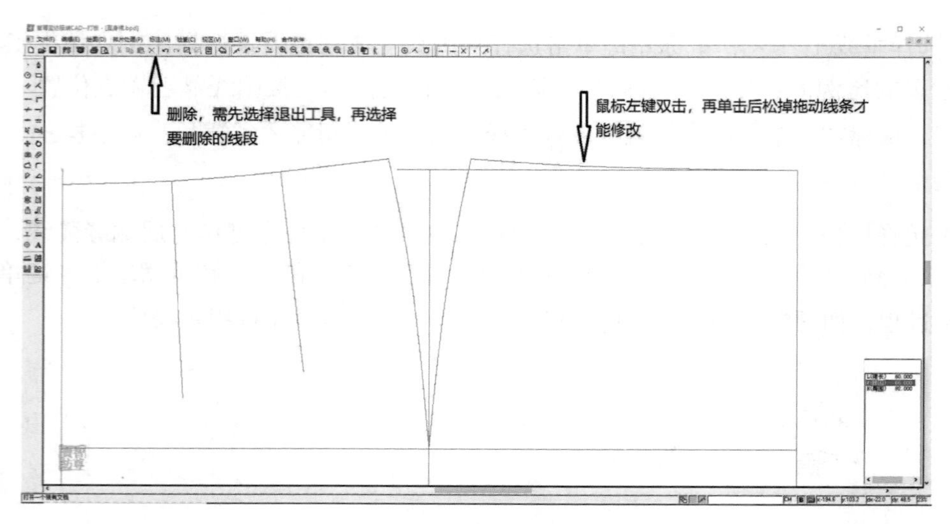

图5-1-14　修改删除线条

（12）鼠标右键单击退出工具，选择腰口水平辅助线，用删除工具删除。用垂线工具选中腰围线，用比例点捕捉工具找到1/3位置，画好前面的腰省垂线，前中省道长13cm，前侧省道长12cm（图5-1-15）。

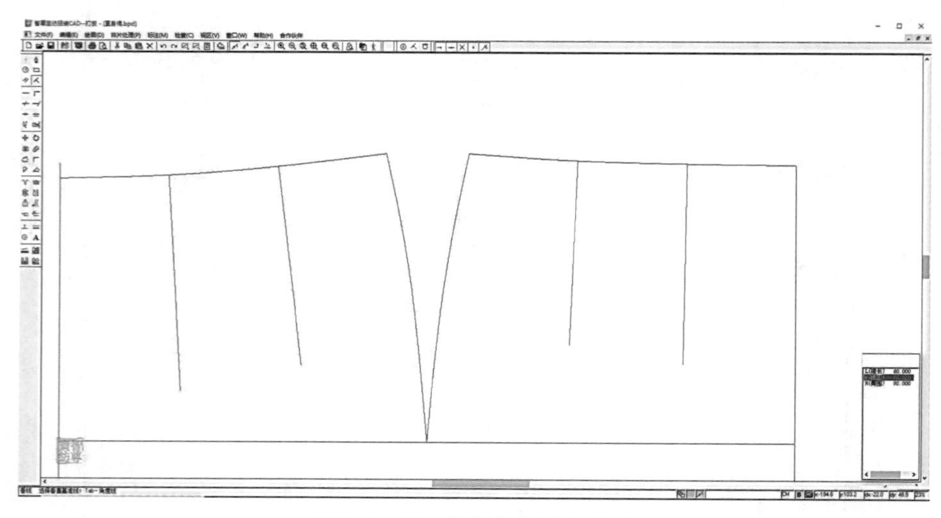

图5-1-15　绘制前腰省中心线

（13）选择测量工具，鼠标左键单击前腰围线，右键单击结束，出现“线条长度”对话框，减去W/4得出前片腰省量，以此分配前中2/5前片省量2cm；前侧3/5前片省量3cm；同样方法做后片省道，后片省道各1/2（2cm）（图5-1-16）。

（14）选择矩形工具，在屏幕空白处左键单击，松开鼠标后拖动，在输入栏里输入“@66,3”（腰围，腰宽），输入完成后按Enter键确认（图5-1-17）。

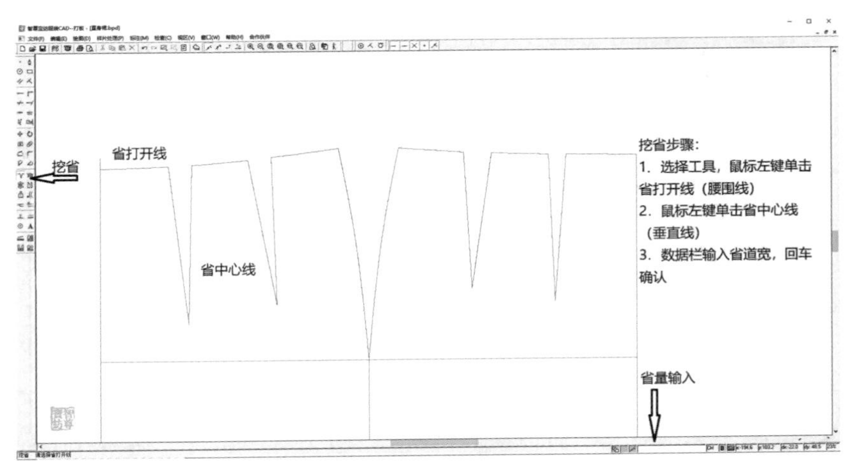

图5-1-16　做裙腰省道

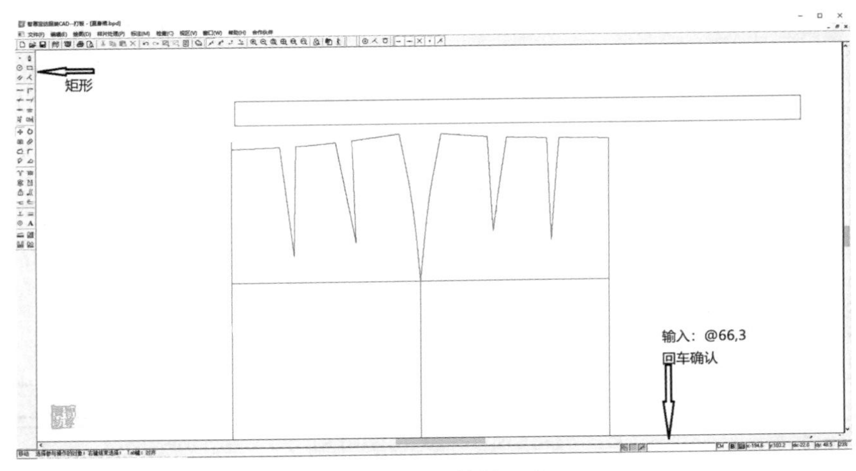

图5-1-17　绘制腰头

答疑小课堂

制图中碰到的问题：

① 制图过程中发现做错了怎么办？

制图过程中如果做错一步要返回上一步或者上几步，按撤销最后一步操作，可以一直撤销。

② 还有没有别的放大和缩小？

在工具栏上还有放大、缩小、复原和全画面显示。

③ 不小心全部选中红色了怎么办？

在工具栏有全部选中和全部未选中。

④ 修改线条拉弧线拉不出来怎么办？

鼠标左键双击后再单击，拖动一个点，当点太多时，可以用鼠标右键单击删除一个点，也可以鼠标左键双击加个点，然后再修改它（图5-1-18）。

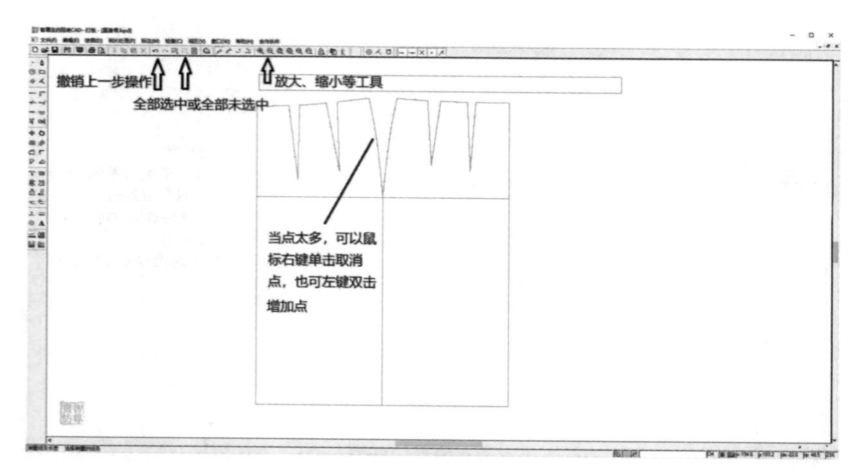

图5-1-18　问题和解决办法

（15）选择样片取出工具，左键单击组成裙子后片的线条（最好是逆时针方向，样片内必要的内线也要选中），完成后在屏幕空白处单击鼠标右键，出现“裁片设置”对话框，选择需要的信息后点击“确定”（图5-1-19）。

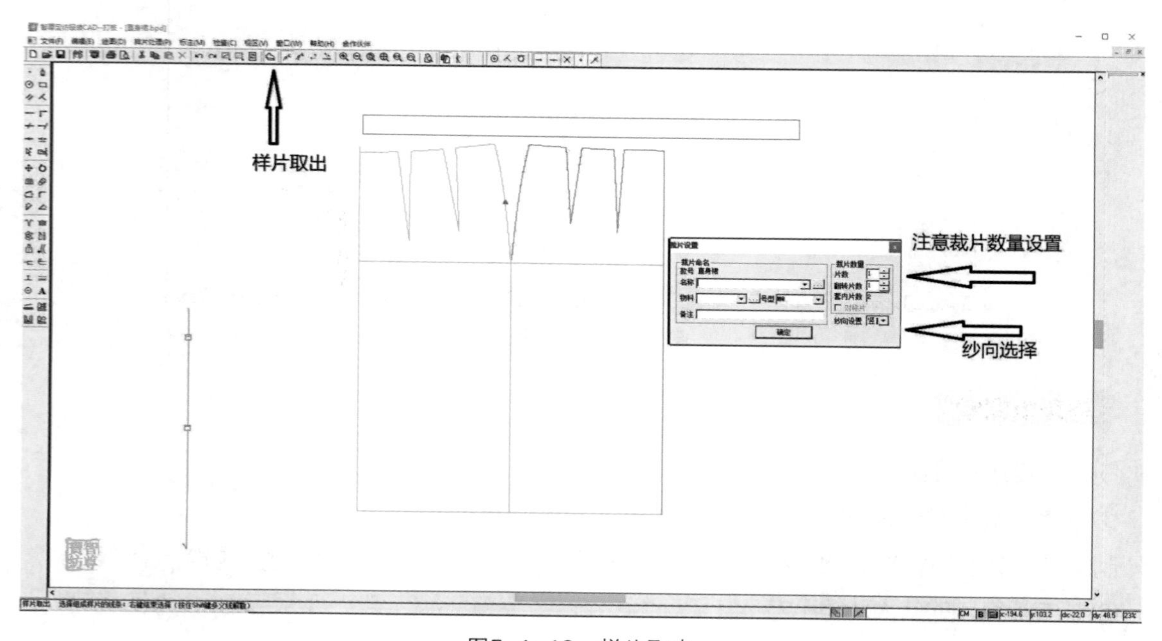

图5-1-19　样片取出

（16）我们需要两次核对裁片信息及纱向和片数：左键单击裁片显示设置工具后，在“裁片显示设置”对话框里选择显示纱向文字，此时裁片上会显示裁片信息（图5-1-20）。

（17）同理取出前片样板和腰样板。前片样板因为连折，所以样片设置里翻转片数为0，套内片数是1。腰样板同样因为连折翻转片数是0，套内片数是1，腰样板需要烫衬，所以在备注下要写明衬*1（图5-1-21）。

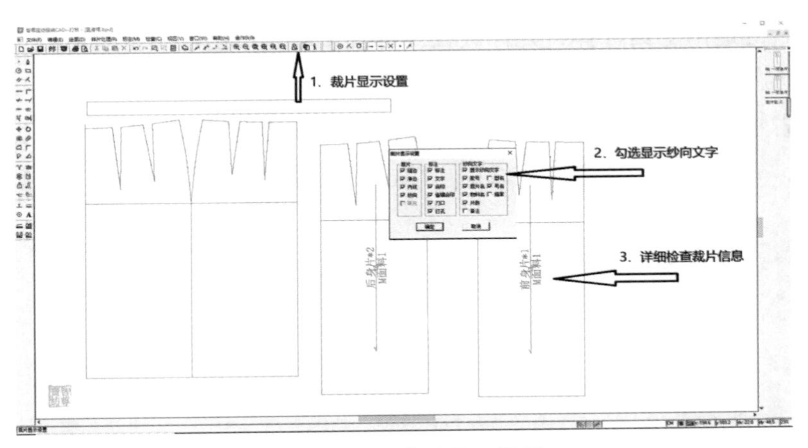

图5-1-20　裁片显示设置

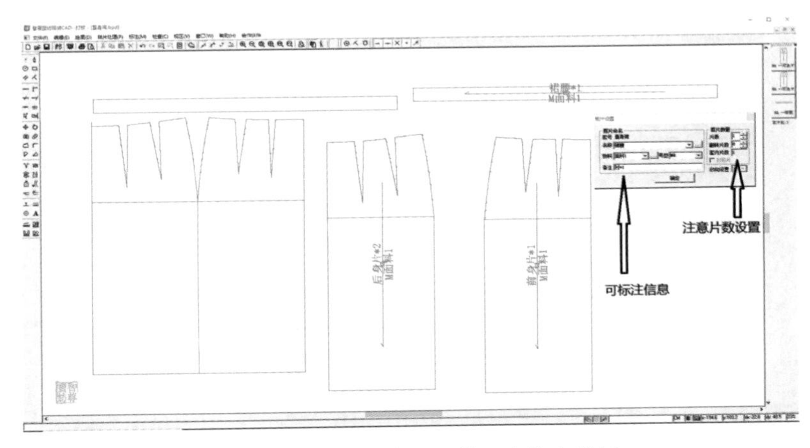

图5-1-21　裁片命名、数量和纱向设置

（18）选择样片对称展开工具，鼠标放在前片中心线和腰样片中心线上，左键单击，样板会以中心线为对称轴展开（图5-1-22）。

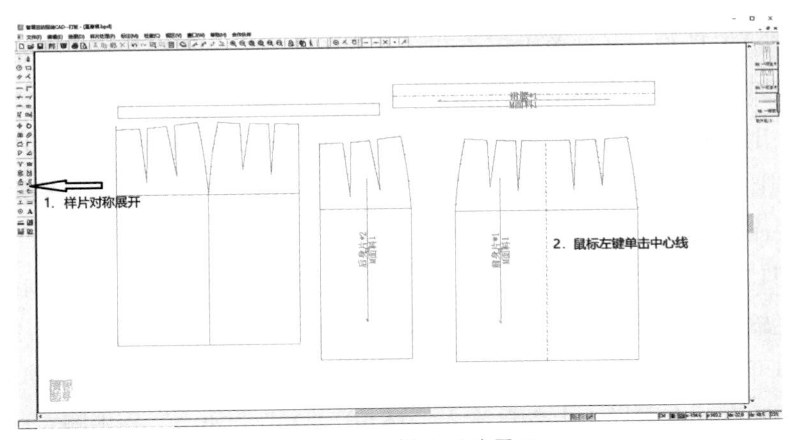

图5-1-22　样片对称展开

（19）鼠标右键退出工具选择，光标放在对称轴上右键单击，选择“对称片闭合”，腰和前片样板要到闭合状态才能进行样片处理（图5-1-23）。

（20）放大省道位置，鼠标右键退出工具选择，光标放在省道上右键单击，选择省山，根据屏幕左下角提示，先左键单击省道线，然后再单击省道缝合后要倒的方向（一般为前中、后中）（图5-1-24）。

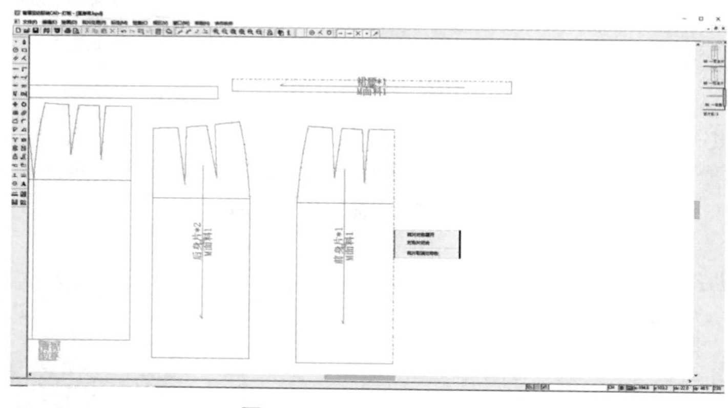

图5-1-23　对称片闭合

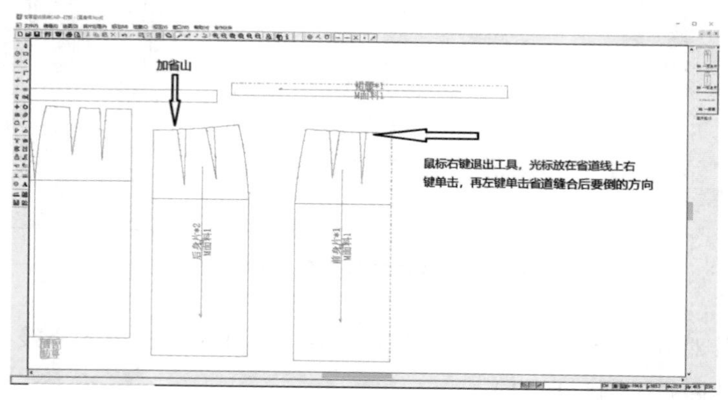

图5-1-24　加省山

（21）选择缝边工具，左键单击不松开从右下角往左上角拉框选择需要加缝边样板，右键单击结束，光标变成加缝边状态，在输入栏里输入缝边宽“1”后，按Enter键确定。左键单击下摆线条后右键，出现后在输入栏里输入“4”后，按Enter键确定（下摆缝边宽放4cm，如屏幕未出现4cm缝边，则需按鼠标右键单击）。左键单击后中线后右键单击，出现后在输入框里输入“1.5”，按Enter键确定（后中装拉链放1.5cm缝边宽）（图5-1-25）。

（22）选择刀口工具，在前后侧缝线上、臀围位置左键单击加上刀口；在“定长点捕捉”模式下，在输入栏输入“2”，光标放在臀围线端点位置，会自动出现臀围线下2cm的点位，点位出现后左键单击即可在该位置加上刀口。其他缝边位置刀口是自动生成的，下摆4cm位置也会自动生成刀口，可放大观察。在腰样板上各自输入“16.5”“33”“49.5”，把腰对应侧缝、后中的刀口加上（图5-1-26）。

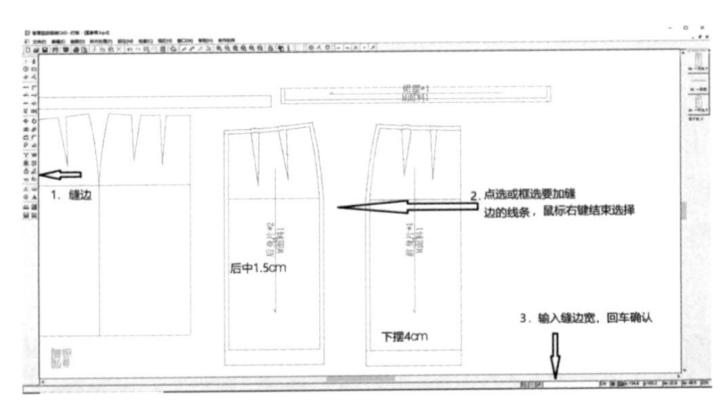

图5-1-25　加缝边

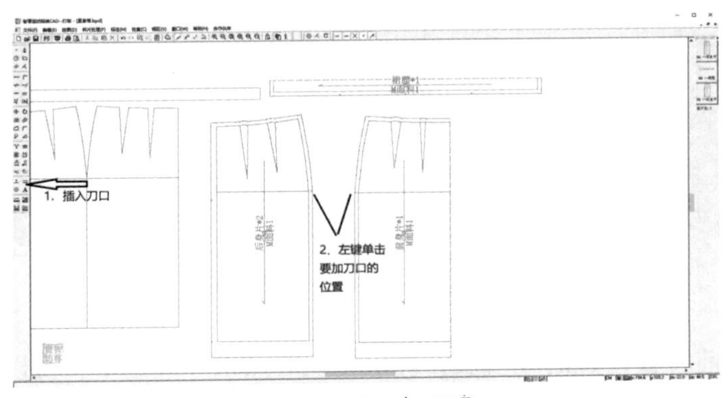

图5-1-26　加刀眼

（23）选择段差工具，在后片样板后中下端左键单击，右键结束，在出现的“段差设置”对话框里先选择后衩类型，输入相应的后摆衩长“15”，后衩缝边宽“4”，衩上缝边宽“1.5”及后摆衩角度“90°”，点“确定”即可生成后下摆衩（出现错误对话框则是输入数据错误）（图5-1-27）。

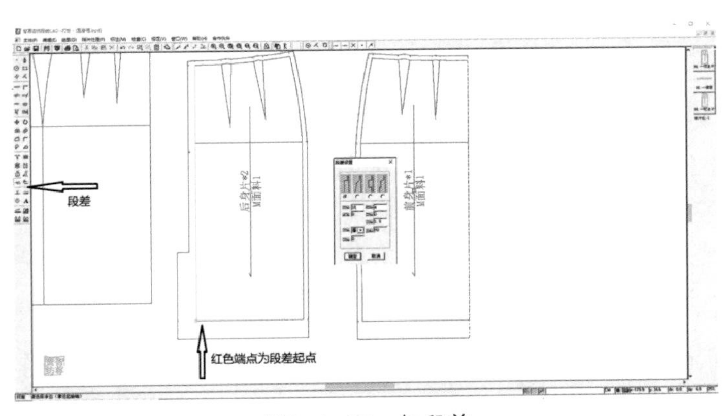

图5-1-27　加段差

完成后保存文件至自定义文件夹，直身裙结构设计完成。

5.1.2　直身裙推码

（1）鼠标左键双击桌面推码图标，出现Flash动画后左键单击，屏幕会有操作界面，左键单击，在“打开文件”对话框里找到之前保存的直身裙文件。左键单击该文件，文件条会有阴影，下面显示框会出现直身裙的样板，点击“打开”按钮（图5–1–28）。

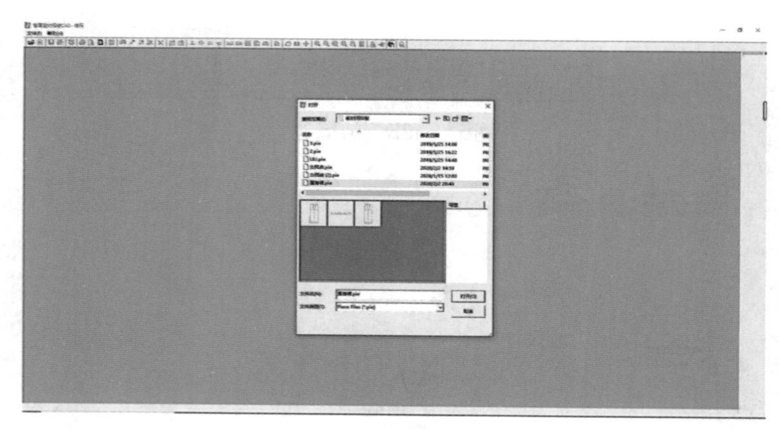

图5–1–28　打开打板文件

（2）界面有之前打板设置的规格表，确认无误后点击“确定”（可以修改，增加或减少尺码），在右边裁片管理区左键单击所有要推码的样片，裁片会自动到操作区来。左键点住裁片纱向线不放可以拖动样片（图5–1–29）。

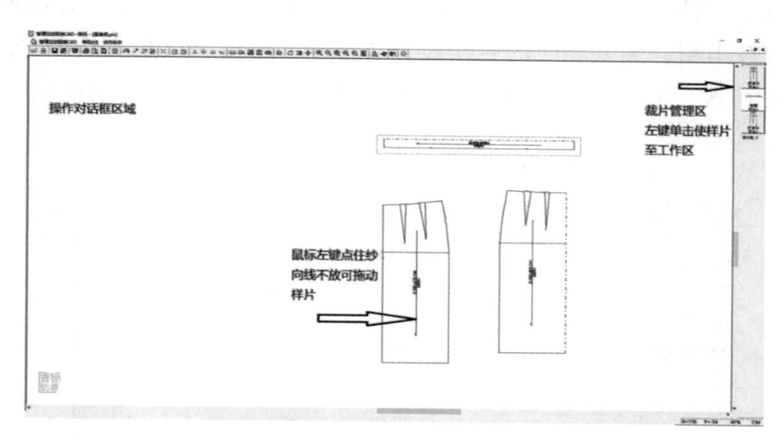

图5–1–29　放置推码样片

（3）左键单击点推码工具，界面出现“点推码”对话框。点推码操作顺序如下。

① 鼠标左键拉框选择要推码的点。

② 在基本码M号的大一号L号输入栏里输入要推码的数据（一般都会事先做好安排，先推X方向，再推Y方向，或是先推Y方向再推X方向，以防弄错）（图5–1–30）。

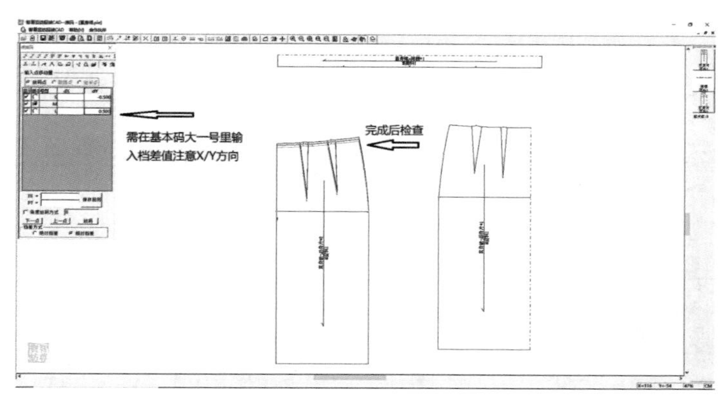

图5-1-30　推码操作

③ 然后左键单击等分DX或等分（快捷键D），界面上的推码点会出现大小码线条。

④ 按照自定顺序把所有推码点都完成（图5-1-31）。

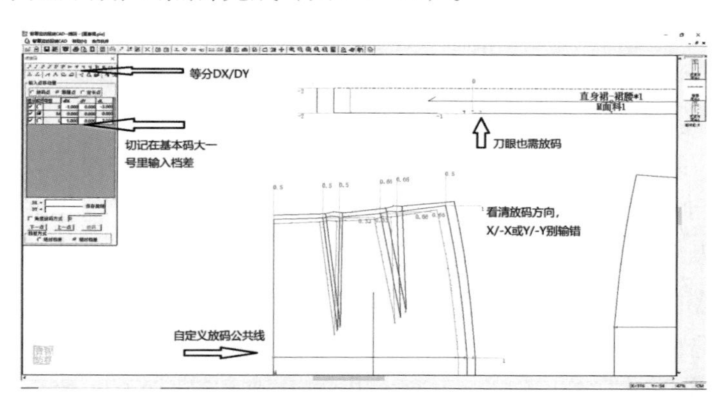

图5-1-31　裙子推码基本步骤

⑤ 检查。推码完成后查看放码点数据，快捷键（空格键＋K），大小码可以打开规格表看最大码颜色和最小码颜色是否一致，以此推断X/Y方向是否推错（图5-1-32）。

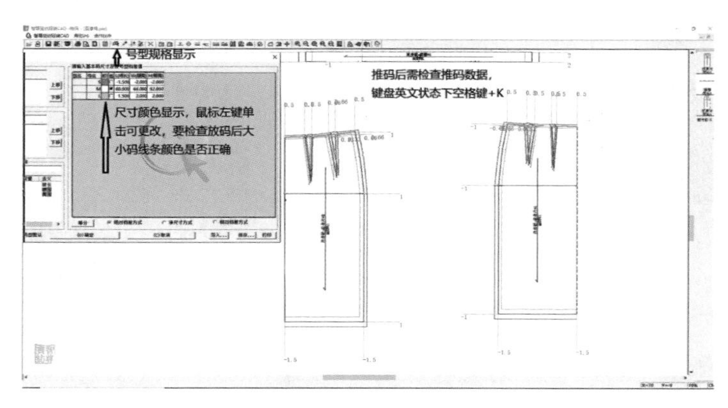

图5-1-32　裙子推码完成

（4）保存文件。

检查完成后保存文件至相应文件夹（图5-1-33）。

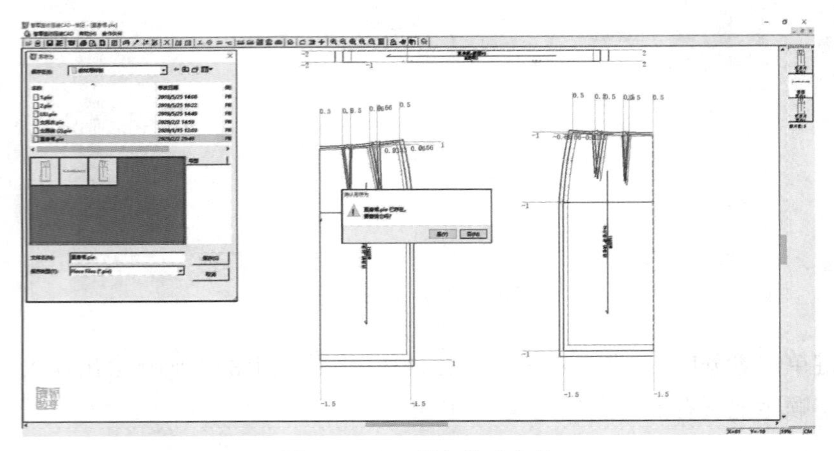

图5-1-33　保存推码文件

答疑小课堂

放码过程中碰到的问题：

① 输错放码数据怎么办？

输错放码量没有撤销和返回按钮，点击要放码的点重新输入。

② 放码时按了等分按钮操作视区没反应？放码叠图没出现？

要检查一下X/Y方向是否正确，是否是在基本码的大一号里面输入的，等分dX或等分dY按钮点击是否正确。

③ 放码时有错乱的线条怎么办？

鼠标点击每个放码点并检查放码数据，找到放码数据不正确的点并加以修改（图5-l-34）。

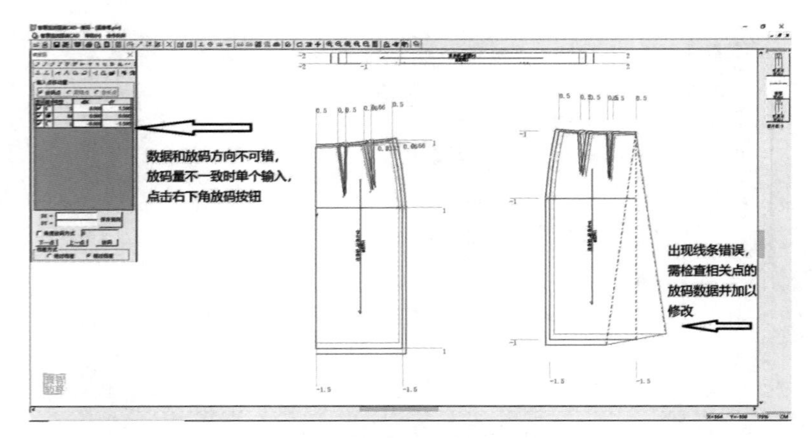

图5-1-34　推码问题解决方案

5.1.3 直身裙排料

（1）鼠标双击[icon]，出现排料界面后点击调入裁片工具[icon]，在“打开”对话框（图5-1-35）中，选择推好码的直身裙，点击“打开”，出现“件数设置”对话框（图5-1-36），设置好要排料的号码和套数，并设置好“顺”“戗”，单击“确定”。

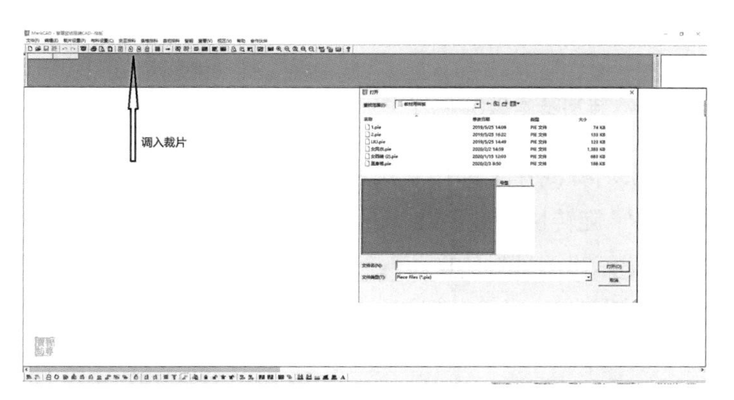

图5-1-35 调入裁片

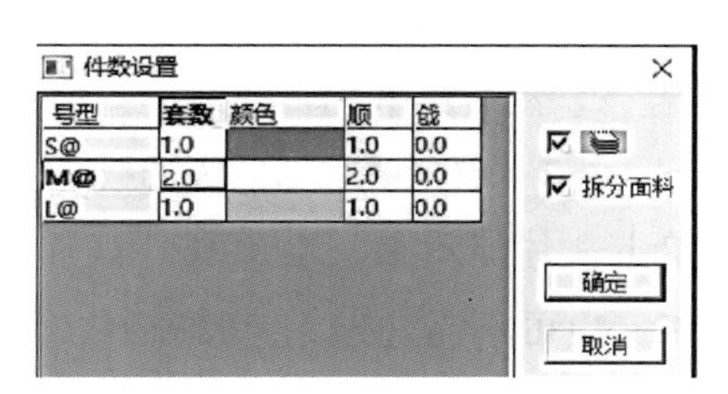

图5-1-36 排料件数设置

（2）鼠标单击[icon]，在弹出的“布料设置”对话框（图5-1-37）里设定幅宽110、布长1000、X向缩水2.5、Y向缩水1.5，在跳出的“是否更改样片缩水”对话框里选“是”。然后鼠标单击[icon]，工作区就会出现长1000cm、宽110cm的裁片放置区（图5-1-38）。

布料属性	参数值
布料名	面料1
注释	
幅宽(cm)	110.000
布长(cm)	1000.000
预设用料(cm	1000.000
X向缩水(%)	0.000
Y向缩水(%)	0.000
Y向留边量(cr	0.300
纱向限制	裁片自由旋转
纱向(与X正向	0
双幅、单幅或	单幅
条格设置	否
漫花设置	无漫花
段花设置	否
疵点设置	否
疵点序号	
横向初始(cm	0.000
纵向初始(cm	0.000
横向边长(cm	0.000
纵向边长(cm	0.000
颜色	

图5-1-37 布料属性设置

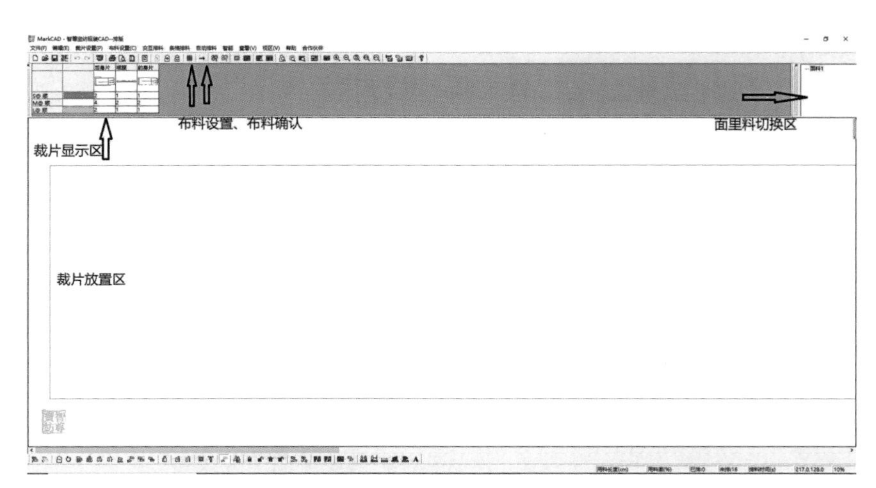

图5-1-38 布料确认

（3）执行工具栏“交互排料—裁片贴紧—方向贴紧”，在裁片区域鼠标单击尺码后的数字拖动到排料区，在排料工作区空白处左键单击后拖动拉出方向线，再左键单击，裁片会依据拖动方向自动贴紧（图5-1-39）。

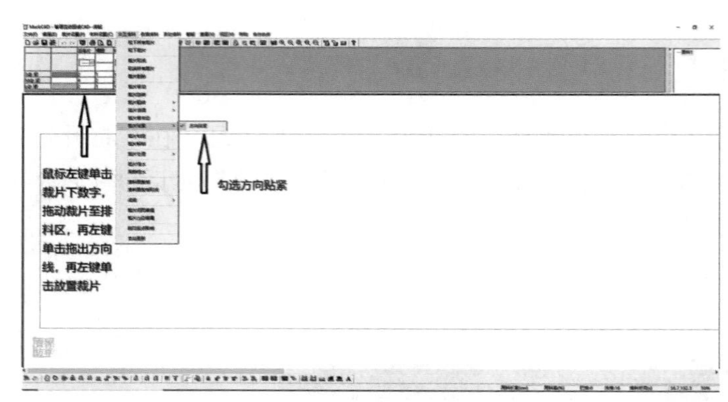

图5-1-39　排料基本操作（1）

（4）依据“先大后小，先长后短”的原则将裁片全部排于排料区（图5-1-40）。

① 裁片水平翻转快捷键：F1。② 裁片45°旋转快捷键：F2。③ 裁片微调旋转快捷键：F3/F4。

（5）单击显示竖直边线，右下方自动显示当前排料信息 已用长度(cm)297.35 用料率(%)82.12 已排:16 未排:0。单击裁片显示，会出现“裁片显示设置”对话框，勾选“填充”，就会看到裁片颜色，方便检查，也可不需勾选，直接排料（图5-1-41）。

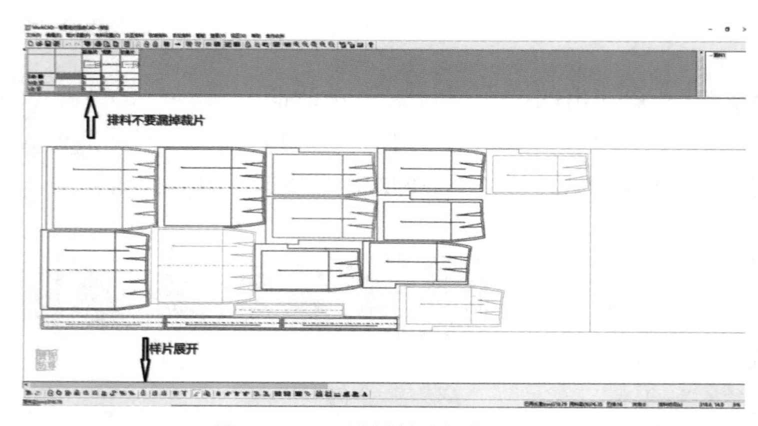

图5-1-40　排料基本操作（2）

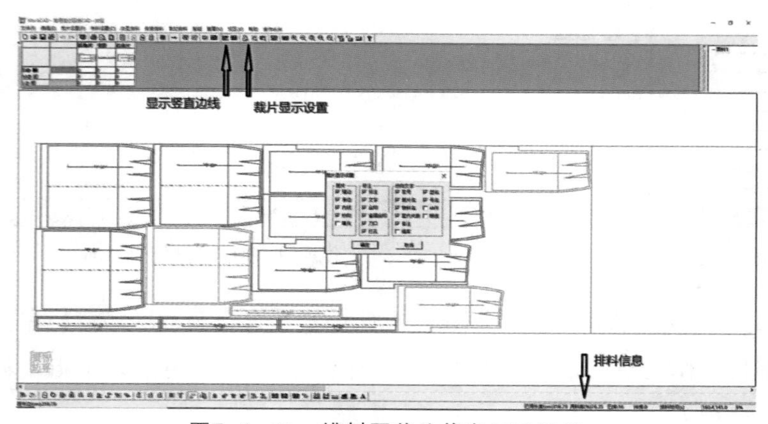

图5-1-41　排料图裁片信息显示设置

（6）单击“保存”或“另存为”，把文件保存到指定位置，文件后缀名*.sff，直身裙排料结束（图5-1-42）。

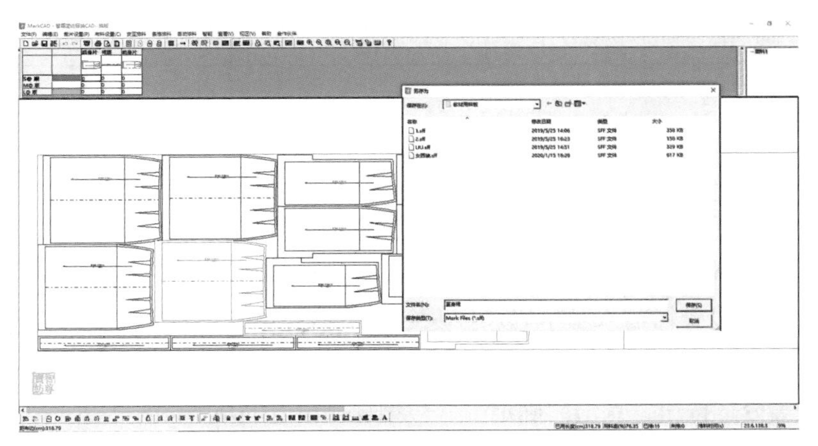

图5-1-42 排料图保存

（7）直身裙操作完成。

5.2 马裤

款式分析：此款马裤裤长及膝下，上松下紧，大腿以上至臀部明显宽松，腹部服帖，小腿合体；此外，裆部结构样式为前落开式门襟，腰带后中松紧调节方式为条扣调节，裤脚处的闭合方式为扣扣调节。该款马裤具有18世纪马裤流行阶段的典型特征，面料选择平绒面料（图5-2-1）。各部位尺寸如表5-2-1所示。

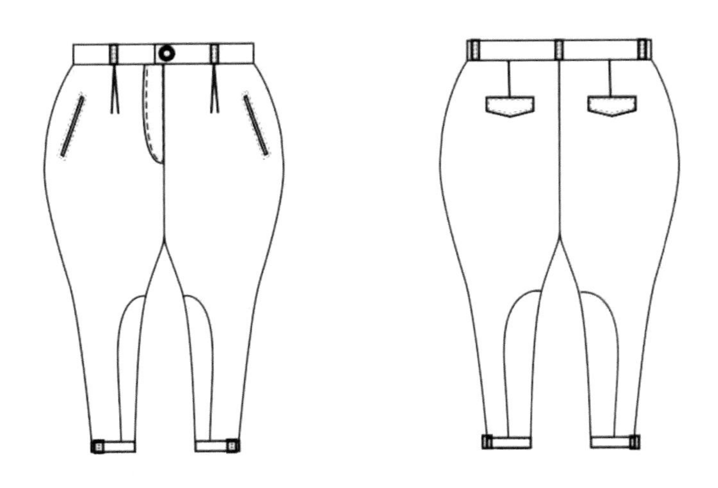

图5-2-1 马裤款式图

表5-2-1 各部位尺寸

单位：cm

部位	裤长	腰围	臀围	脚口
尺寸	68	68	118	18.5

5.2.1 马裤结构设计

（1）鼠标左键双击打板，出现Flash动画后按Esc键两下，打开软件。左键单击页面左上角“新建”，出现“号型设置”对话框。在“选择参与打板的号名”右边三角下拉选择S、M、L，左键双击下面的S、M、L规格，选中的会出现在右边的显示窗格中（右边原有的如不需要左键双击则取消）。在右边“请输入基本码尺寸及各号型档差值”中点选“基”字下基本码M号，输入基本码尺寸。点选“相对档差方式”，在基本码大一号“L号”后输入档差，勾选“等分所有部位”，点击“等分”按钮，点击“确定”，号型规格设置完成（图5-2-2）。

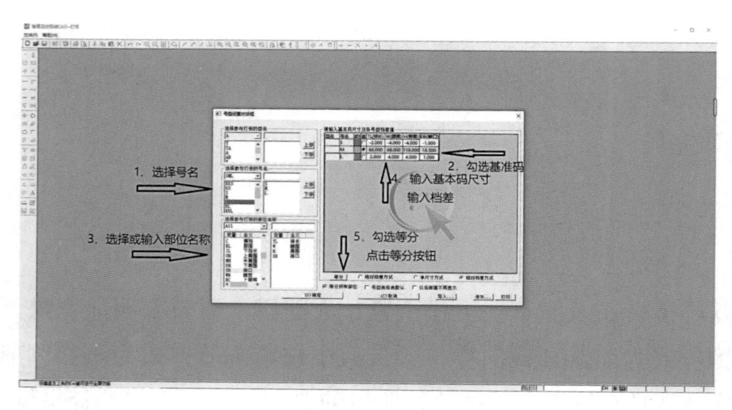

图5-2-2 设置规格表

（2）鼠标左键单击屏幕右下角的B，出现号型规格表，左键点住不放拖动至右下角；选择智尊笔工具，在界面空白位置左键单击拖出水平线条，数据栏输入“裤长－腰宽”，即“65”，回车确认，继续拖动线条至垂直位置，数据栏输入“H/4”，即“29.5”，回车确认，右键断开再右键结束（图5-2-3）。

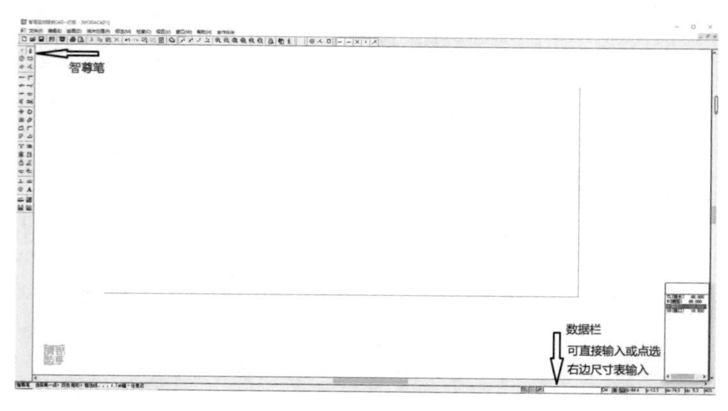

图5-2-3 绘制裤长和腰围线

（3）选择平行线工具，左键单击腰围线拖动线条，数据栏输入直裆深“25”，回车确认。左键单击侧缝线拖动至直裆深端点左键单击，定下横裆宽线。选择修剪工具，左键单击不放从右下角往左上角拉蚂蚁框，右键单击结束选择。出现✂时左键单击不需要的线段（需两条交叉线条），修剪完成（图5-2-4）。

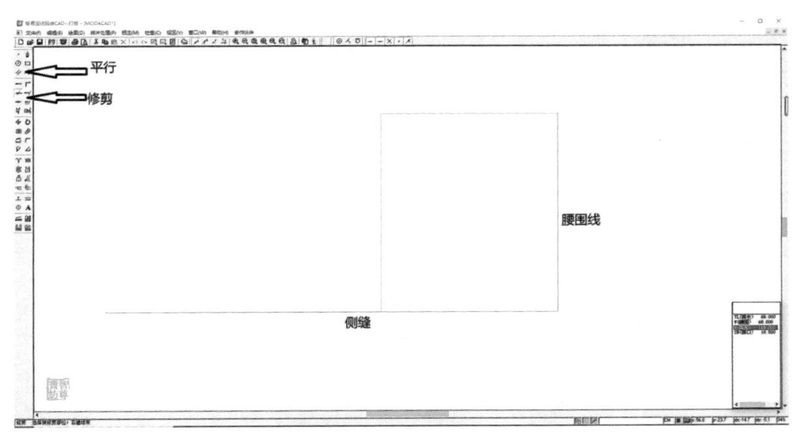

图5-2-4 绘制直裆深线

（4）选择平行线工具，左键单击侧缝线，在直裆深线上拖动至中点位置（观察页面左上角中点捕捉⊟有没有点亮，中点会有黄色三角形出现）单击左键，左键再单击刚做的中线向上拖动，在数据栏输入“4.5”，回车确认。右键退出工具，左键单击第一次做的平行线，成红色，左键单击删除✕，把该线段删掉。选择延长线工具，左键单击直裆深线靠近上端位置，拖动线条，在数据栏输入“4.5”，回车确认，为前窿门。选择智尊笔工具，在裤中线端点位置左键单击拖动线条至垂直位置，在数据栏输入“9”，回车确认，为前1/2脚口。选择延长线工具，左键单击该线条靠近中线位置，拖动线条，在数据栏输入“9”，回车确认，前脚口完成（图5-2-5）。

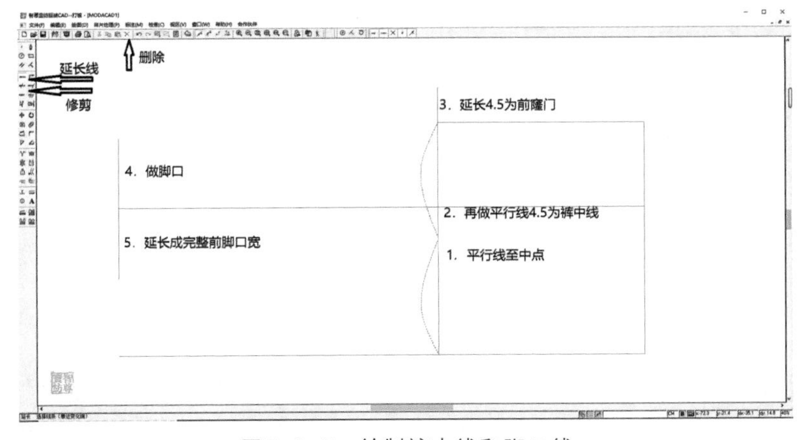

图5-2-5 绘制裤中线和脚口线

（5）选择智尊笔工具，鼠标左键单击前窿门端点拉出线条至脚口端点，左键单击确定，右键单击断开，再右键单击结束。鼠标左键双击该线条成可编辑状态，再在线条上左键单击拖动线条至合适位置。同理连接侧缝脚口至直裆深两个端点，鼠标左键双击后单击拖动至合适位置左键单击，然后右键单击，勾选“修改切矢”，左键单击切矢端点拖动至合适位置左键单击确定，完成后右键选择退出（图5-2-6）。

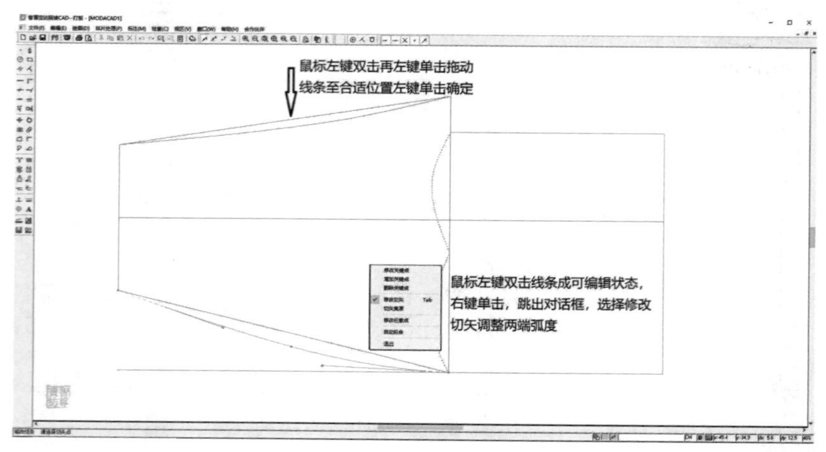

图5-2-6　绘制内裆缝线

（6）选择平行线工具，左键单击腰围线拖动线条，在数据栏输入“直裆深/3”，即“8.5”，光标放在靠近直裆深位置，出现对应点时左键单击。选择智尊笔工具，再选择“相对点捕捉”，左键单击腰围线上端点，在数据栏输入“@-1,-1”，回车确认，光标自动在该端点相应位置拉出线条，拖动线条至臀围线端点左键单击，右键断开，继续拖动线条至前窿门端点，左键单击确定，右键断开，右键结束。鼠标右键退出工具，左键双击该直线成可编辑线段，左键单击拖动至合适弧线，左键单击确定（图5-2-7）。

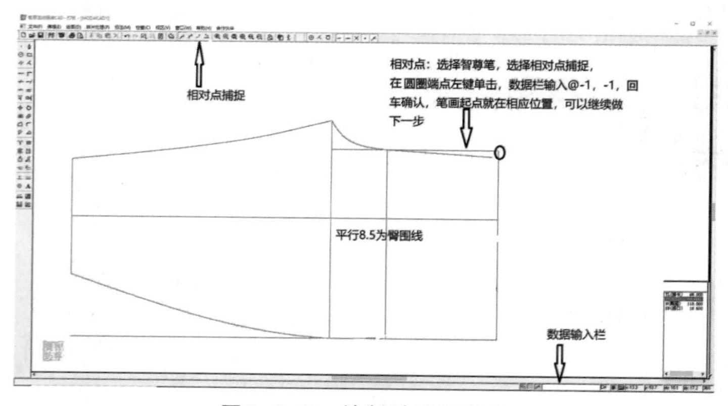

图5-2-7　绘制前窿门弧线

（7）选择智尊笔工具，左键单击前中端点拖出线条，选择“投影点捕捉”，在数据栏输入“W/4＋4”即“21”，回车确认。光标放在腰围线上左键单击，光标会自动找到该线段长的端点，拖出线条至直裆深端点左键单击确定，右键断开，右键结束。鼠标双击侧缝直线成可编辑线段，拖动线条至合适弧线，可用修改切矢调整。左键双击腰围线再单击拖动，画好腰围弧线（图5-2-8）。

（8）选择垂线工具，左键单击腰围线，光标放置于裤中腰围线处，在数据栏输入“0.7”，出现相应点时左键单击拖出线条，在数据栏输入“3”，回车确认。再次单击腰围线，在数据栏输入“3.3”，出现相应点后左键单击拖出线条，在数据栏输入“3”，回车确认。选择智尊笔工具，连接两条垂直线。左键点击“标注—区域填充”，左键单击需要填充的闭合区域线条，右键结束，弹出“填充”对话框，左键双击样式下填充要素选项，在弹出的“刷子”对话框里，选择相应刷子，点击确定，前腰褶裥即完成（图5-2-9）。

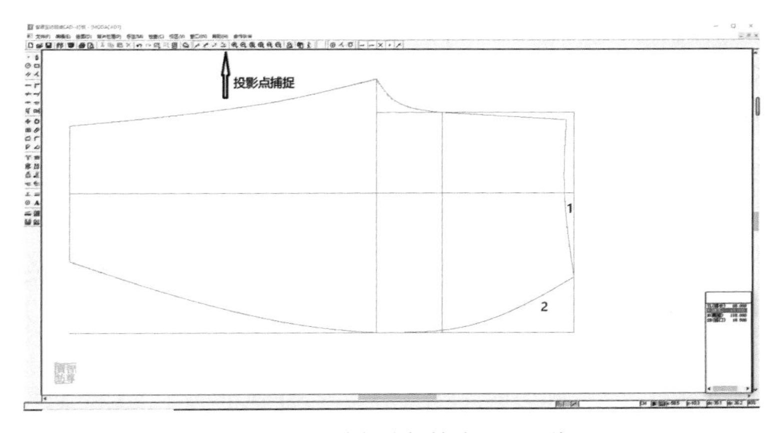

图5-2-8　绘制外侧缝线和腰围线

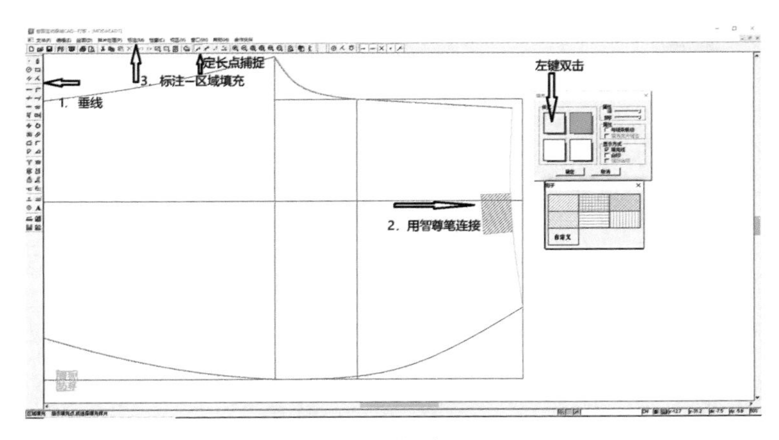

图5-2-9　做前腰褶裥

（9）选择矩形工具，鼠标在空白工作区左键单击拖出矩形，在数据栏输入“@14,1”，回车确认。选择移动工具，左键点住不放从右下角往左上角拉框，框选矩形后右键结束选择，左键任意单击拖动矩形至合适位置。选择旋转工具，同样拉框选择矩形，右键结束选择，左键单击矩形端点拖出线条，使矩形旋转至合适角度，左键单击确定（图5-2-10）。

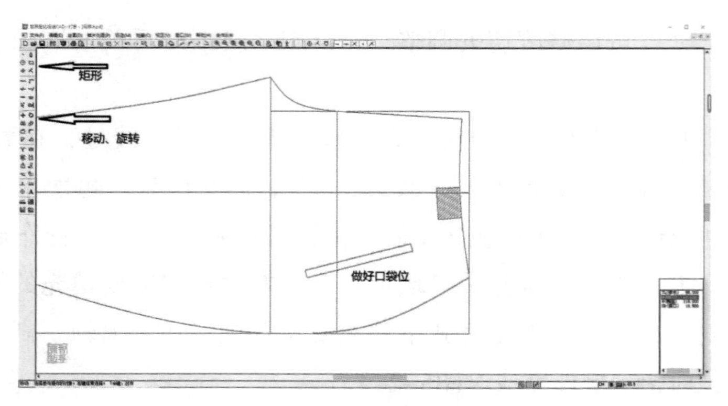

图5-2-10　定前口袋位

（10）选择平行线工具，左键单击直裆深线拖动线条向脚口方向，在数据栏输入“0.7”，回车确认。选择延长线工具，左键单击直裆深下落0.7的线条拖动线条延长（前侧缝处缩短），同理延长脚口线、臀围线、腰围线。选择智尊笔工具，在延长线顶端画后侧缝基准线（图5-2-11）。

（11）选择平行线工具，左键单击后侧缝基准线拖出线条，在数据栏输入“H/4”，即“29.5”，回车确认。选择修剪工具，左键点住不放从右下角往左上角拉蚂蚁框选择要修剪的线条，右键结束选择，出现✂时左键单击不需要的线条，修剪完成（图5-2-12）。

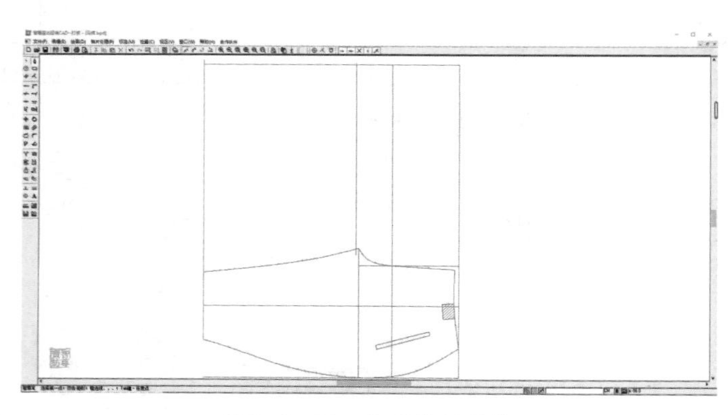
图5-2-11　作后片基准线

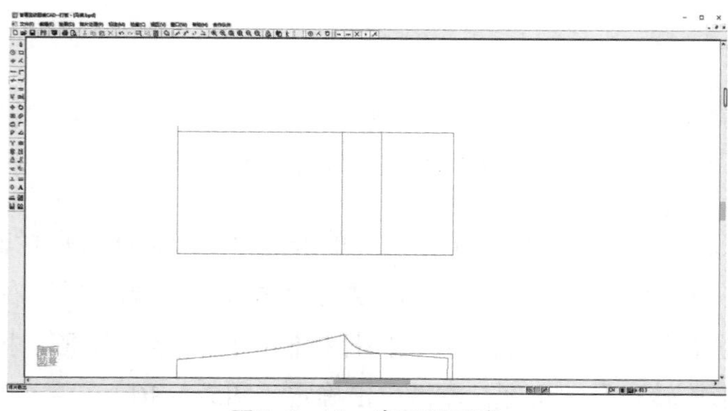
图5-2-12　定后臀围宽

（12）选择垂线工具，左键单击后横裆宽线，在数据栏输入“15”，光标放在线上出现相应点时左键单击拖出线条，在数据栏输入“2.5”，回车确认，为后窿门斜线。选择角连接工具，左键单击后窿门斜线，再左键单击后直裆深线，两条线段拼合成角。选择延长线工具，左键单击直裆深线靠后中位置拖动线条，在数据栏输入“8”，回车确认，为后窿门宽（图5-2-13）。

（13）选择“检查—测量—点距测量”，左键单击前片虚线两端点右键结束，弹出“测量”对话框。选择平行线工具，左键单击侧缝直线拖动线条，在数据栏输入测量所得数据，光标放在后横裆宽处，出现相应点时左键单击确定，为后裤中线（图5-2-14）。

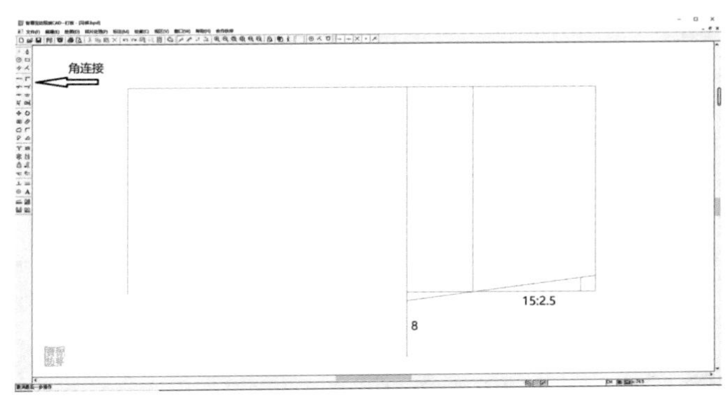

图5-2-13 绘制后窿门困势

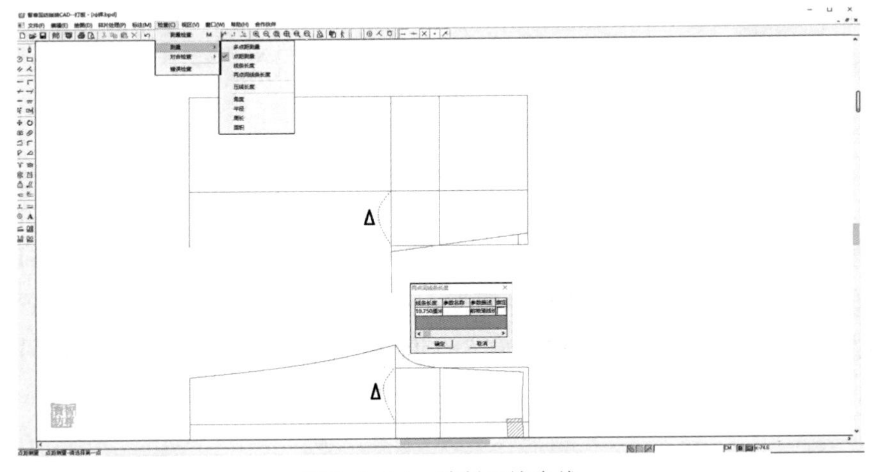
图5-2-14 绘制后裤中线

（14）选择延长线工具，左键单击脚口线端点拖动线条至裤中线，左键单击确定，再左键单击该线条，靠近端点拖动线条在数据栏输入“9.5”，回车确定，同理做另一侧脚口。选择智尊笔工具，连接后片内裆和侧缝端点，然后双击再单击修改该线条（图5-2-15）。

（15）选择延长线工具，左键单击后窿门斜线端点拖动线条，在数据栏输入“2”，回车确认。选择智尊笔工具，在2cm端点左键单击拖出线条，选择“投影点捕捉”，在数据栏输入“W/4+4”（省量），即“21”，回车确认。光标放置于腰围直线上左键单击即生成线条，拖动线条至直裆深端点，左键单击确定，右键单击断开线条再右键单击结束。左键双击侧缝直线成可编辑线段，左键单击拖动线条至圆顺位置，可右键单击选择修改切矢进行修改。同理做好腰围弧线（图5-2-16）。

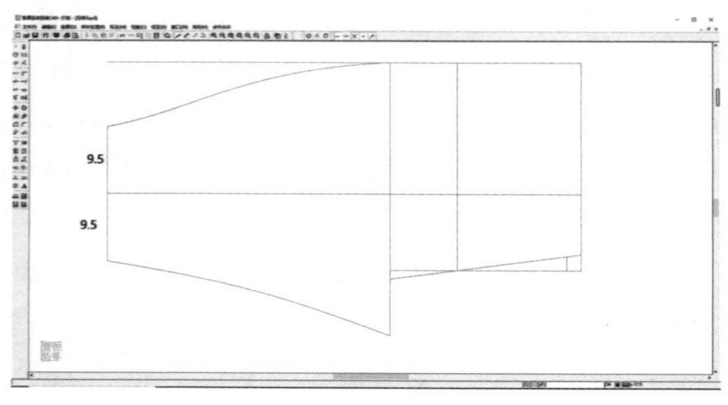

图5-2-15　绘制后内裆缝线

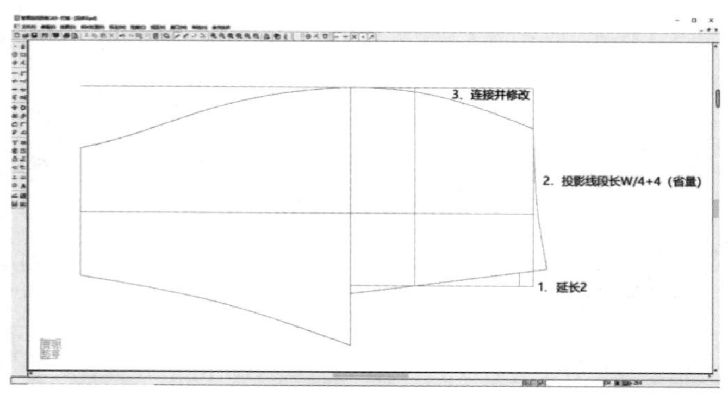

图5-2-16　绘制后片侧缝和腰围线

（16）鼠标右键退出工具，左键单击腰围和侧缝直线成红色可删除状态，按Delete键删除。选择垂线工具，左键单击腰围线，打开比例点捕捉工具，数据栏自动生成1/3，光标置于腰围线上，出现1/3点时左键单击拖出线条，在数据栏输入省道长“9”，回车确认。同理作另一条省道线。选择智尊笔工具，连接臀围和窿门宽端点（图5-2-17）。

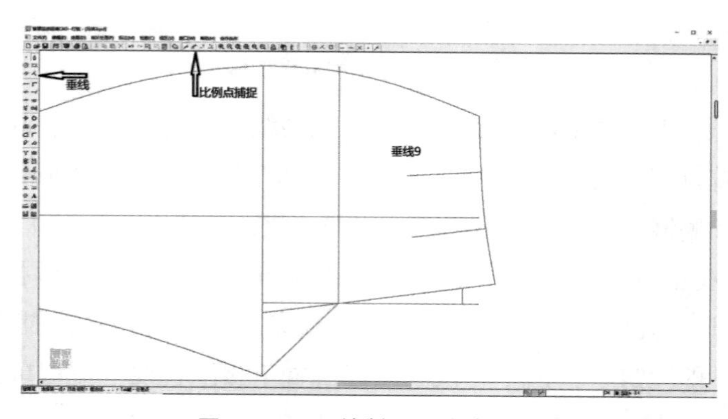

图5-2-17　绘制后片省中心线

（17）选择挖省工具 ，左键单击腰围线（省打开线），再左键单击垂直线（省中心线），在数据栏输入省道宽“2”，回车确认。同理做好另一个省道。鼠标右键退出工具，左键双击后窿门直线再左键单击拖动线条至合适位置。选择延长线工具，缩短不需要的线条，右键退出工具，左键单击多余线条，按Delete键删除（图5-2-18）。

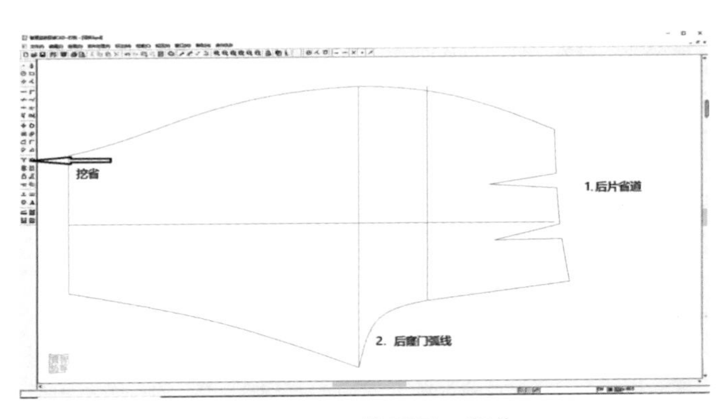

图5-2-18　做后腰口省道

（18）选择智尊笔工具，连接两个省尖点，选择延长线工具，两端各延长2cm。选择平行线工具，做袋盖宽4cm；选择垂线工具，做袋盖中心尖1.5；选择智尊笔工具，连接两端点；退出工具，左键双击拉成弧线。选择镜像工具，打开复制模式，左键单击袋盖弧线，右键结束，左键单击袋盖中心线端点拉出线条到另一边端点，左键单击确定。选择圆工具，在袋盖合适位置左键单击拉出圆，在数据栏输入半径“1”，回车确认。右键退出工具选择，左键单击不需要的线条按Delete键删除（图5-2-19）。

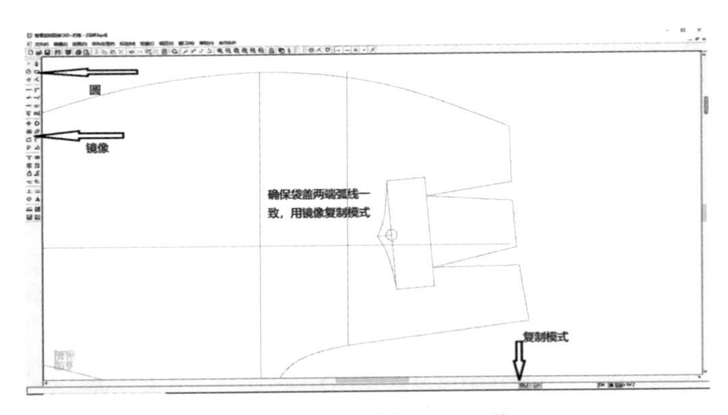

图5-2-19　绘制后片口袋

（19）选择智尊笔工具，数据栏输入“25”，光标放在裤中线上出现相应点时左键单击拖出线条，按住Shift键使线条成垂直状态拖至内裆线处，左键单击确定，右键断开右键结束。在数据栏输入“2”，放在刚做完的直线上出现相应点时左键单击，按住Shift键拖动线条至脚口线上，左键单击确定，右键断开右键结束。选择加圆角工具 ，左键单击刚做完的两条线拖动鼠标，在数据栏输入“7”，回车确定，前片的造型分割线就做好了。同理做好后片的分割线（图5–2–20）。

（20）选择智尊笔工具，在数据栏输入“3”，将光标放在腰围线上，出现相应点后左键单击拖出线条；在数据栏输入“3”，移动光标到臀围线找到相应点左键单击；在数据栏输入“2”，找到臀围下相应点后左键单击，右键断开右键结束。鼠标右键单击退出工具，左键双击门襟线再单击拖动至圆顺弧线，右键退出工具，左键单击门襟线成红色，按住Ctrl + L键，出现“线型选择”对话框，选择---------，门襟线即成虚线。选择矩形工具和平行线工具，结合智尊笔工具，做好里襟、腰、脚口、裤襻等部件（图5–2–21）。

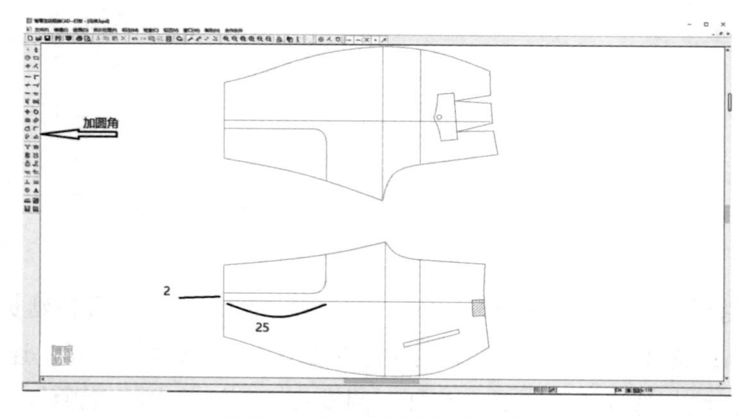

图5–2–20　绘制内裆分割线

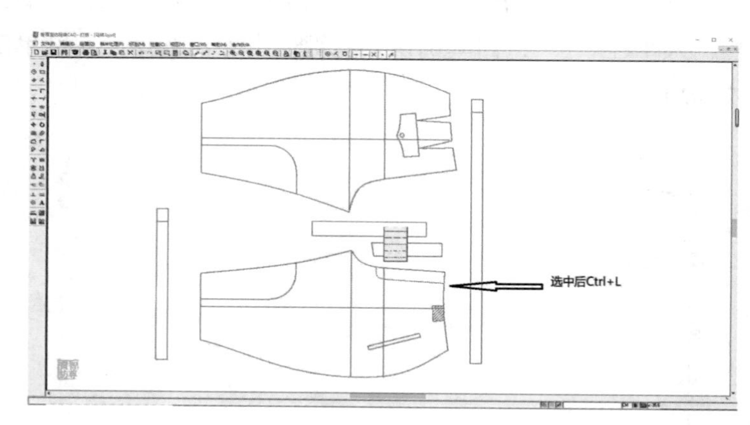

图5–2–21　绘制前门里襟

（21）选择样片取出工具，左键单击前片所有线条成红色，完成后右键结束选择，在空白处左键单击，弹出“裁片设置”对话框（图5–2–22）。点击下拉三角选择裁片名称也可打字输入，备注里可以输入特殊要求，注意裁片数量设置和纱向设置，设置完成点击“确定”。操作区域出现前片样板，选择裁片分割工具，左键单击裆下分割线，完成后右键结束，样片被分割。右键点击样片上的符号，重新出现“裁片设置”对话框，设置好前下片属性后点击确定。完成后左键点住裁片净样线不放可拖动样片（图5–2–23）。

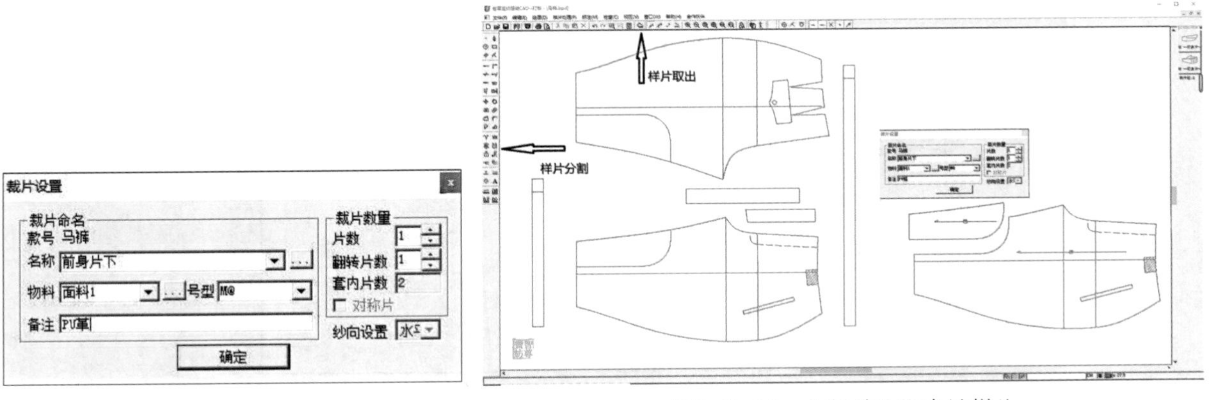

图5-2-22　裁片设置

图5-2-23　分割前片和内裆样片

（22）参照上一步取后片裁片并分割后内裆下片。右键退出工具，光标放置于省道线上右键单击，点选“省道曲线化”，拖动鼠标至合适位置即可完成。再次右键单击省道线，点选“省山”，左键单击省道线，再左键单击省道要倒的方向即可完成（图5-2-24）。

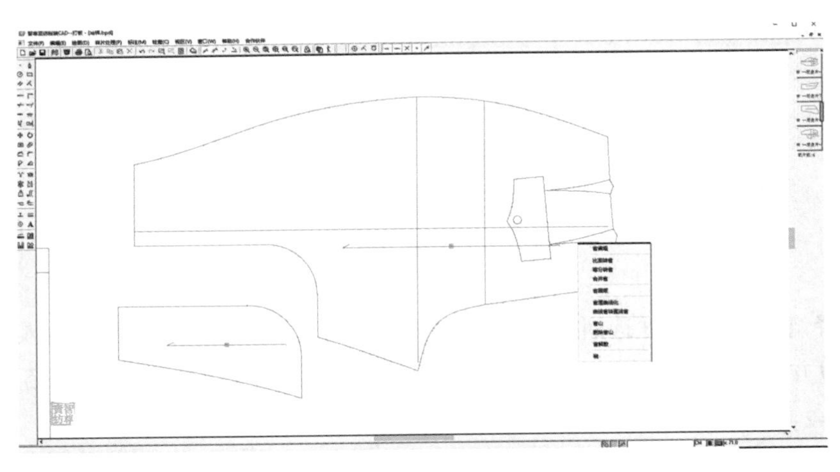

图5-2-24　取后片样片

（23）继续选择样片取出工具，把其他样片逐个取好并设置好裁片属性。选择样片对称展开工具，左键单击要展开样板的中心线展开所有样板。选择“裁片显示设置工具”，在弹出的对话框里勾选“显示纱向文字”，裁片信息都显示在纱向线两边，注意仔细检查（图5-2-25）。

（24）滚动鼠标滚轮，放大袋盖和袋嵌线位置，选择直立或水平工具，框选袋盖样板，再左键单击需要直立的线条，袋盖就会直立，此时样板纱向会倾斜，选择“标注—纱向—平行纱向”，左键单击要平行的线段（需是直线），移动光标至样片内左键单击拖出纱向线，再左键单击。同理完成袋嵌线的修改，并把袋嵌线样板对称展开（图5-2-26）。

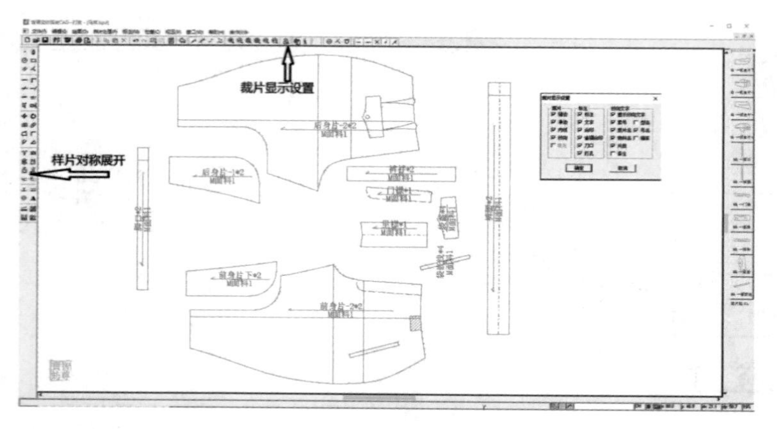

图5-2-25　完成所有样片

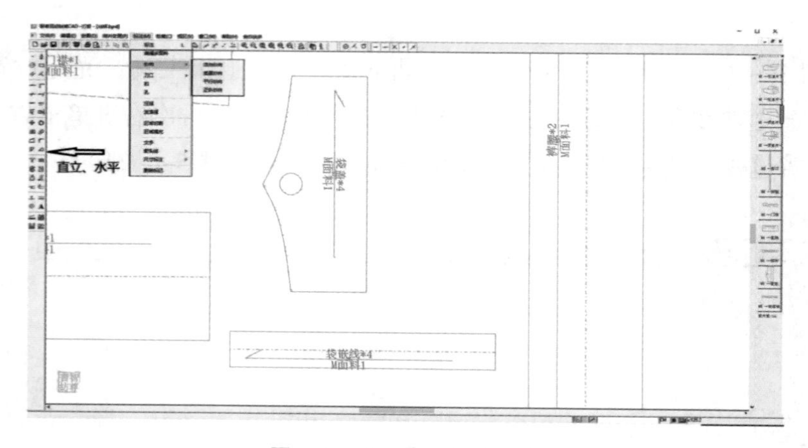

图5-2-26　修改样片纱向

（25）选择缝边工具，框选所有样板右键结束，光标成，在数据栏输入“1”，回车确认。不一致的地方（门襟）用左键单击门襟弧线，右键结束，在数据栏输入“0.5”，回车确认，缝边完成（图5-2-27）。

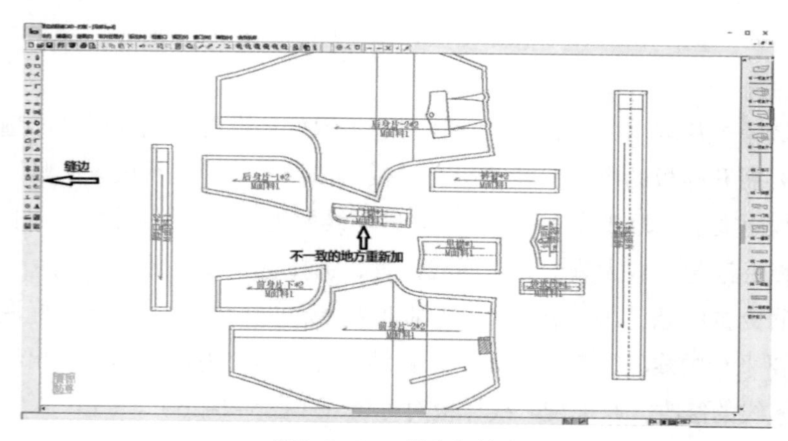

图5-2-27　样片加缝边

（26）选择插入刀口工具，在需要加刀口的净样板线上左键单击插入刀口，也可在数据栏输入相应数值，光标放在样片净线上出现相应点时，左键单击插入刀口。右键单击退出工具，光标放在净线上右键单击可删除刀口。已经展开的样板需右键退出工具，光标放在展开线上，右键单击选择“对称片闭合”才能插入刀口（图5-2-28）。

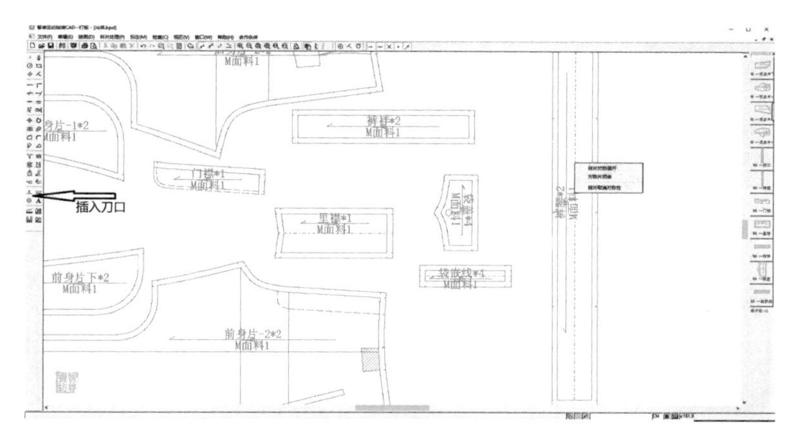

图5-2-28 添加刀眼

（27）保存文件到指定位置，马裤结构设计完成。

5.2.2 马裤推码

（1）鼠标左键双击屏幕推码图标。出现Flash动画后左键单击，点击打开文件（图5-2-29），选择文件保存的位置，单击马裤打板文件：马裤.pie，点击“打开”，弹出“号型设置”对话框，检查号型设置（也可增加或删减）（图5-2-30）。左键单击屏幕右侧裁片管理区的裁片，选中样片出现在操作区域，左键点住样片裁片纱向线不放可拖动样片，把所有样片放置于操作区域并排列好。左键单击点推码工具，弹出“点推码”对话框（图5-2-31）。

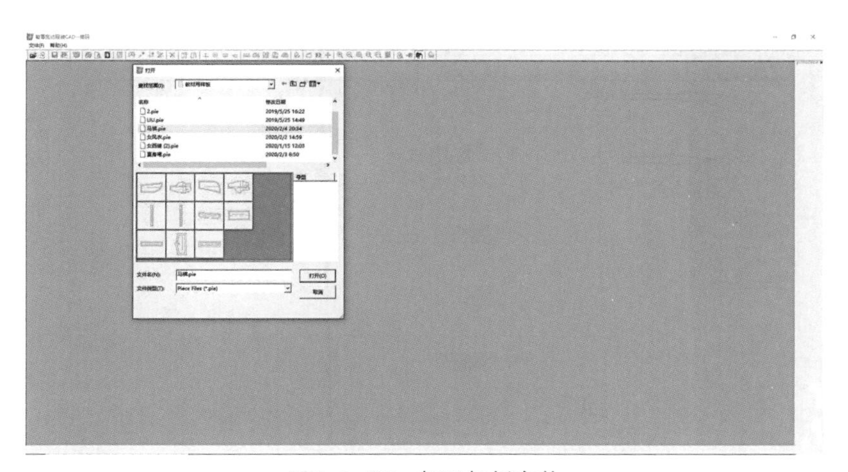

图5-2-29 打开打板文件

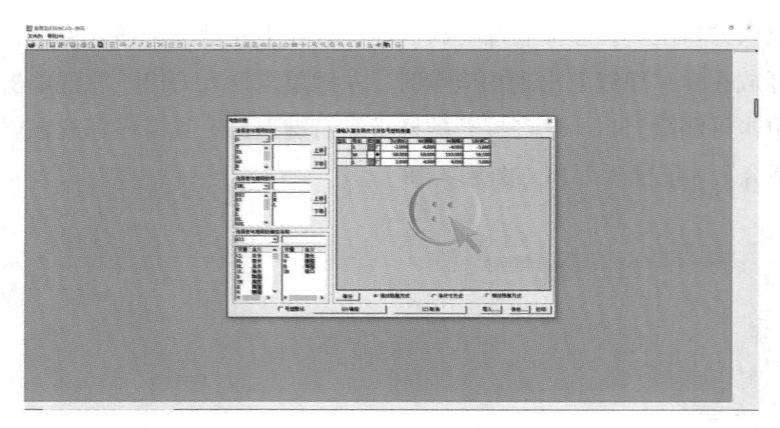

图5-2-30　设置推码规格表

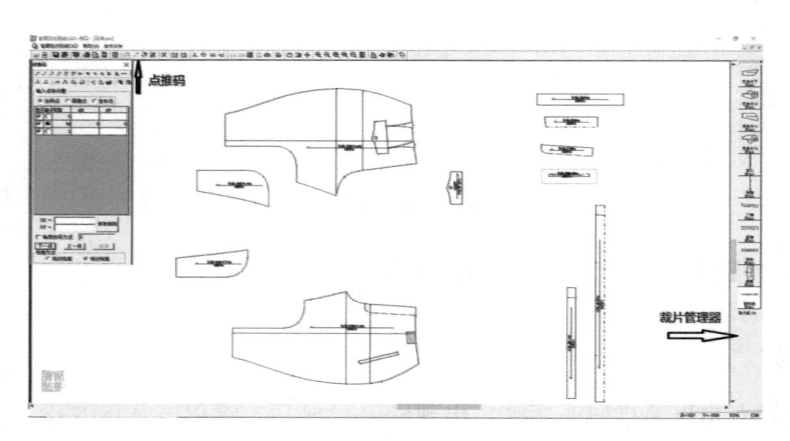

图5-2-31　放置推码样片

（2）鼠标左键点住不放拉框选择门襟、里襟、袋嵌线长度方向的端点，在“点推码”对话框里L号的dX下输入“0.5”，点击“等分DX”（或是点击键盘上的D键），完成选中点的推码（图5-2-32）。

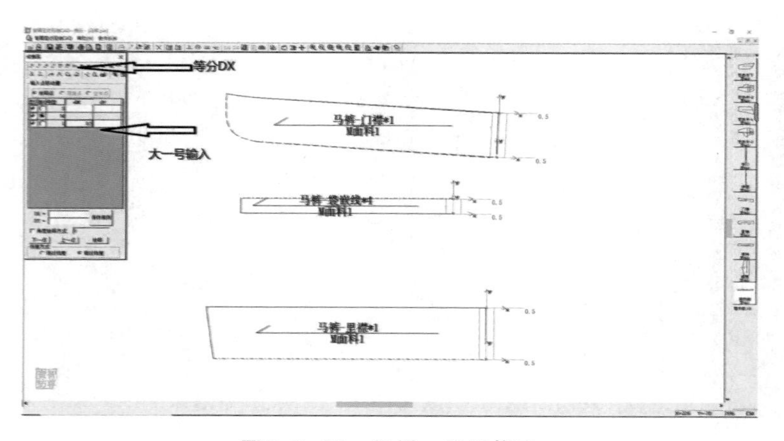

图5-2-32　门襟、里襟推码

（3）同理完成前后裤片腰口方向推码。鼠标拉框选择脚口位置点，在“点推码”对话框L号的dX下输入“－1.5”，点击“等分DX”，需要注意推码方向。线条出现明显错误，需检查相关点的推码数据，并点击 X归零或 Y归零解决（图5-2-33）。

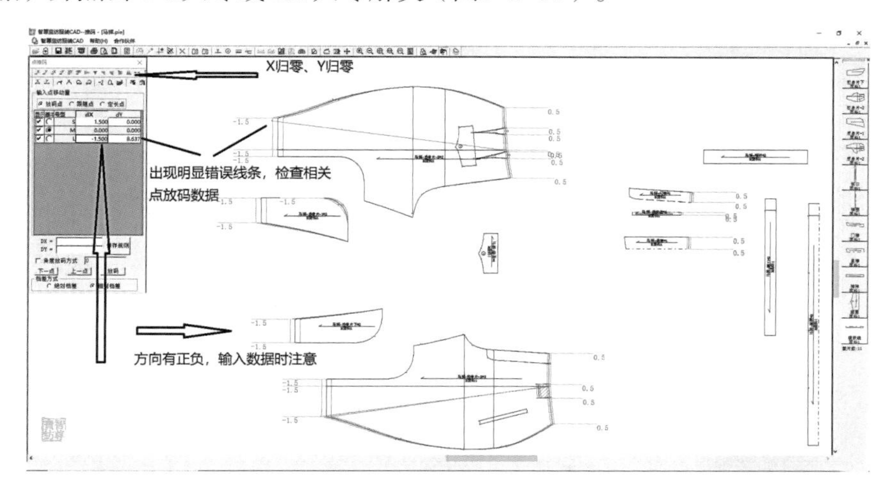

图5-2-33　腰线、脚口推码

（4）鼠标左键点住不放拉框选择直裆深线，在L号后的dX下输入“－0.25”，点击“等分DX”，直裆深线完成。框选中裆分割线两片样片的所有点，在L号后的dX下输入“－0.75”，点击“等分DX”，完成中裆分割线X方向推码。同理完成后片该部位推码（图5-2-34）。

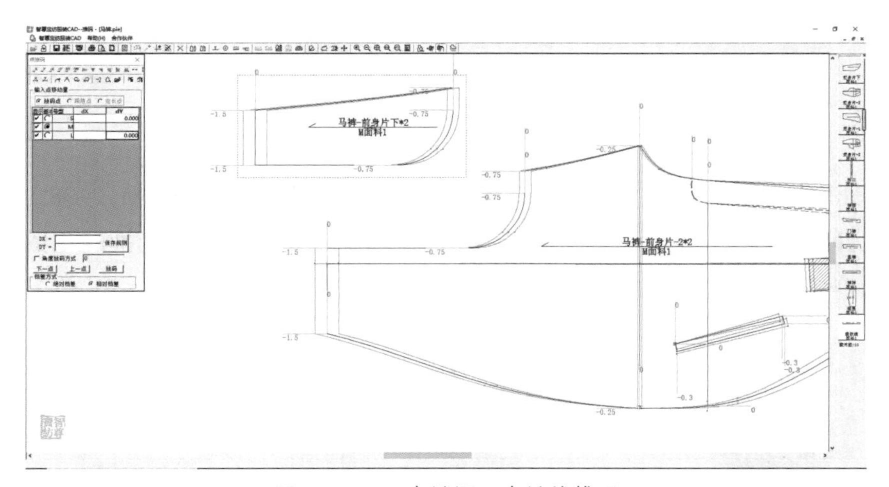

图5-2-34　直裆深、中裆线推码

（5）鼠标左键单击前窿门端点，出现放码基准线，在L号后的dY下输入“0.6”，点击“等分DY”，前窿门推码完成。同理在直裆深侧缝端点左键单击，在L号后的dY下输入“－0.6”，完成该端点推码（图5-2-35）。

（6）同理完成前片和前下片推码。推码点数据相同的情况下，先点击需要推码的端点再点击拷贝 或镜像X/Y点工具，再点击拷贝的端点即完成。口袋位也需要推码；臀围线和裤中线位推码基准线，如有线条移动，需归零处理（图5-2-36）。

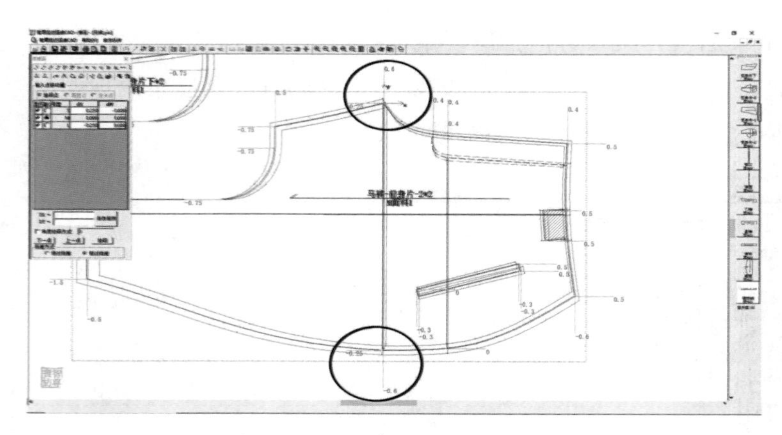

图5-2-35　直裆深Y方向推码

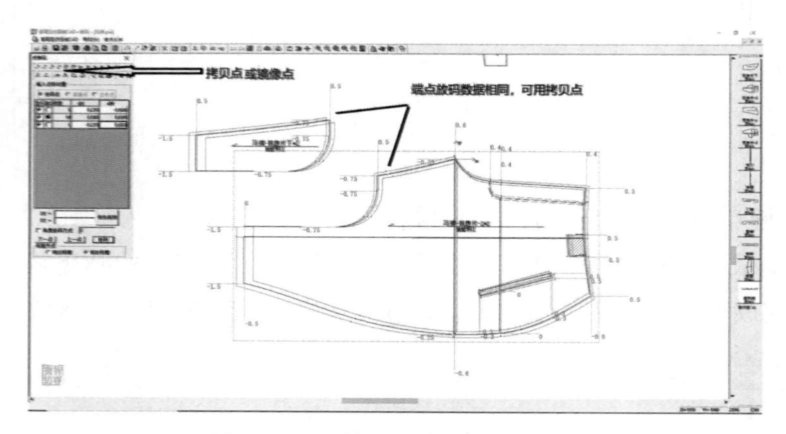

图5-2-36　前片、前下片推码完成

（7）同理完成后片推码（图5-2-37）；省道和袋位也要相应推码（图5-2-38）。

（8）完成脚口、裤腰推码，关闭“点推码”，点选“空格＋K”关闭推码点数据。左键单击全画面显示，马裤推码完成（图5-2-39）。

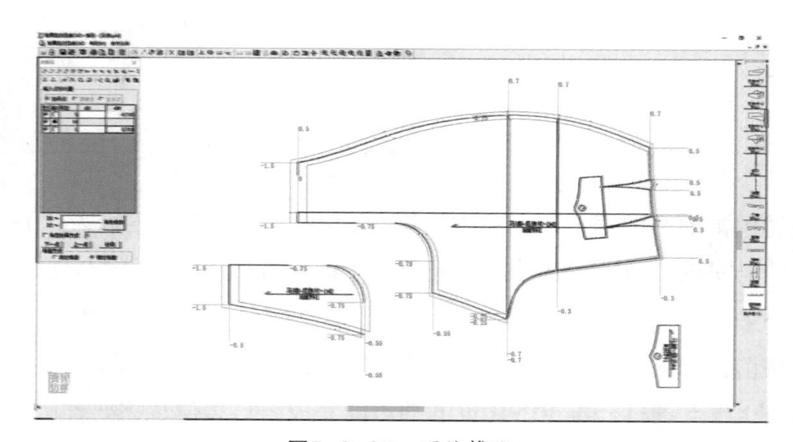

图5-2-37　后片推码

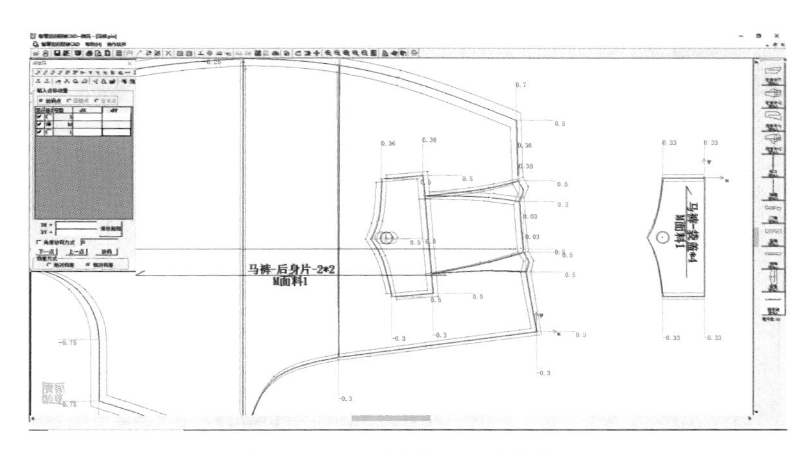

图5-2-38 后省位、后袋盖推码

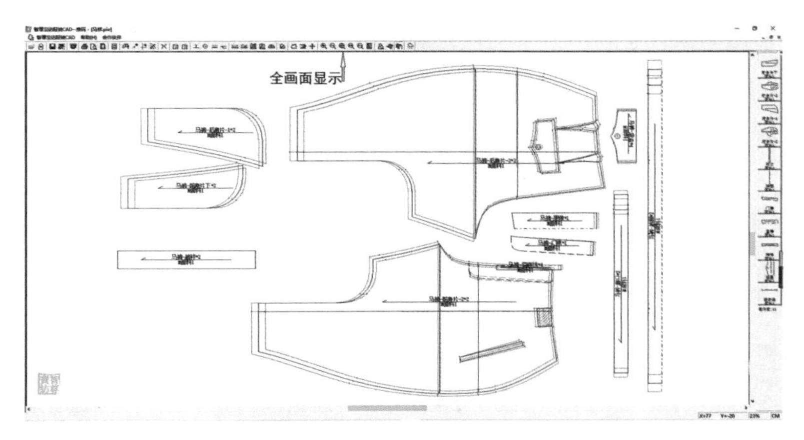

图5-2-39 马裤推码完成图

5.2.3 马裤排料

（1）鼠标左键双击桌面排料图标，出现Flash动画后左键单击，左键单击调入裁片工具（一定要选择调入裁片，打开文件是打开已有的排料文件），选择马裤存储位置，点击放码文件“马裤.pie”，点击“打开”，弹出“件数设置”对话框，更改需要排料的件数和颜色，也可选择更改“顺”“戗”毛向，勾选“区分面料”和“拆分面料”，点击“确定”（图5-2-40）。

（2）左键单击布料设置工具，在右边的“布料设置”对话框里设置面料幅宽为“110.000”、布长为“1000.000”，布长要长于排料的预估长度，设置X向缩水为“0.000”、Y向缩水为“0.000”， X、Y向缩水要按照屏幕方向的X/Y输入缩水率。在Y向留边输入“0.300”。所有的数值输入都要注意后面的尺寸单位，输入完成点击“布料确认”。排料工作区出现宽度为面料幅宽的长方形，左键点住上沿口线向下拖动，直到出现所有裁片规格为止（图5-2-41）。

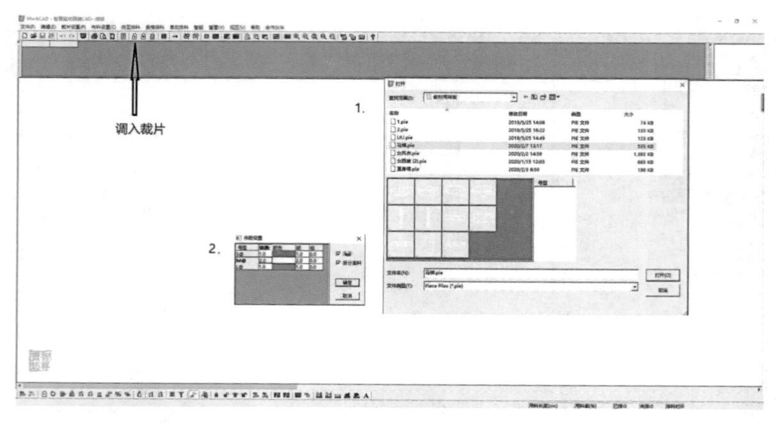

图5-2-40　调入裁片

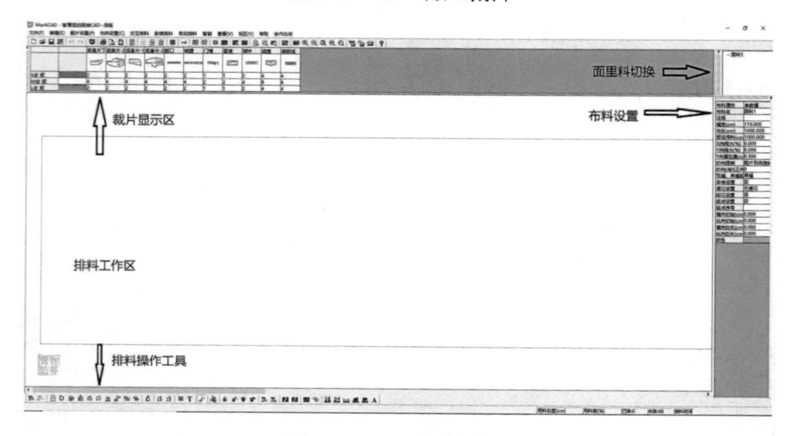

图5-2-41　布料确认

（3）点击裁片下方数字移动光标至排料工作区，确定位置后左键单击确定。点击“交互排料—裁片贴紧—方向贴紧”，再次排料可拖出方向线贴紧排料。点击“取下所有裁片”，点击“自动排料”，自动排料即可完成（图5-2-42）。

（4）点击“取消所有裁片”，所有样片到待排区，左键单击拖动至排料区，再左键单击拖出方向线，左键单击确定。裁片方向旋转按F1/F2键，裁片细微选装按F3/F4键，裁片移动到合适位置但边线重叠放置不了，按回车键强制放入。依次将所有裁片排好。出现不需要的错误排料，点击“裁片取消”，再点击需要取消的裁片。排料完成点击显示竖直边线工具，右下键出现排料信息“已用长度：468.92”“用料率：81.05”（已排“92”），如已达到要求，则保存排料文件：马裤*.sff（图5-2-43）。

（5）排料其他功能。

①下边工具条：

裁片旋转和微调；

裁片靠布边和裁片贴紧；

成组和取消成组；

裁片展开和样片分割及合并。

② 上边工具条：

查看各类信息；

裁片显示方式；

放大、缩小和全画面显示；

计算器。

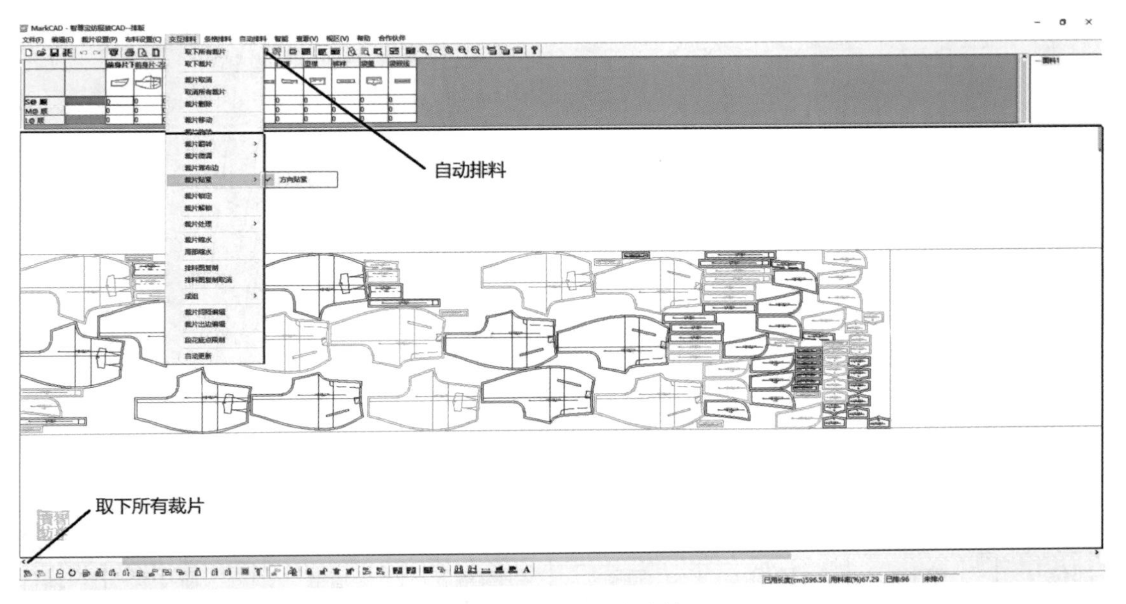

图5-2-42 马裤排料

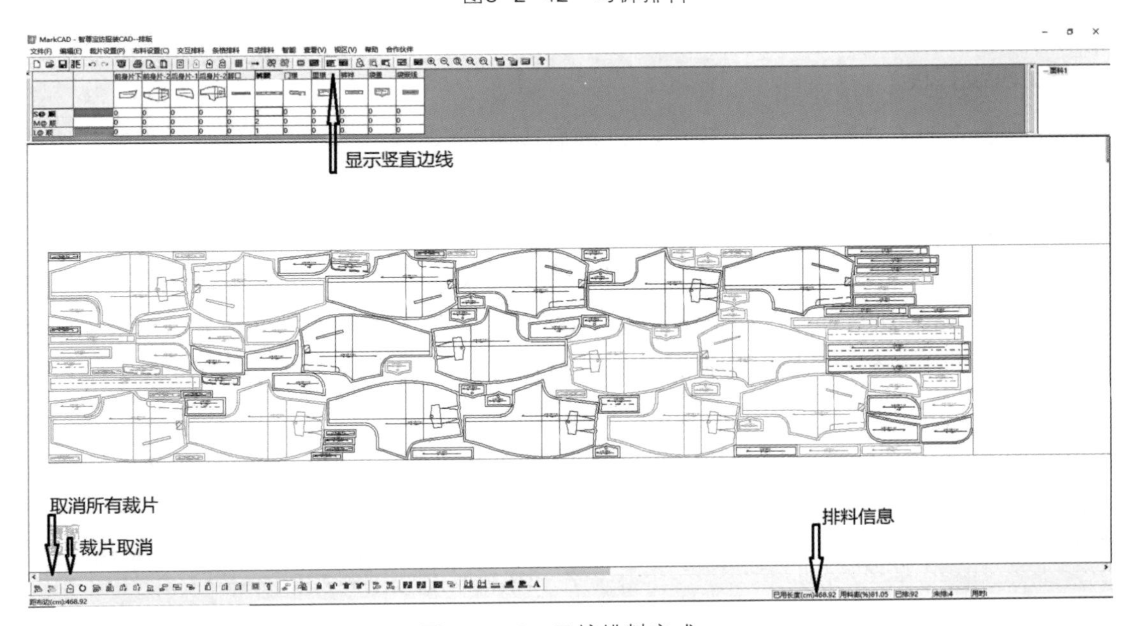

图5-2-43 马裤排料完成

5.3 修身女士西装

款式分析：此款修身女式西装外套为2粒扣，西装领，袖窿分割，两片袖，有袋盖双开线口袋，上身效果较合体（图5-3-1）。各部位尺寸如表5-3-1所示。

图5-3-1 款式分析图

表5-3-1 各部位尺寸

单位：cm

部位	衣长	胸围	腰围	臀围	肩宽	袖长	袖口宽
尺寸	64	92	74	96	39	56	12.5

5.3.1 女西装打板

（1）鼠标左键双击，屏幕出现Flash动画后按两下Esc键。然后左键单击“新建”按钮，在“号型设置”对话框里选择号型和部位名称，在右侧的规格表选择点选基本码，并在基本码后的尺寸表里输入尺寸。

在“号型设置”对话框右下角选择“相对档差方式”，在基本码的大一号型里输入相应档差，然后勾选“等分所有部位”，点击“等分工具”，所有号型的尺寸都会显示出来（档差不一致请逐个输入），输入完成后可切换其他档差显示方式。然后点击“确定”进入工作界面（图5-3-2）。

（2）在屏幕右下角点击显示基本码尺寸B，选择“矩形工具”，在工作区左键单击后放开，拖动鼠标后在右下角数据栏中输入“@B/2,CL”。其中，@一般会自动出现，“B/2,CL”需要点选尺寸表输入。然后在视区下勾选“显示线条长度”，查看框架尺寸是否正确（图5-3-3）。

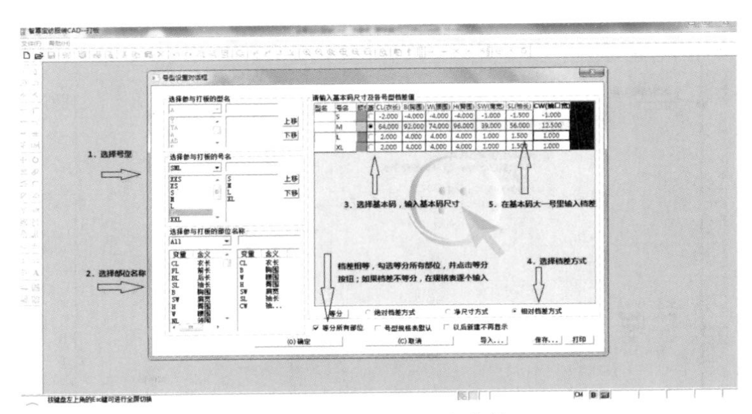

图5-3-2　女西装规格表输入

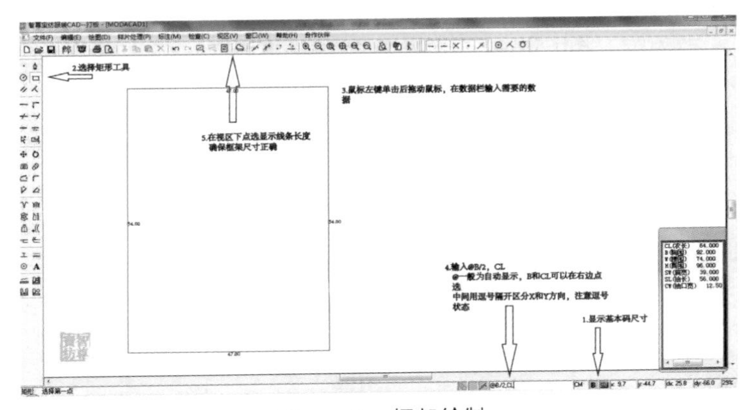

图5-3-3　框架绘制

（3）绘制腰围、臀围、胸围线。

① 选择平行线工具。

② 左键单击上平线（单击之后放开，不是点住不放），向下拖动鼠标，在数据栏输入"38"，为腰围线，Enter键确认。

③ 观察平行线工具是否还在选择状态（连续使用同一工具不需要重复选择），左键单击腰围线，向下拖动，在数据栏输入"18"，为臀围线，回车确认。

④ 左键单击腰围线，向上拖动，在数据栏输入"41.5"，为前片上平线，回车确认。

⑤ 左键单击前片上平线，向下拖动，在数据栏输入"24.5"，为胸围线，回车确认（图5-3-4）。

（4）继续选择平行线工具，左键单击前中线，拖动鼠标，在数据栏输入"B/4＋0.5"为侧缝线，回车确认。选择延长线工具，左键单击侧缝上端，拖动鼠标至胸围线出现触碰符号后左键单击确定（图5-3-5）。

（5）单击延长线工具，鼠标单击侧缝线胸围处上端，拖动鼠标向上，在数据栏输入"3.5"，为胸省量，回车确认（图5-3-6）。

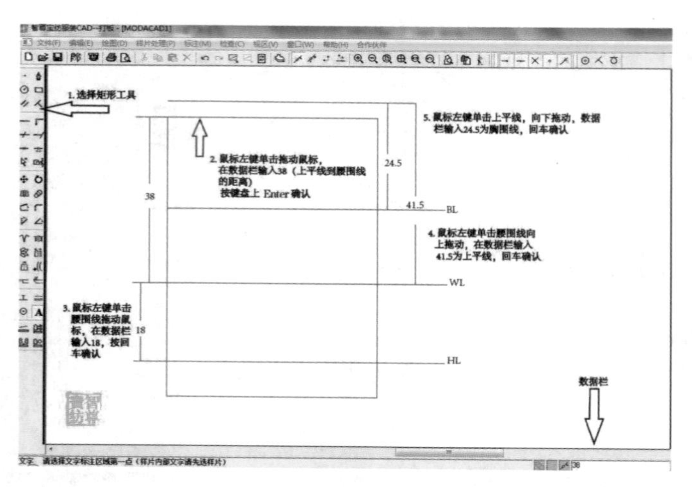

图5-3-4　绘制腰围、臀围、胸围线

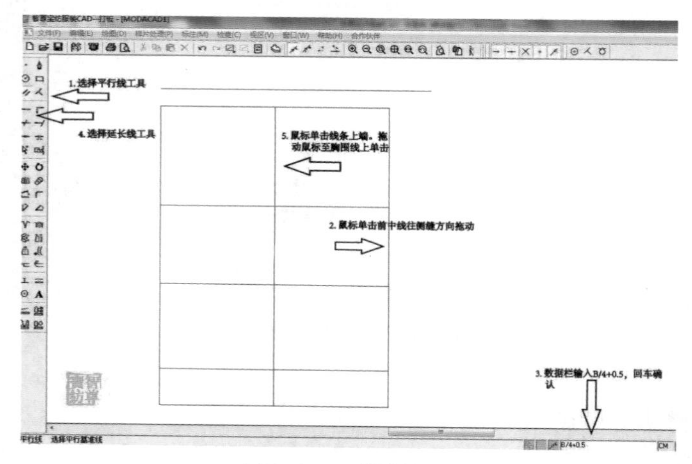

图5-3-5　绘制侧缝

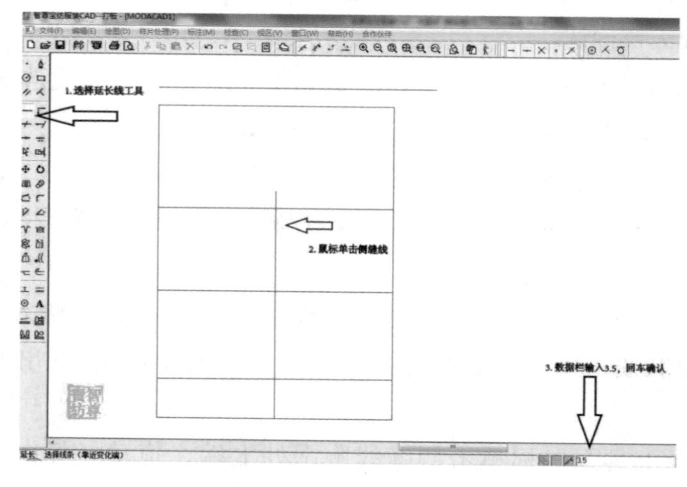

图5-3-6　延长侧缝

（6）鼠标右键退出工具，光标成-□-放置于后领圈位置，滚动鼠标滚轮，放大后领圈部位。选择智尊笔工具，观察上方工具栏“定长点捕捉”是否点亮，在数据栏输入后横开领宽“7.6”，鼠标放在靠近后中的上平线上，距离后中7.6cm的点会自动出现，左键单击找到这个点，然后拖动线条至基本垂直状态，在数据栏输入后领高“2.5”，回车确定（图5–3–7）。

（7）画好后领深之后鼠标会在后领端点拉出一条线，鼠标放在后中上左键单击后右键断开，再右键结束。右键退出工具成-□-，放在后领圈直线上，左键双击，再左键单击后拖动线条至后领圈弧线完成（图5–3–8）。

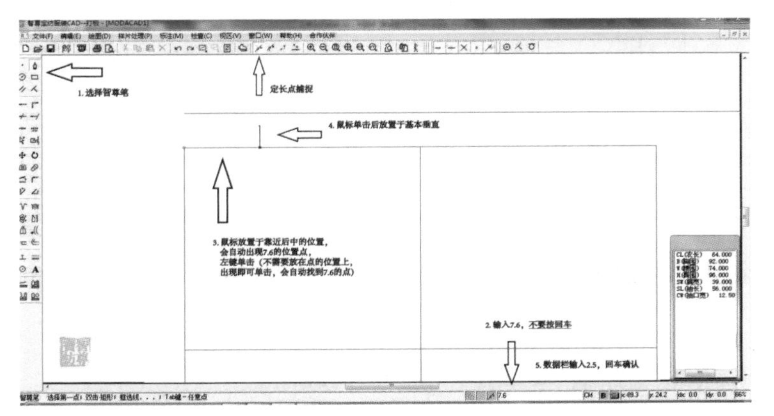

图5–3–7　绘制后领深和后领高

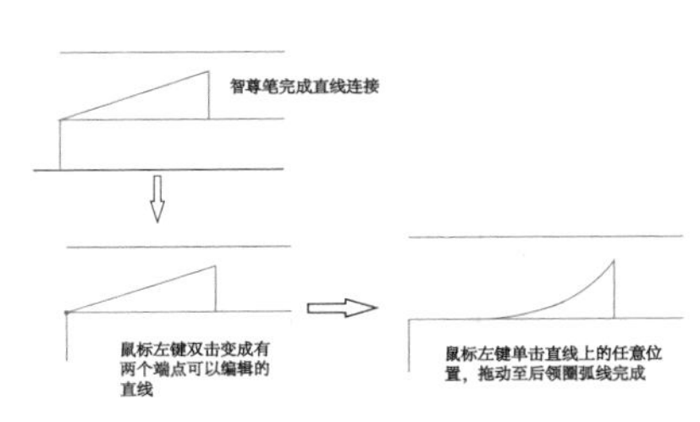

图5–3–8　后领圈绘制

（8）选择智尊笔工具，在后领高处拉出接近水平的直线，然后在数据栏输入“15”，回车确认。移动鼠标向下接近垂直，在数据栏里输入“5”，回车确认。右键断开再右键结束（图5–3–9）。

（9）选择智尊笔工具，左键单击连接后领高端点和肩斜角度点成肩斜线，右键断开再右键单击结束操作。选择延长线工具，左键单击后上平线多余部分，拖动鼠标至后领宽位置，左键单击结束，在前中线上端点左键单击拖动线条至上平线，再单击结束（图5–3–10）。

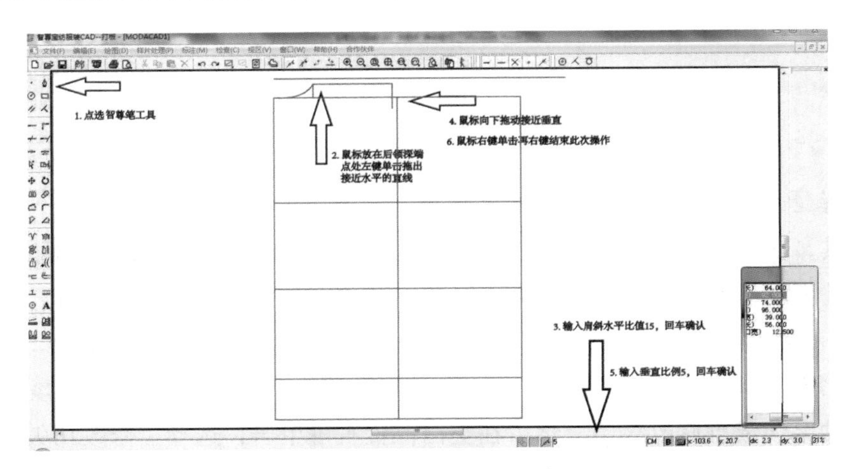

图5–3–9　绘制肩斜角度

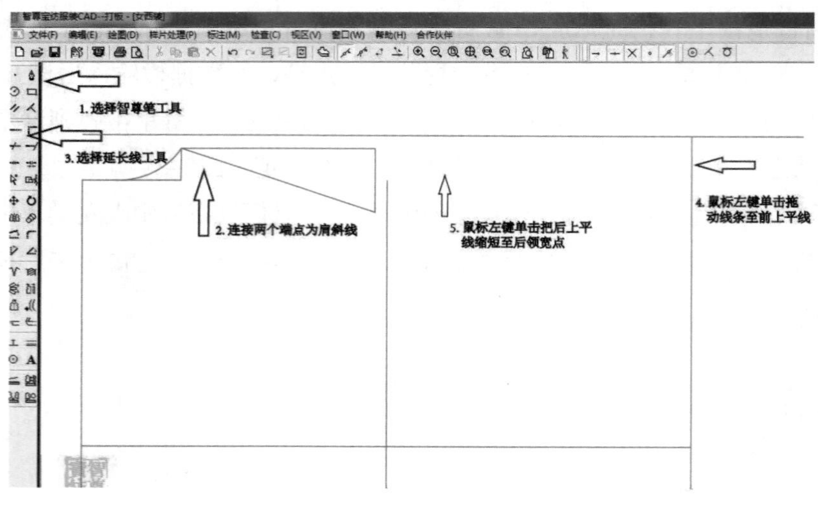

图5-3-10　绘制肩斜

（10）选择智尊笔工具，左键单击后中上端点，打开“投影点捕捉”，在数据栏输入“SW/2”，回车确认。把光标放在肩斜线上左键单击，光标会自动停在SW/2的位置，鼠标右键断开，右键结束（图5-3-11）。

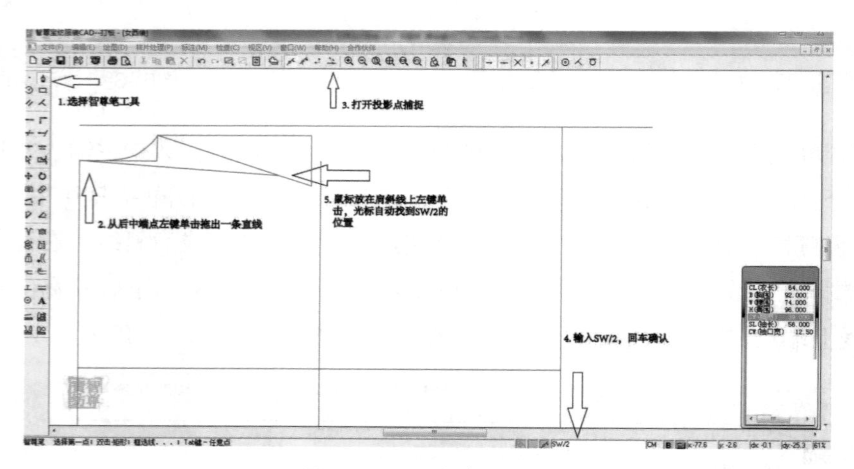

图5-3-11　肩宽点标记

（11）选择延长线工具，放在肩斜线外端点，左键单击，移动至肩宽/2处，左键单击确定。选择智尊笔工具，在肩端点左键单击，向后中拖出基本水平的直线，在数据栏输入“2”，回车确认。按住Shift键不放，鼠标向下拖动至胸围线处左键单击为背宽线，右键断开，右键结束。右键退出工具成，左键单击肩宽斜线成红色，左键单击或把线条删掉（图5-3-12）。

（12）选择智尊笔工具，左键单击肩端点、背宽线中点、胸围端点成袖窿线。右键退出工具，左键双击袖窿线成可修改线条，然后在空白位置右键单击，选择“修改切矢”，左键单击锚点后拖动至袖窿弧线完成。完成后右键选择退出（图5-3-13）。

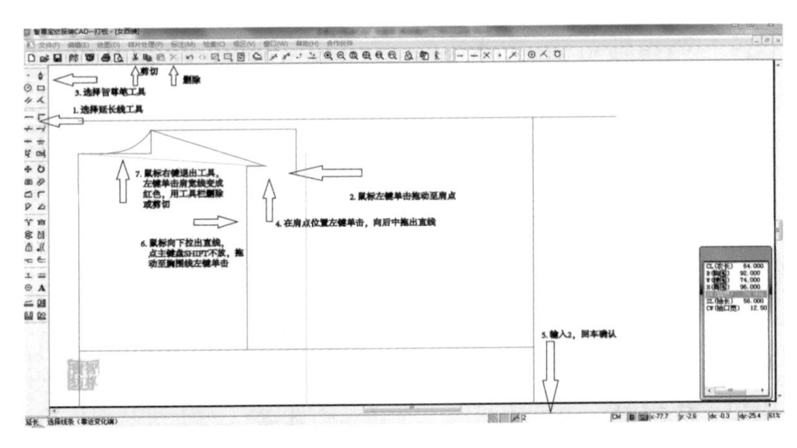

图5-3-12 绘制背宽线

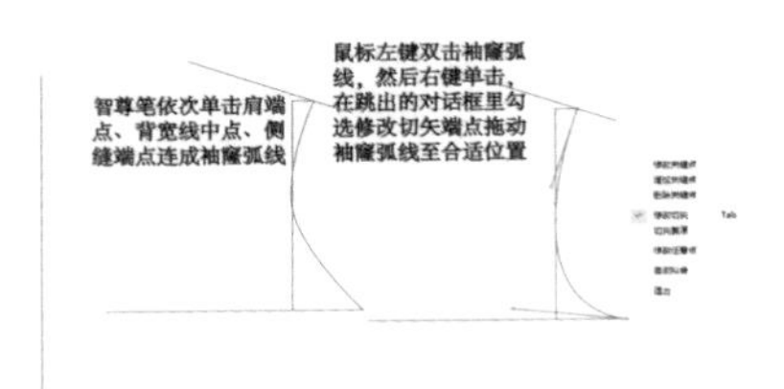

图5-3-13 绘制袖窿弧线

（13）选择智尊笔工具，在侧缝胸围线端点左键单击拉出线条，观察“定长点捕捉”有没有打开，在数据栏输入“1.5”，光标靠近侧缝腰围线会自动出现距离侧缝1.5cm的点，左键单击，继续向下拖动，在数据栏输入“0.5”，鼠标放在臀围线侧缝位置，出现点之后左键单击，继续向下看线条是否圆顺，在下摆处左键单击，右键断开，右键结束。修改弧线：弧线不顺时左键双击线条，再双击加点，再单击修改线条，下摆端点可直接点选修改。同样方法做后中弧线，胸围线处收“0.6”，腰围线处收“1.8”，臀围和下摆各收“1”，加点修顺后中线（图5-3-14）。

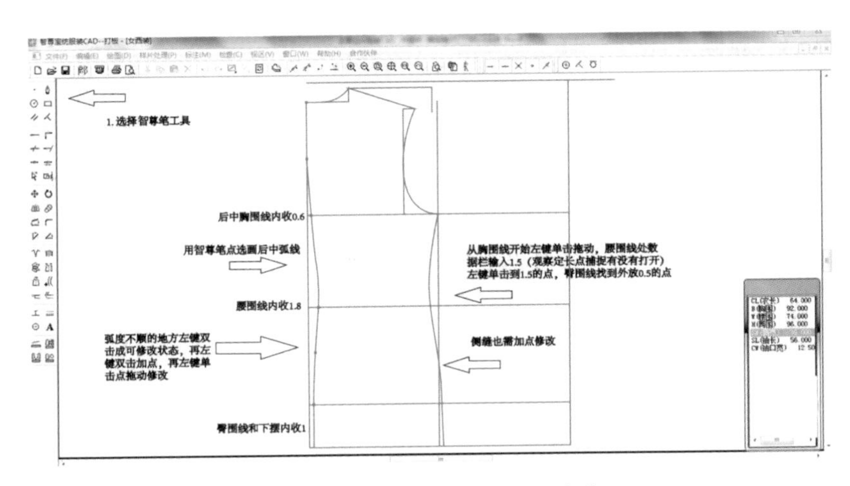

图5-3-14 绘制侧缝和后中线

（14）选择断开点工具，左键点选后片腰围线成红色，再点选后中和侧缝的交点，把后片腰围线断开成独立线条。选择智尊笔工具，观察中点捕捉是否打开，左键单击后片腰围线中点拉出直线，按住Shift键拖动鼠标至胸围线，左键单击确定，右键断开，右键结束。选择延长线工具，单击分割线向下拖动至臀围线，左键单击确定（图5-3-15）。

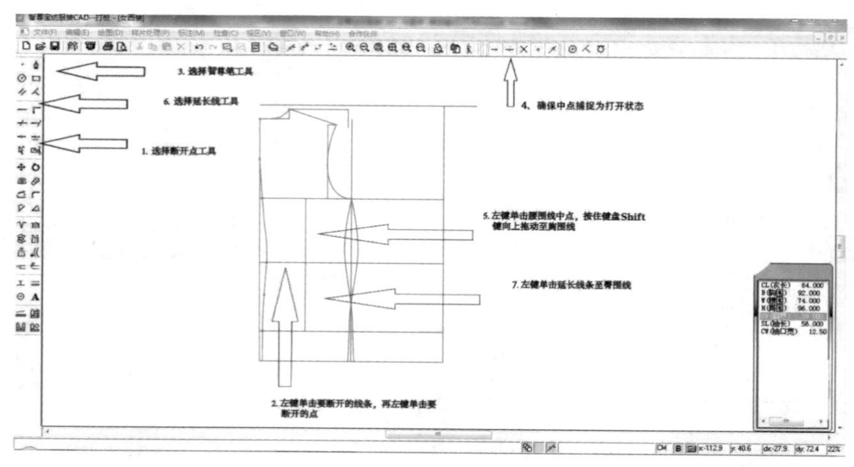

图5-3-15　后片分割线确认

（15）用鼠标滚轮放大前中上半部位。选择延长线工具，左键单击侧缝线，拖动至腰围线再左键单击，然后再单击侧缝直线，在数据栏输入“3.5”，为胸省量。选择智尊笔工具在数据栏输入“1”，在上平线找到1cm端点左键拖动至前中胸围线端点，再单击确定为劈门线，右键断开，右键结束。选择点捕捉工具，在数据栏输入“7.3”，为横开领，鼠标放在上平线自动出现7.3的点，左键单击确定。选择垂线工具，左键单击劈门线为垂直基准线，再左键单击7.3的点拉出一条垂直于劈门线的新线条为新上平线，用延长线工具延长新线条到侧缝位置。右键退出工具，左键点选原上平线成红色，删除（图5-3-16）。

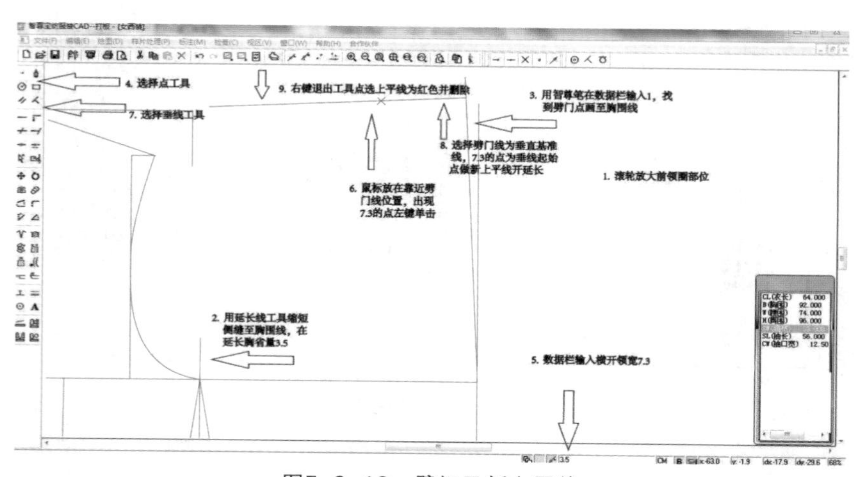

图5-3-16　劈门及新上平线

（16）选择垂线工具，以新上平线为基准线，横开领7.3为垂准点，左键单击下拉拖出垂直线，在数据栏输入“4”，回车确认。继续用垂线工具，作垂直线“1”。然后选择智尊笔工具，左键单击7.3的点拉出直线至1cm的点为前领圈（图5-3-17）。

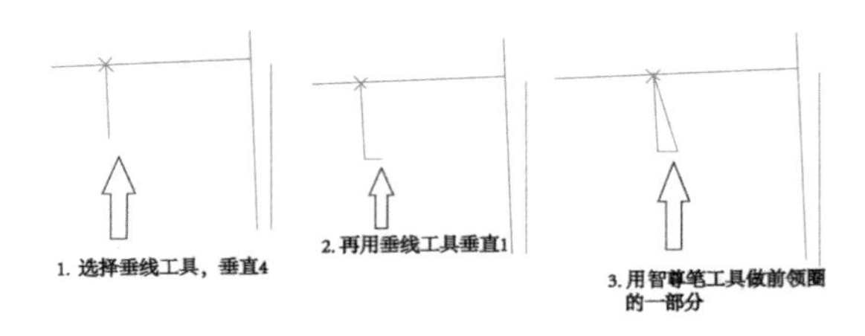

图5-3-17 绘制前领圈

（17）继续使用垂线工具，点选新上平线为垂直基准线，在数据栏输入“15”，鼠标放在靠近横开领的线上，会自动出现15的点，左键单击下拉，在数据栏输入“6”，回车确认，为前肩斜深。用智尊笔工具连接两端端点为前肩斜（图5-3-18）。

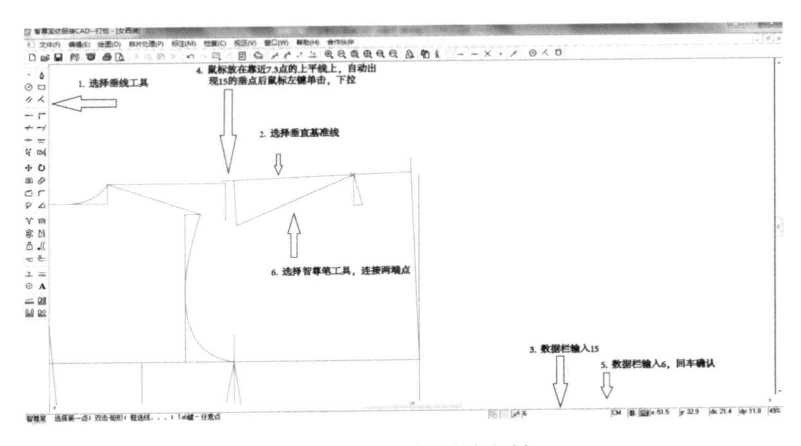

图5-3-18 绘制前肩斜

（18）选择平行线工具，点选前中线拖动至侧缝方向，在数据栏输入“16”，回车确认，为前胸宽线。选择智尊笔工具，从胸省量端点按住Shift键水平画至胸宽线。选择修剪工具，从右下角往左上角框选前胸宽相关线条，右键结束选择，出现剪刀标记后单击胸宽线外不需要的线条（图5-3-19）。

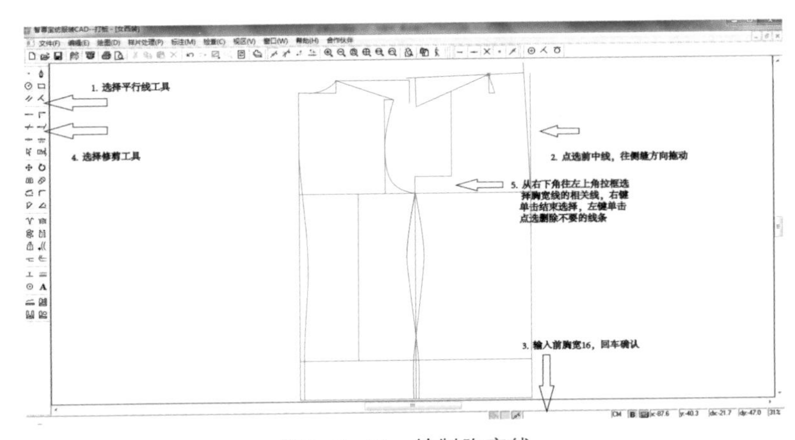

图5-3-19 绘制胸宽线

（19）选择圆工具，在数据栏输入BP点“9.5”，把鼠标放在胸围线靠前中处，出现9.5的点时左键单击，拖动至胸围线侧缝，左键单击确定。选择智尊笔工具，左键单击圆和省宽的交点，拉出直线至BP点（会自动出现圆心点）为胸省线（图5-3-20）。

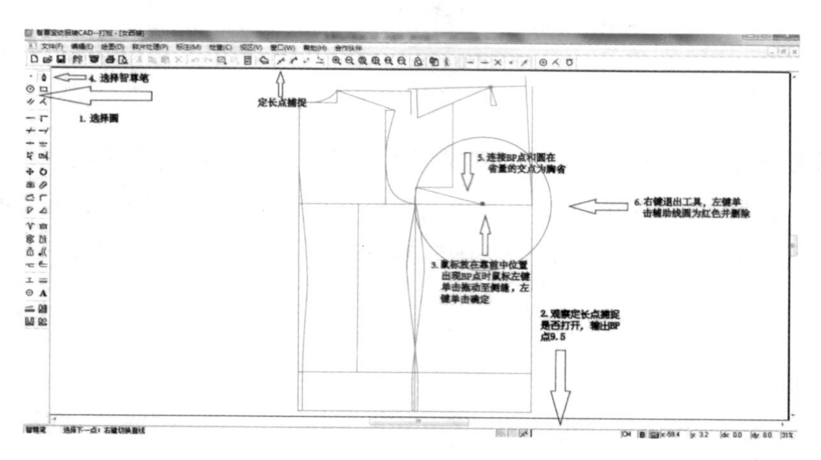

图5-3-20　绘制胸省

（20）选择测量工具，左键点选后肩斜线，右键结束，弹出“线条长度”对话框，记住后小肩的长度（图5-3-21）。选择智尊笔工具，在数据栏输入“12”（后肩斜－0.5），为前肩斜宽度，鼠标放在前肩斜线上靠前中位置，出现位置点时左键单击下拉，在胸宽1/2处左键单击，继续下拉至胸省线交点，右键断开，右键结束。右键退出工具，左键双击前袖窿线成可调节弧线，右键单击选择“修改切矢”，左键单击切矢端点，拖动至袖窿线圆顺，右键选择退出（图5-3-22）。

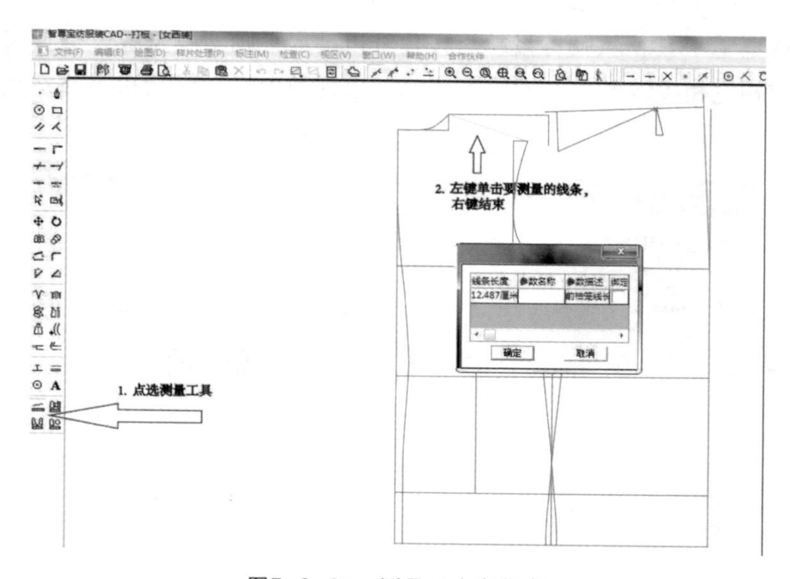

图5-3-21　测量后小肩长度

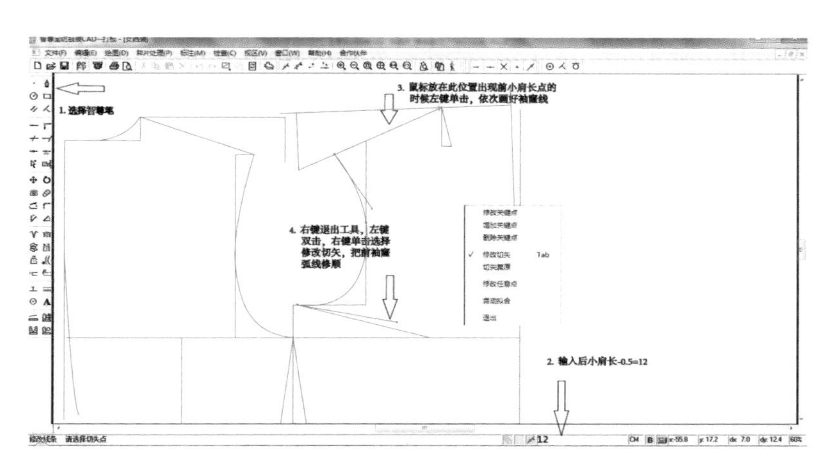

图5-3-22　绘制前袖窿

（21）选择智尊笔工具，先从BP点往侧缝方向1cm处画垂直线为前片分割线。然后先画后片造型分割线（收腰“3.2”，下摆放“0.5”），再画后片功能线，并修顺线条（左键双击加点，左键单击拖动点修改）。再次选择智尊笔工具，画好前片造型线，前片收腰“2”，下摆放“0.5”和分割线，并修顺线条（图5-3-23）。

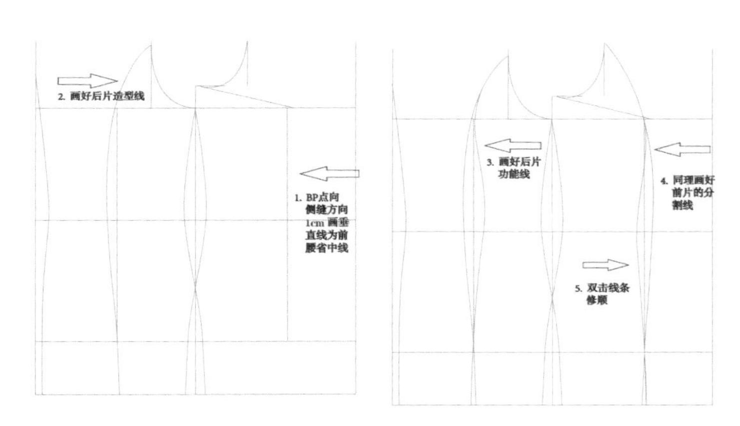

图5-3-23　绘制造型线和功能线

（22）选择矩形工具，在前中合适的位置左键单击后拖动，在数据栏里输入“@13,5”，回车确认。选择移动工具，左键点选袋盖线成红色，右键结束选择光标成 ，左键单击拉出移动线条至合适位置。选择旋转工具，左键单击点选袋盖红色，右键结束选择，左键单击袋盖上口任意一个端点拖动鼠标就可旋转袋盖至合适位置。选择加圆角工具，左键单击袋盖下口的两条线拖动鼠标形成圆角，在数据栏输入“1”，回车确认，可定下圆角大小。相同方法做袋盖另一端圆角（图5-3-24）。

（23）选择平行线工具，左键单击前中直线向外拖动，在数据栏输入“2”，回车确认。选择延长线工具，左键单击从外口端点拖动至翻折点左键单击，左键单击下摆位置拖动鼠标，在数据栏输入“1”，回车确认，把下摆下落1cm。选择智尊笔工具画顺下摆线条，选择延长线工具把前片的2条分割线延长至下摆（图5-3-25）。

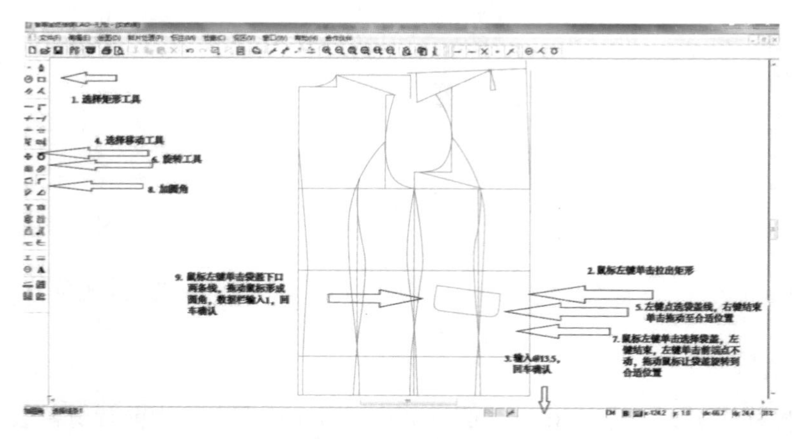

图5-3-24　绘制袋盖

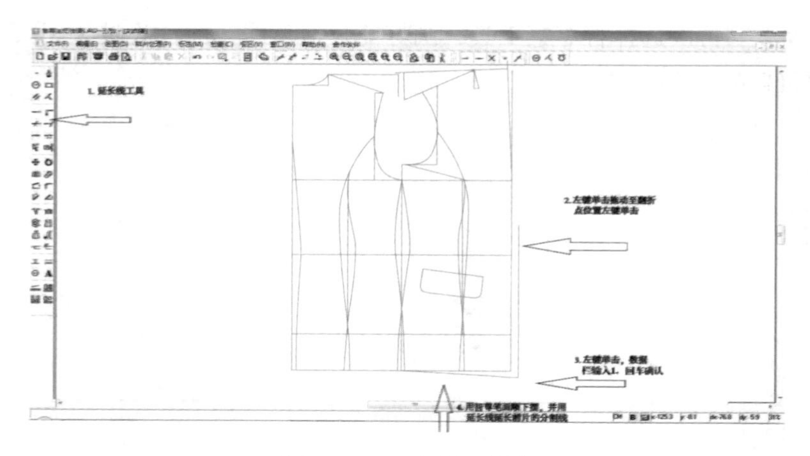

图5-3-25　绘制下摆线

（24）滚动鼠标滚轮放大领圈部位，选择延长线工具，左键单击肩斜线，拖动，在数据栏输入“2.3”，回车确认。选择智尊笔工具，左键单击连接翻折点和延长点，右键退出工具后，再右键单击线条成红色，同时按住Ctrl + L键，出现线型选择，点选双点画线-------，为翻折线（图5-3-26）。

（25）选择智尊笔工具，在翻折线上画好西装领造型。选择镜像工具，点选工作区下方的复制，左键单击点选西装领造型线，右键结束，左键分别单击翻折线两端点，把西装领造型沿翻折线对称（图5-3-27）。

（26）滚动鼠标滚轮放大领子部位，选择延长线工具，点选拖动翻折线延长。选择平行线工具，左键单击翻折线拖动鼠标至肩点为驳平线，用延长线工具缩短下面不需要的部分。选择垂线工具，点选驳平线，在数据栏输入“7.2”，光标靠近肩颈点，出现7.2点时左键单击，拖动鼠标至肩斜线方向，在数据栏输入“2.3”，回车确认。选择智尊笔工具把垂线点和颈肩点连接起来为主松斜线，并用延长线工具延长（图5-3-28）。

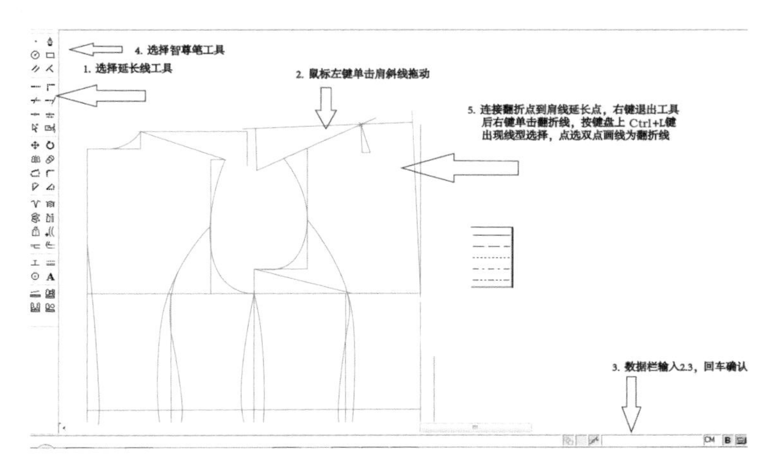

图5-3-26　绘制翻折线

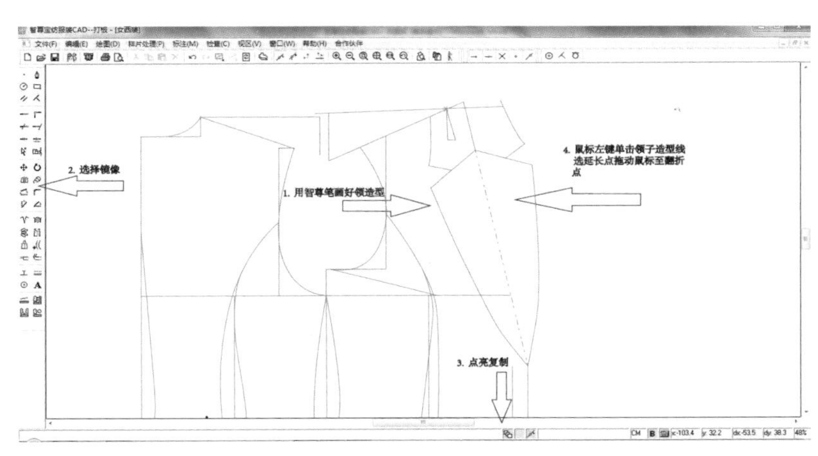

图5-3-27　绘制领子

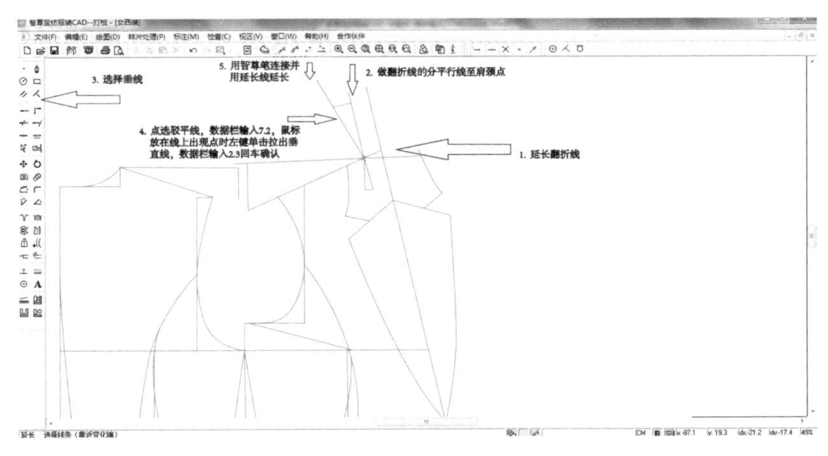

图5-3-28　后领辅助线

（27）选择测量工具，左键单击后领圈弧线，右键单击结束，弹出的对话框里有线条长度，为后领圈长度。选择垂线工具，左键单击主松斜线，在数据栏输入后领圈长度，在出现位置点后左键单击拖动做后领中线，在数据栏输入“7.5”，回车确认（图5-3-29）。

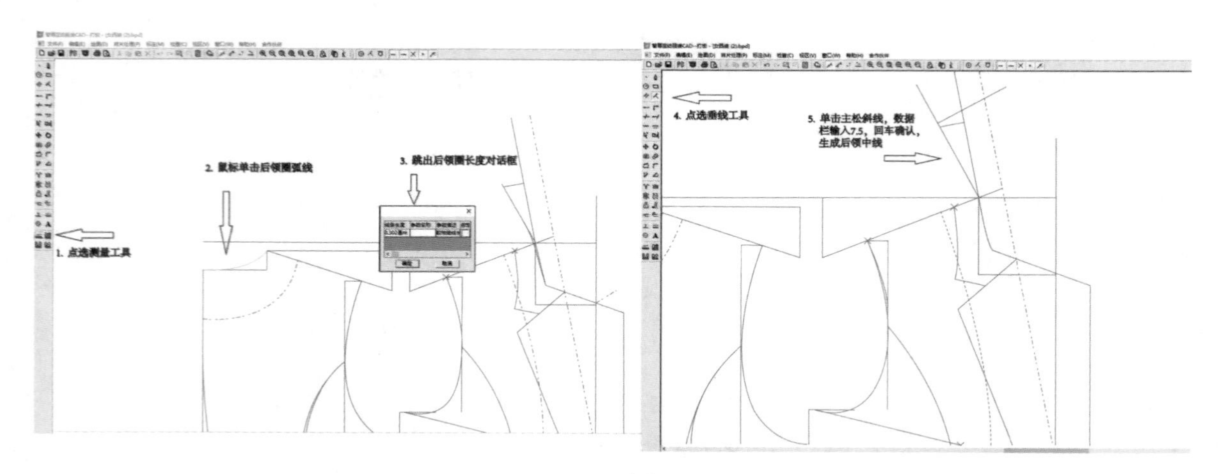

图5-3-29　绘制后领中

（28）选择智尊笔工具，画好领外口弧线和领底弧线（确保后中垂直），画好翻折线。选择延长线工具，延长串口线至前领圈（不能相交，选择角连接工具，左键单击两条要连接的线条，线条自动连接）。右键退出工具，点选不需要的辅助线，删除（图5-3-30）。

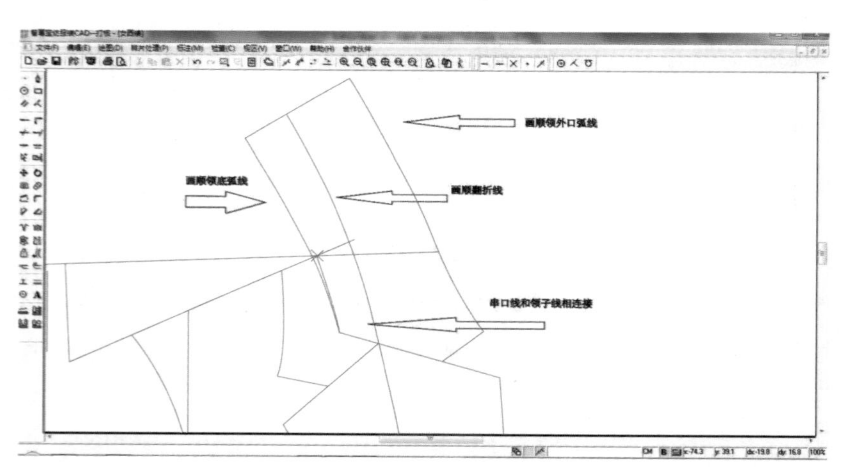

图5-3-30　绘制领外口、领底弧线

（28）选择智尊笔工具，在空白处左键单击，按住Shift键拖动鼠标成一直线左键单击确定，右键断开，右键结束。在智尊笔状态下，左键单击线条中间位置下拉成垂直线，在数据栏输入“56”，回车确认，为袖长。选择平行线工具，左键单击上平线下拉，在数据栏输入“15.5”，为袖山高。在平行线状态下，左键单击上平线，下拉后输入“31.5”，为袖肘线。在平行线状态下左键单击上平线，下拉到袖长端点左键单击为袖口线（图5-3-31）。

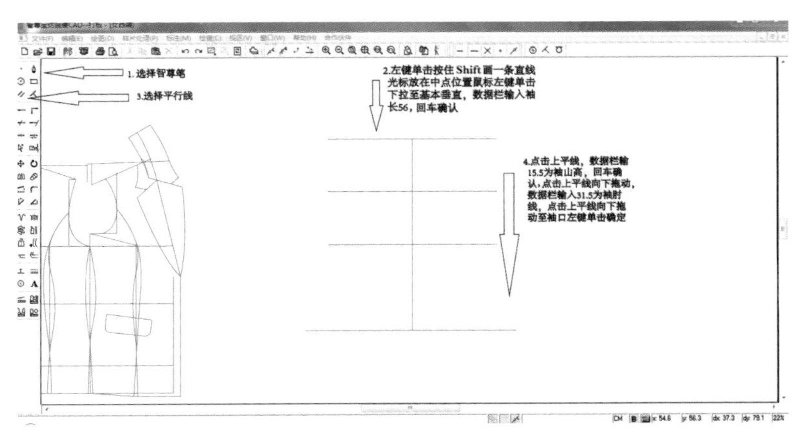

图5-3-31　2片袖基础线（1）

（29）选择平行线工具，左键单击袖口线，向上拖动，在数据栏输入“0.5”，回车确认，再单击袖口线向下拉，在数据栏输入“1”，回车确认，用延长线工具左键单击上下两条线不要的端点拖动至合适位置，左键单击确定。选择测量工具，左键单击衣身前袖窿线，右键结束，得到前袖窿尺寸“21.517cm”，用笔记下。同理得到后袖窿尺寸。选择智尊笔工具，左键单击袖长顶点拉出直线，打开“投影点捕捉”，在数据栏输入“－0.5,21”，为前袖窿，回车确认，鼠标放在袖肥线上左键单击，确定前袖山倾线。同理做后袖山倾线（后袖窿不减量）（图5-3-32）。

（30）选择断开点工具，左键单击袖肥线，再左键单击线条交点，重复操作把袖肥线断开。选择平行线工具，左键单击袖长线拖动至后袖肥中点（光标需放在袖肥线上），左键单击确定为后袖肥中线，再次左键单击后袖肥中线拖动，在数据栏输入“1”，做袖肥中线的平行线。选择平行线工具，左键单击袖长线拖动至前袖肥中点（光标需放在袖肥线上），左键单击确定为前袖肥中线，再次左键单击后袖肥中线拖动，在数据栏输入“3”，做袖肥中线的平行线。选择延长线工具，左键单击各平行线，把不需要的线条缩短至合适位置，前袖肥中线各延长1.5（图5-3-33）。

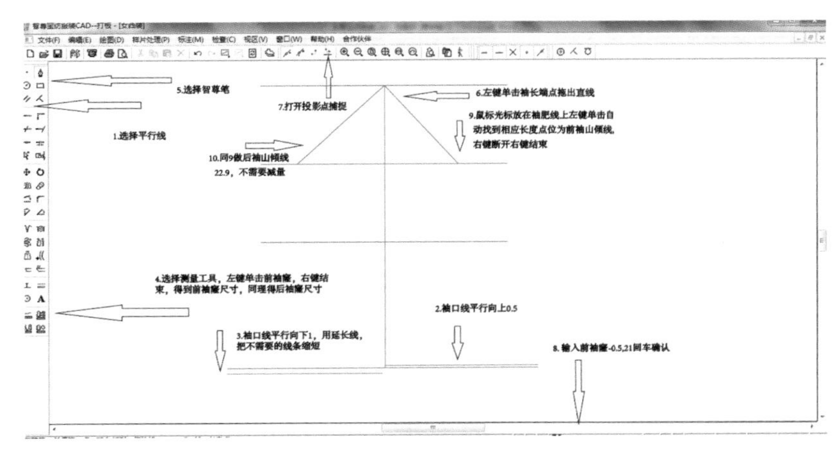

图5-3-32　2片袖基础线（2）

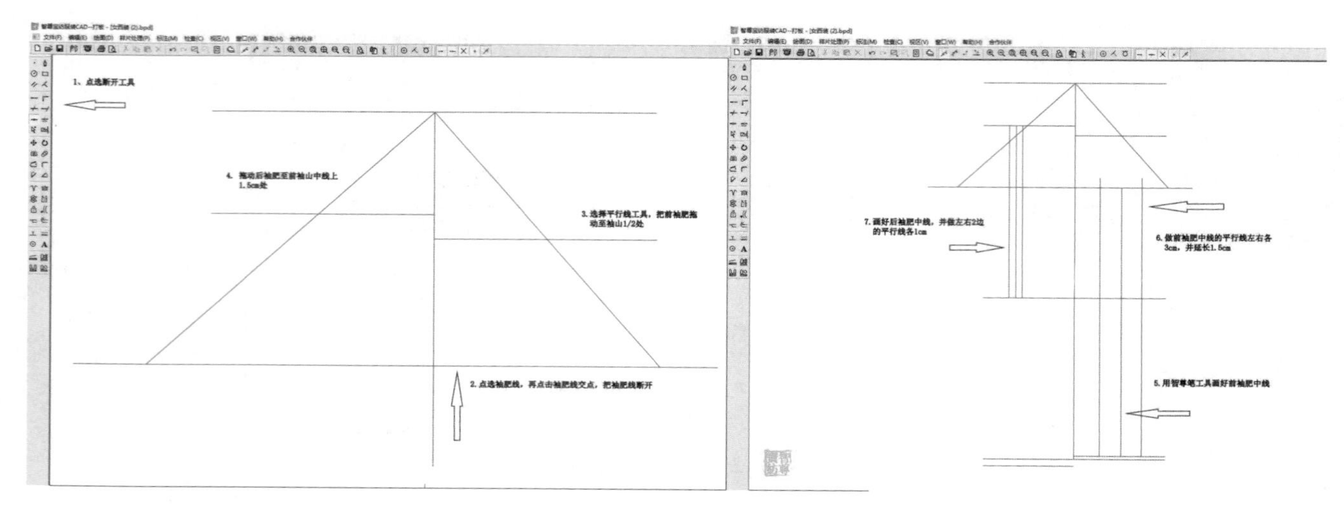

图5-3-33　2片袖基础线（3）

（31）选择断开点工具，左键单击袖山倾线并断开交点。选择垂线工具，左键单击袖山倾线，再左键单击中点位置拖动鼠标，在数据栏输入“1.8”；重复使用断开点工具和垂线工具，作后袖山倾线的垂直线，在数据栏输入“2.5”，回车确认。选择智尊笔工具，画顺袖山弧线，并用左键双击线条，右键单击选择“修改切矢”把袖山弧线修顺。后袖山弧线顺势延长至外平行线即可（图5-3-34）。

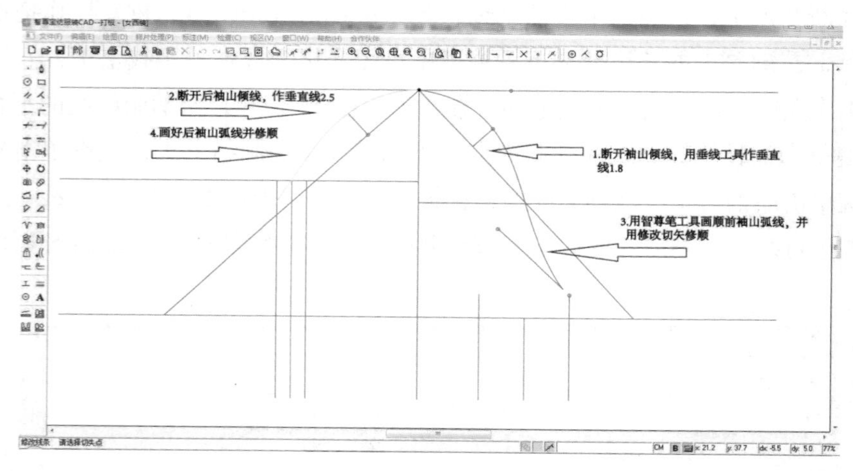

图5-3-34　绘制袖山弧线

（32）选择智尊笔工具，左键单击从袖山弧线端点，拉出直线。按住Shift键拖动鼠标成直线至里面平行线1cm处，选择延长线工具，单击刚画的线拖动鼠标，在数据栏输入“0.3”，回车确认。选择智尊笔工具，左键单击延长0.3的端点拉出弧线至袖肥线，左键双击，再左键单击拖动拉出圆顺弧线。选择智尊笔工具，左键单击延长线，拖出线条后至袖底再至延长1.5的端点成袖底弧线，左键双击袖底弧线，左键双击加点，再左键单击新加点，拖动至跟袖窿底一致的圆弧线（图5-3-35）。

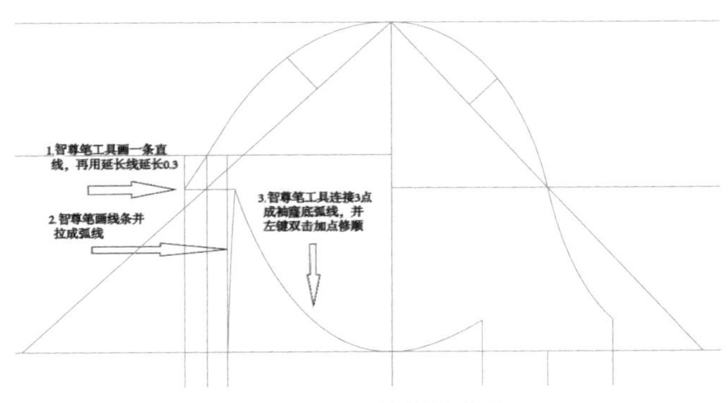

图5-3-35 绘制袖底线

（33）① 选择智尊笔工具，检查“定长点捕捉”是否打开，在数据栏输入“1”，光标放在前袖中线向前位置，出现1时左键单击拖出线条。② 打开“投影点捕捉”，在数据栏输入“12.5”，为袖口宽，回车确认，拖动线条至后袖口线上，左键单击（会自动找到12.5袖口点），右键断开，右键结束。③ 选择智尊笔工具，左键单击后袖山端点，拖出线条至后袖肥点左键单击，再拖动至袖肘处中线位置左键单击，再拖动至袖口处左键单击，右键断开，右键结束，为大袖后袖折线。④ 选择智尊笔工具，左键单击小袖后袖肥端点，拖出直线至袖肘点左键单击，再拖动至袖口点左键单击，右键断开右键结束，为小袖后袖折线。⑤ 选择智尊笔工具，左键单击前小袖端点拖出直线，在数据栏输入“1”，光标放在袖肘处找到内收1的点左键单击，再拖动至袖口处，在数据栏输入“1”，找到袖口前倾1的点左键单击，右键断开，右键结束，选择延长线工具，左键单击前小袖线拖动至新袖口线左键单击结束。⑥ 选择智尊笔工具，左键单击前袖山端点拖出直线至袖肘处，在数据栏输入“1”，找到内收1的端点左键单击拖动至袖口处。⑦ 选择“检查—测量—点距测量”，左键单击前小袖延长的两端点，右键结束，会弹出“长度”对话框。⑧ 选择延长线工具，左键单击大袖前袖折线下端处拖动鼠标，在数据栏输入前袖折线延长的长度“0.36”，回车确认。⑨ 选择智尊笔工具，连接大袖和小袖袖口线，袖子完成（图5-3-36）。

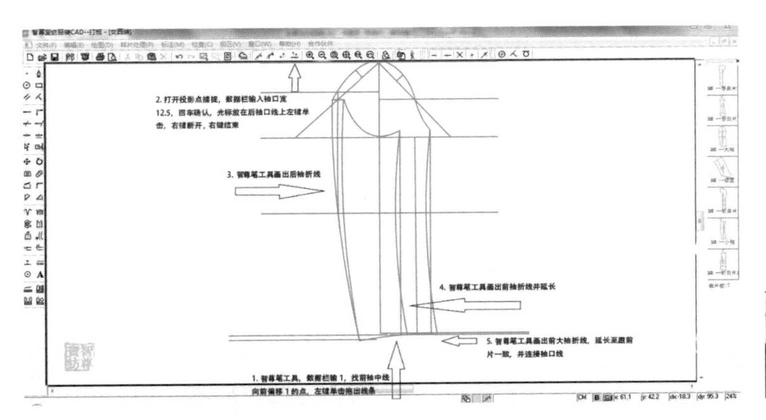

图5-3-36 绘制前后袖折线及袖口线

（34）选择修剪工具，左键不动拉蚂蚁框从右下角往左上角把袖子全部框在里面，右键结束后出现，修剪不需要的线条，右键结束。女西装结构设计完成（图5-3-37）。

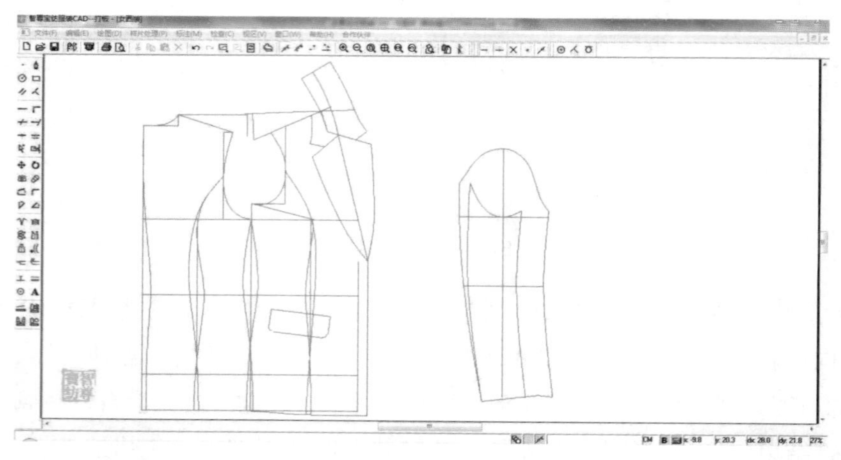

图5-3-37　女西装结构图

（35）选择样片取出工具，左键单击或框选组成样片的线条，右键结束，在弹出的“裁片设置”对话框里选择或输入相应的信息，点击“确定”，就得到需要的样片（如取出样片不对，则需要把多余线条断开或连接）（图5-3-38）。

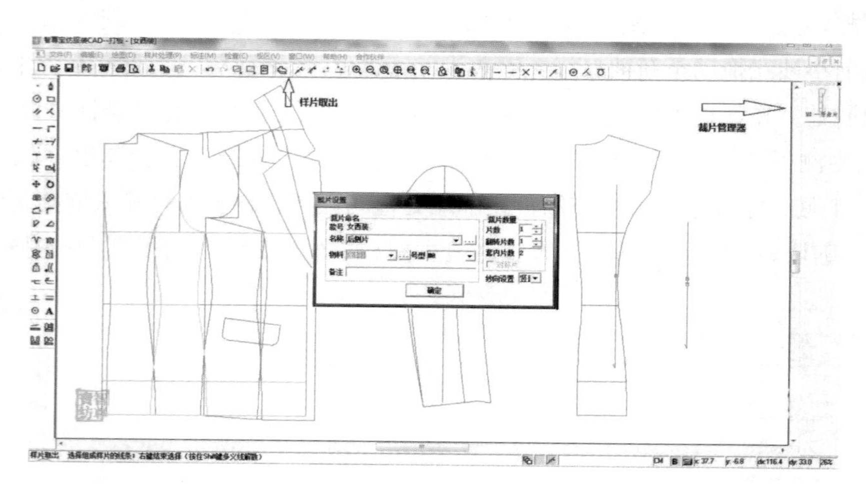

图5-3-38　样片取出

（36）前侧片转省。选择断开点工具，左键单击要断开的线条，再左键单击要断开的点，对于前侧片来说有2个点需要断开。选择对齐工具，点选或拉框选择省道上半部分右键结束，先左键单击对齐点1上面的点拉出线后再左键单击对齐点1下面的点，在对齐点2位置左键单击拉出线后再左键单击。选择拼合修正工具，把省道线未合并圆顺的地方拼合并修顺（右键单击取消一个点即可）转省至分割线完成（图5-3-39）。

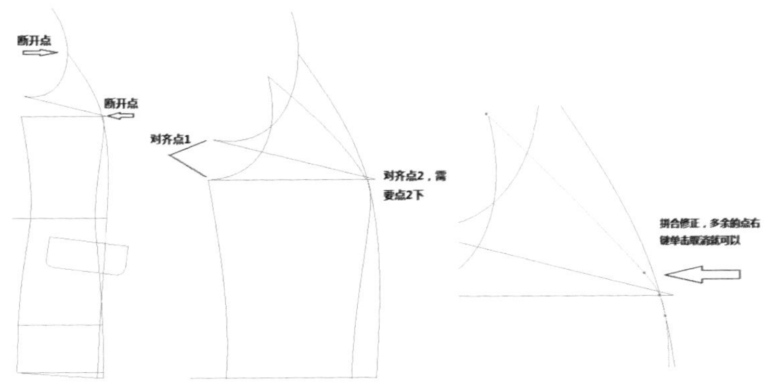

图5–3–39 省道转移

（37）选择对齐工具，左键点住不放框选前侧片，右键结束，左键单击前侧腰围线点拖出线后单击前中片腰围线点，左键单击前侧片臀围线点拖出线后单击前中片臀围线点，把分割线合并在一起。选择延长线工具把口袋延长至13，用平行线工具和智尊笔工具把口袋画好，用加圆角工具把袋盖圆角加好。袋位矫正就完成了。袋位矫正完成后按照前2步操作把前侧功能线再对齐回来，操作完成（图5–3–40）。

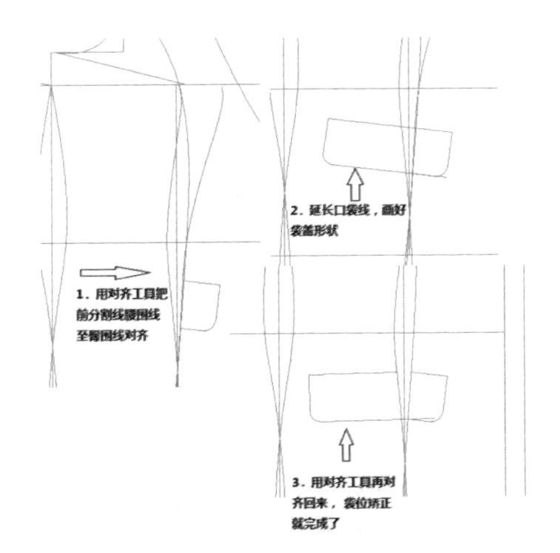

图5–3–40 袋位矫正

（38）选择样片取出工具，把其余样片取出来。选择裁片显示设置工具，勾选“显示纱向文字”（图5–3–41）。

（39）选择移动工具，把复制打开，左键点住不放框选领子样片，右键结束，左键单击空白处拖动鼠标复制一个领子，光标放在样片中间丝绺线上右键单击，把裁片属性修改一下。选择样片对称展开工具，光标放在领子要展开的后中线上左键单击，把领面展开。选择直立工具，左键点住不放框选领面，右键结束，左键单击后中线，领子即成直立状态。选择“标注—纱向—平行纱向”，左键点击领底串口线，在领子里面空白处左键单击拖动一条平行于串口线的丝绺线再左键单击结束。同理做领面后中的丝绺线（图5–3–42）。

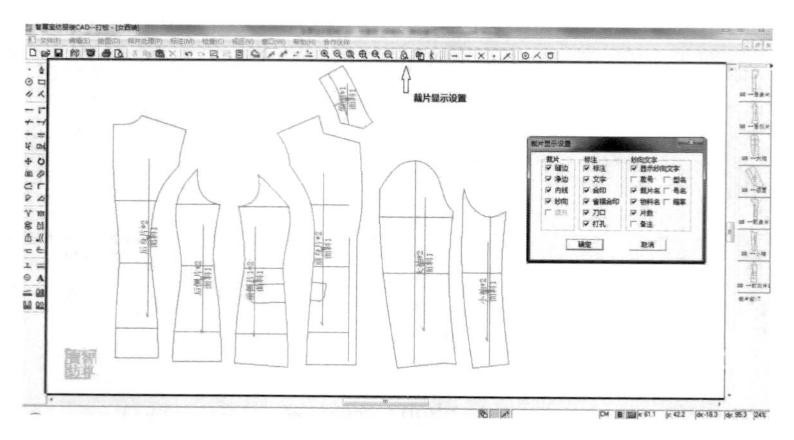

图5-3-41　样片取出完成图

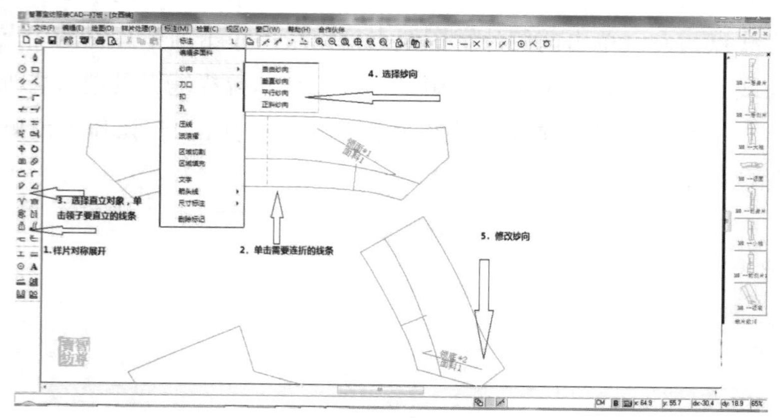

图5-3-42　修改领底和领面

（40）选择智尊笔工具，在数据栏输入“4”，移动光标放在后肩缝上出现相应点后左键单击，拖动鼠标拉出线后，在数据栏输入“6”，光标放在后中线上出现相应点后左键单击，右键单击断开，再右键单击结束。右键单击退出工具，左键双击线条，再左键单击拖动线条至合适位置（后领贴弧线），左键单击确定。右键单击退出工具，左键单击后领圈弧线成红色选定状态，点击按Ctrl + L键，在出现的“线型选择”对话框里选择|----------|。同理做挂面，注意肩缝需垂直，在肩缝处找4cm的点，需放大肩缝处。选择样片取出工具，点选或框选后领贴线，在工作区空白处右键单击，出现“裁片设置”对话框，输入或点选需要设置的内容（后领贴翻转片数为0），点击“确定”，选择样片对称展开工具，点击后领贴中心线，后领贴即展开。同理选择样片取出工具，取出挂面样板（图5-3-43）。

（41）右键退出工具，右键点住样板线不放可拖动样板至合适位置。选择缝边工具，左键点住不放从右下角往左上角拉蚂蚁框框选所有样板，右键结束，在数据栏输入缝边宽“1”，回车确定。选择缝边工具，框选所有下摆线右键结束选择，在数据栏输入下摆缝边宽“4”，回车确认（图5-3-44）。

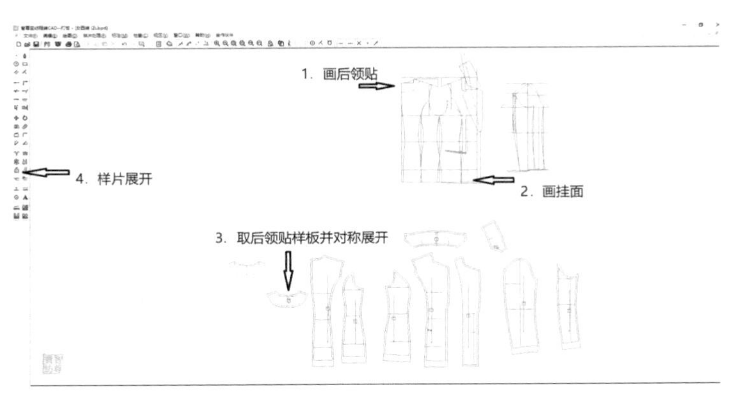

图5-3-43　挂面和后领贴

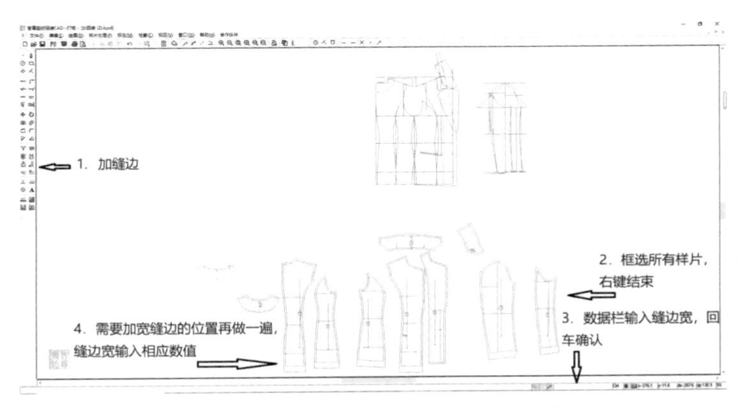

图5-3-44　加缝边

（42）选择切角工具，左键单击下摆线靠近需要做切角的位置（净线），在“角造型”对话框里点选翻转角，勾选“按首末端连接翻转”，点击“应用”，下摆翻转角完成。依此方法可以完成衣身下摆和袖口下摆的翻转角（图5-3-45）。选择切角工具，左键单击要加切角的线段靠近端点位置（净线，可多选），在“角造型”对话框里点选直角型，点击“应用”，完成两条拼合线之间的直角切角（图5-3-46）。同理做好领子、袖子的直角切角，完成后选择退出。

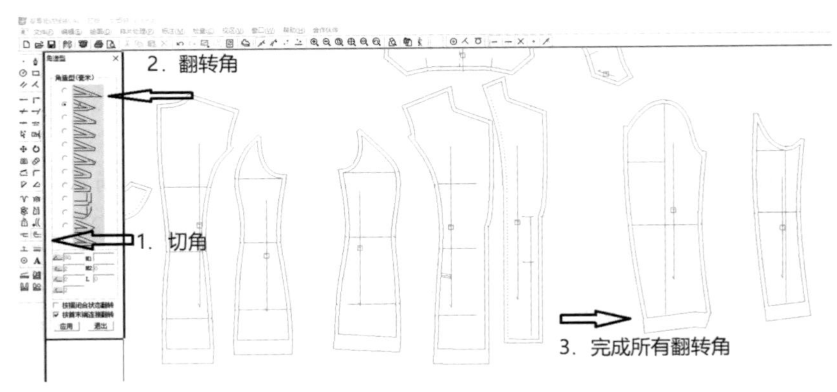

图5-3-45　翻转角处理

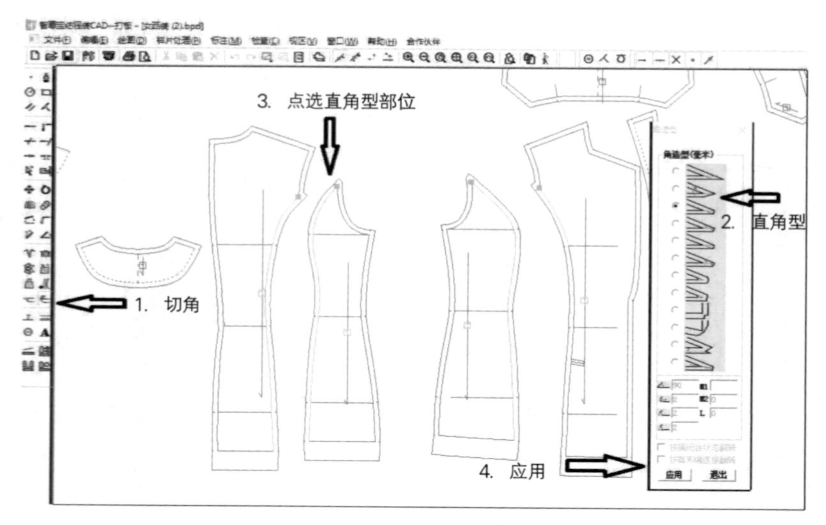

图5-3-46 直角切角

（43）选择插入刀口工具，左键单击要加刀口的净线点（或在打开“定长点捕捉”模式下输入尺寸找点），完成样片加刀口操作。选择“标注—波浪褶”，左键单击要加波浪褶的净线，再左键单击要加波浪褶的两个距离点，会自动加上波浪褶为吃势量（图5-3-47）。

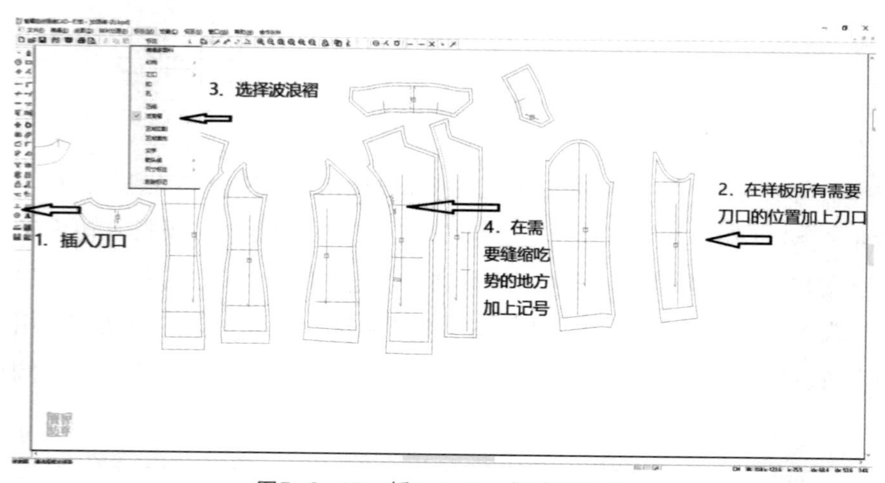

图5-3-47 插入刀口，做吃势记号

（44）选择扣眼工具⊙，左键单击挂面前中心线，出现“纽扣属性输入”对话框，纽扣类型需下拉选择“扣眼”和“缝扣”；间距类型选“等距”；纽扣数目输入“2”；首粒位置（靠近红色正方形标记）输入“0.5”，末粒位置输入“19.6”，其自动计算扣间距离；扣眼设置点选“垂直”；扣眼余量输入“0.8”，点击“确定”。左键单击使扣眼翻转，右键单击最终确定扣眼位置（图5-3-48）。

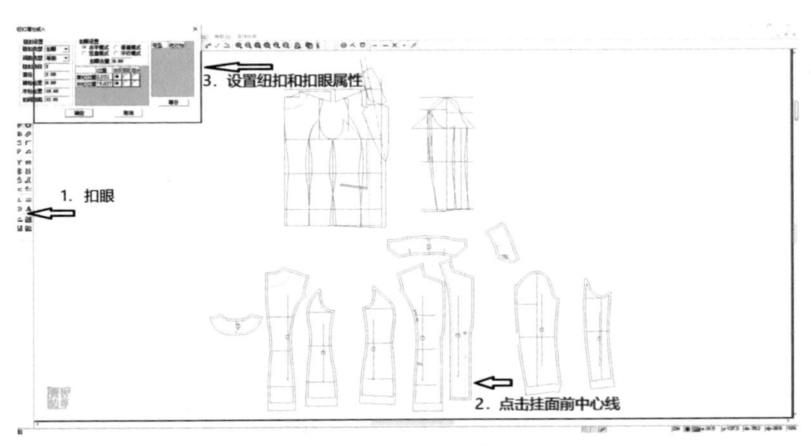

图5-3-48　设置扣眼

（45）样板处理完成图（图5-3-49、图5-3-50）。

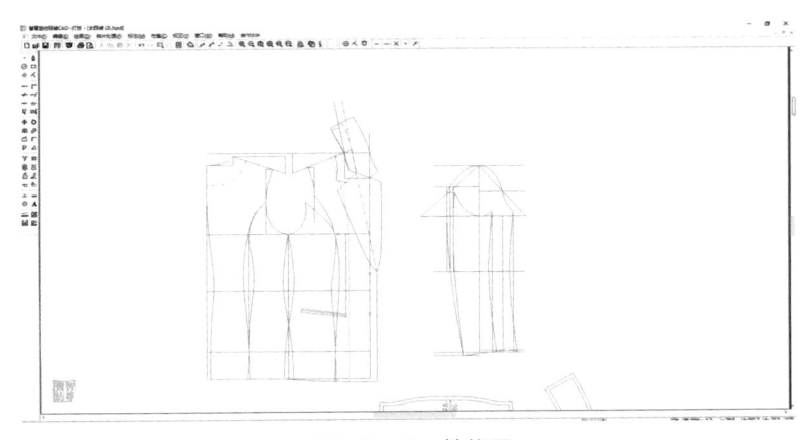

图5-3-49　结构图

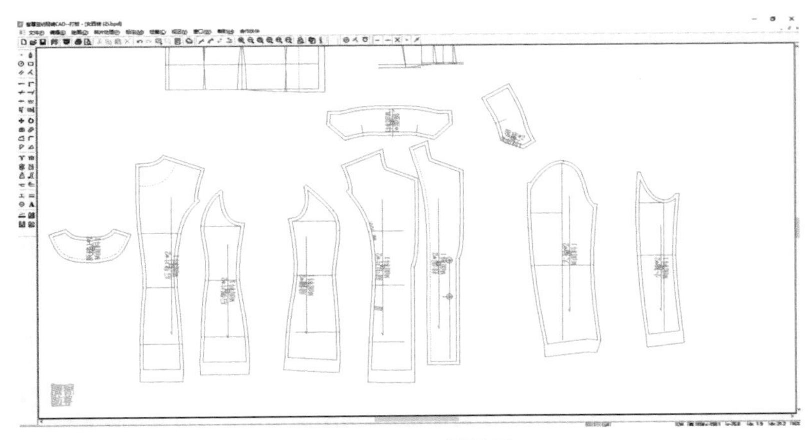

图5-3-50　样板图

5.3.2 女西装推码

（1）鼠标左键双击桌面推码图标，打开推码软件。单击打开文件，找到女西装文件，在弹出的“号型设置”对话框里检查需要推码的号型及基本码设置，点击“确定”（图5-3-51）。

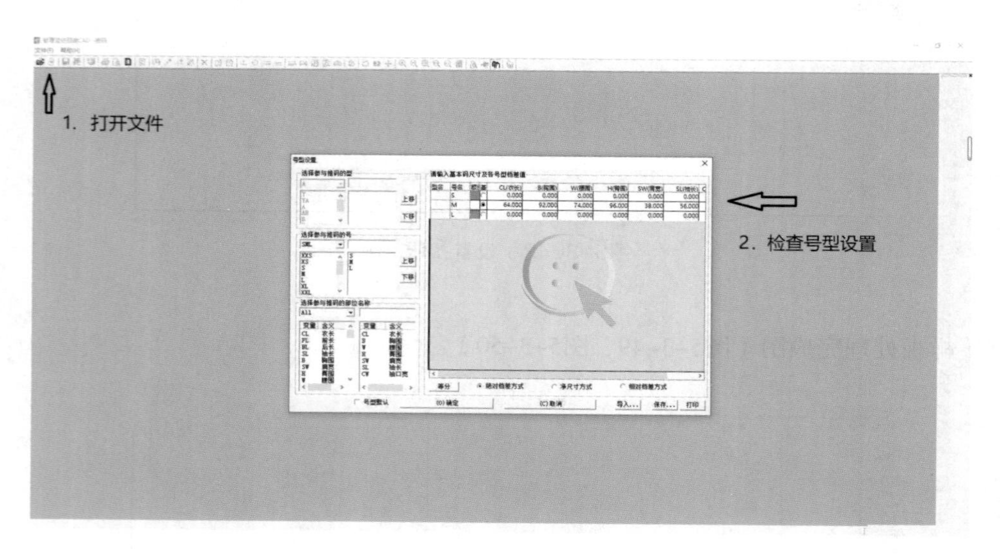

图5-3-51 打开推码文件

（2）在打开的界面右侧会出现物料区，左键单击裁片图标，裁片会在推码工作区自动生成，右键单击物料区空白位置可以选择其他物料。左键点住丝绺线不放可拖动样片，按照自己的工作习惯摆放。选择点推码工具，出现“点推码设置”对话框（图5-3-52）。

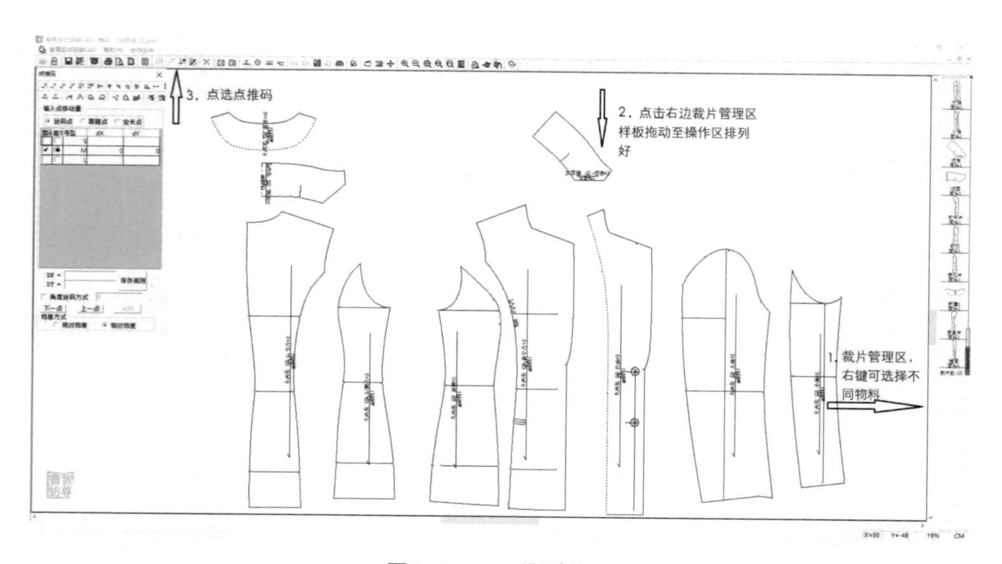

图5-3-52 排列裁片

（3）先以后片为例进行推码。左键单击推码点，然后在“点推码”对话框里观察它是放码点还是跟随点，有些跟随点不需要改变，如要推码，则需要点选“放码点”。在L号型后输入对应的放码量，点击等分图标或是按快捷键“D”，则可以快速放出相等量的数据。如果是不同放码量，则需要单次输入多个数据，点击“放码”按钮即可。显示放码数据快捷键：空格键＋L（图5-3-53）。

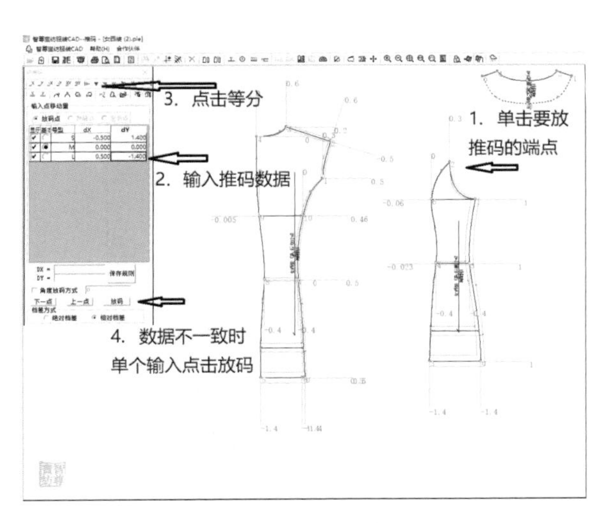

图5-3-53 后片推码

（4）肩斜处用角度放码方式来完成。先单击肩斜放码点，再勾选“角度放码方式”☑ 角度放码方式 72.1203563940，点击切线或法线图标，放码坐标即会发生改变，可以多次点击，停在我们需要的放码方向时可以输入推码数据（此时千万注意X轴和Y轴的方向）（图5-3-54）。同理可完成前片推码，注意前肩斜角度放码（图5-3-55）。

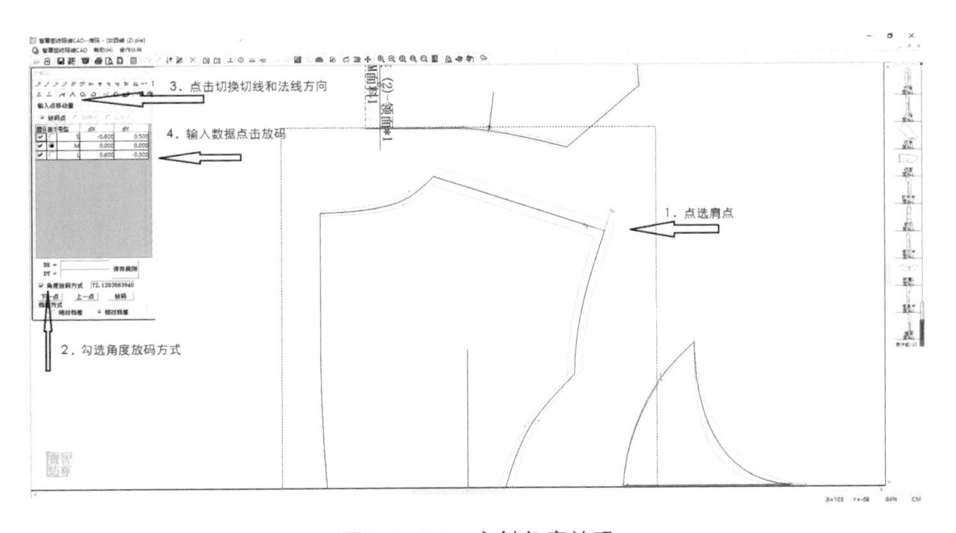

图5-3-54 肩斜角度放码

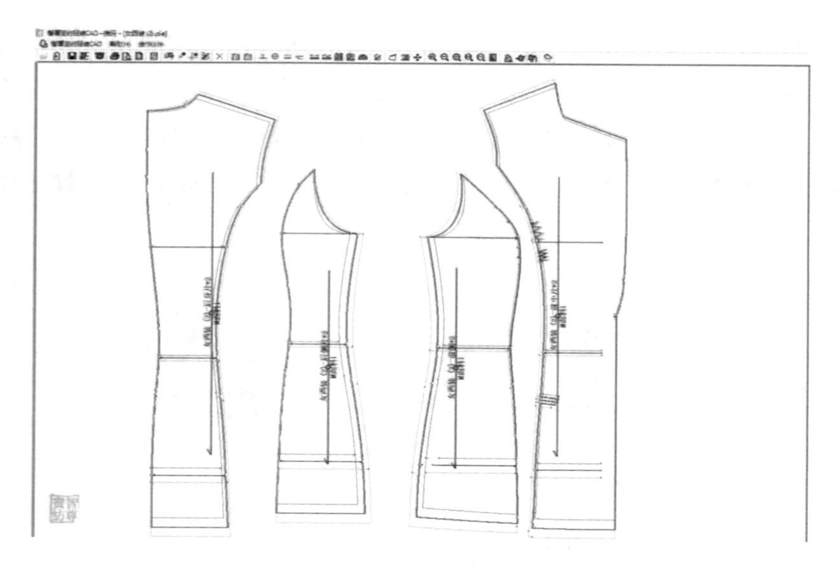

图5-3-55　前后片推码完成图

（5）挂面和前中片放码点相同，可以通过拷贝工具来实现。左键单击需要推码的点，点击拷贝XY，再点击前中片推好码的点，拷贝即完成，同理可以把其他几个放码点推好。扣眼推码可用定长点工具来固定扣间间距（图5-3-56）。

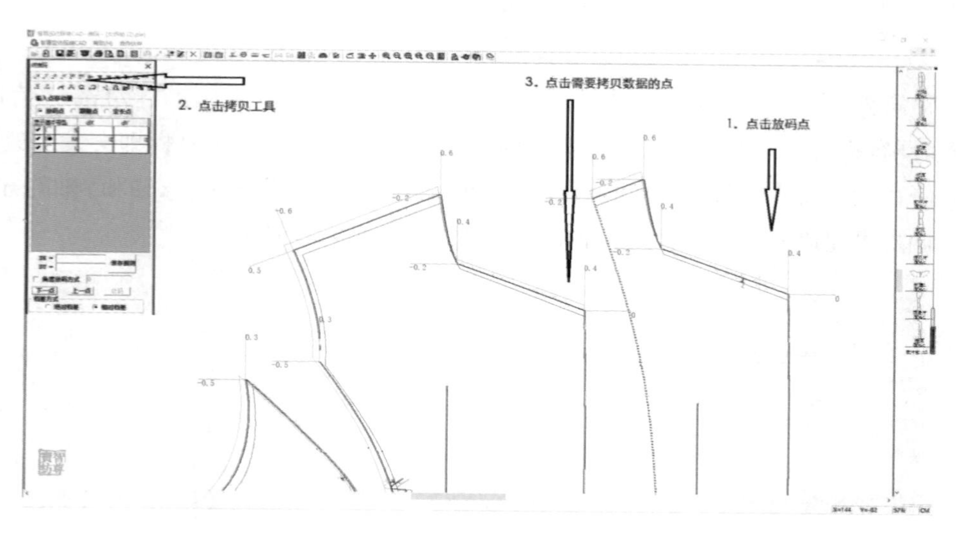

图5-3-56　挂面推码

（6）领子推码。点选拼合检查工具，左键单击后领圈，右键结束再右键单击，在显示的对话框里查看一下后领圈实际差值，打开“点放码”对话框，做后领中推码。同理做好前领圈推码（图5-3-57）。袖子推码检查也同样适用，检查袖子长度是否合适也是用检查对话框的拼合检查，规格越大，吃势越多（图5-3-58）。

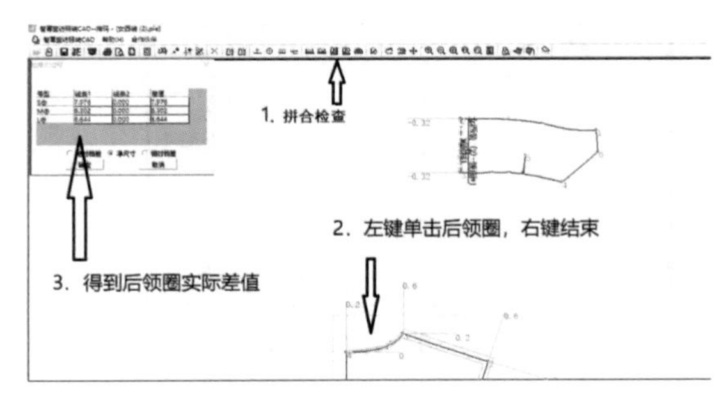

图5-3-57　领子推码

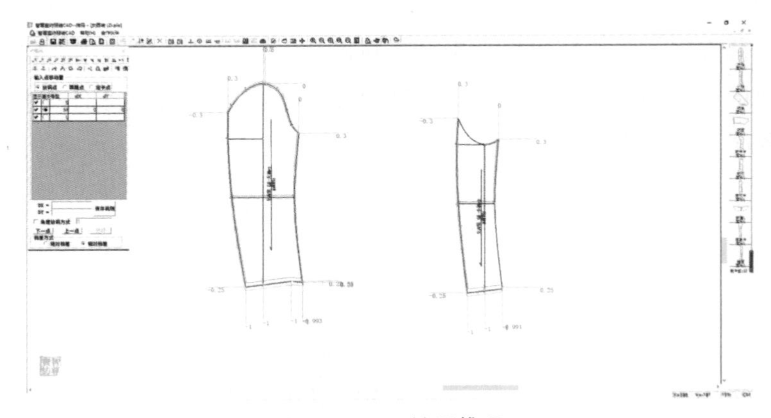

图5-3-58　袖子推码

（7）推码完成后保存文件到指定位置。

5.3.3　女西装排料

（1）左键双击排料，出现Flash动画后左键单击成排料界面，左键单击调入裁片工具（注意不是打开文件），点击“打开”找到推码文件并打开（图5-3-59）。在弹出的“件数设置”对话框里设置需要排料的件数，根据需要更改“顺”“戗”，勾选“拆分面料”和“区分面料”（图5-3-60）。

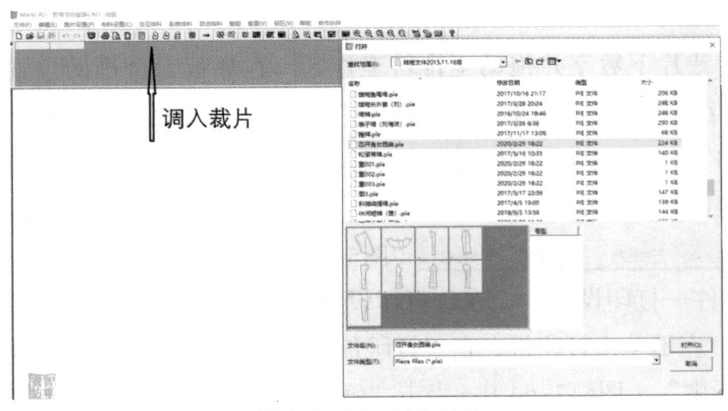

图5-3-59　调入裁片

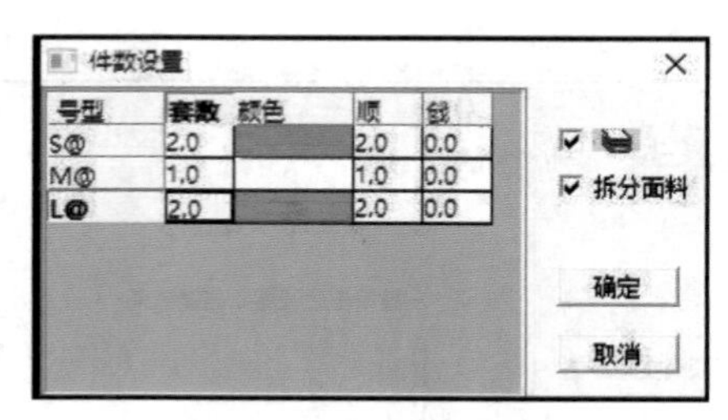

图5-3-60　件数设置

（2）打开布料设置工具，在右边“布料设置”对话框里设定幅宽、布长（预计）、预设用料、缩水（根据屏幕方向）等，完成后点击“布料确认”，页面会成待排料状态（图5-3-61）。右上角是面料切换区，上面是待排裁片区，中间是排料工作区，需要将面料工作区上部线条下拉显示出全部待排裁片，以防遗漏。

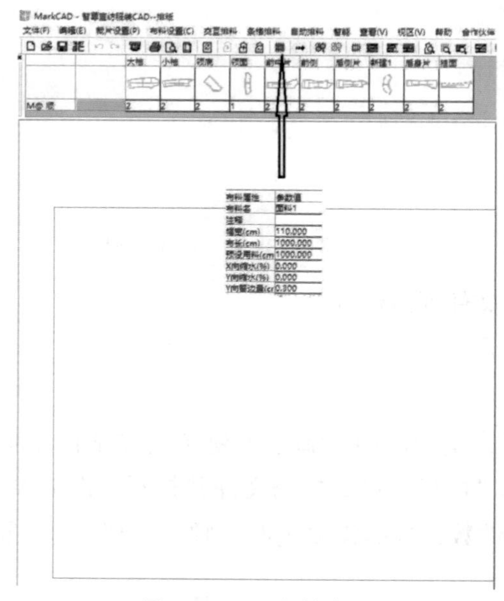

图5-3-61　布料确认

（3）左键单击裁片下数字并拖动至排料工作区，在靠近最合理的位置时左键单击，把裁片排好。点击“交互排料—裁片贴紧—方向贴紧”，即可以使用方向线功能。裁片排料过程中使用快捷键：F1、F2、F3、F4，可以进行微调。要把排错的裁片返回待排料区可点击视窗左下角的取消所有裁片和裁片取消。排料完成点击显示竖直边线查看右下角排料信息 已用长度(cm)747.44 用料率(%)79.00 已排:95 未排:0 排料时间（图5-3-62）。

（4）选择“文件—打印设置”，在“打印设置”对话框里选打印机及纸张方向，点击“确定”（图5-3-63）。左键单击打印机，在“打印预设”对话框里勾选“打印到一张纸”“打印布料”，位置点选“居中”（图5-3-64），点击“确定”，就会把排料信息打印在一张A4纸上（图5-3-65）。

（5）在排料完成状态下点击打印到绘图仪，在“打印到绘图仪”对话框里选择相应的设置，然后点击“确定”，就可以将排料图输出到设备上。如勾选“保存为PLT文件”，即可以将此排料图作为国际通用排料格式文件发给任意CAD操作人员（图5–3–66）。

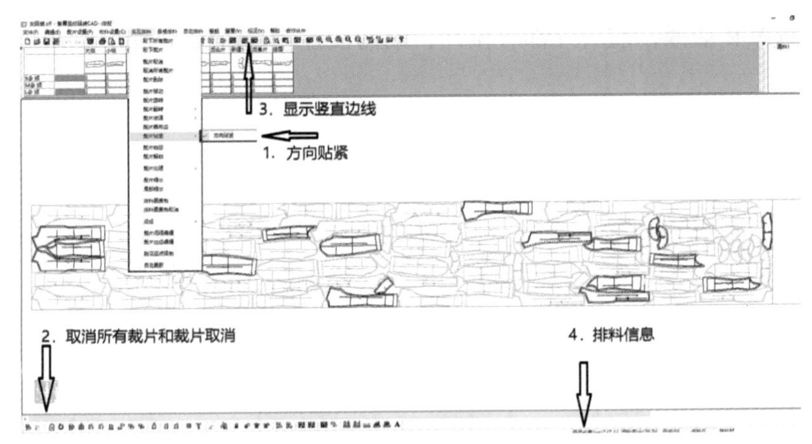

图5–3–62　排料完成

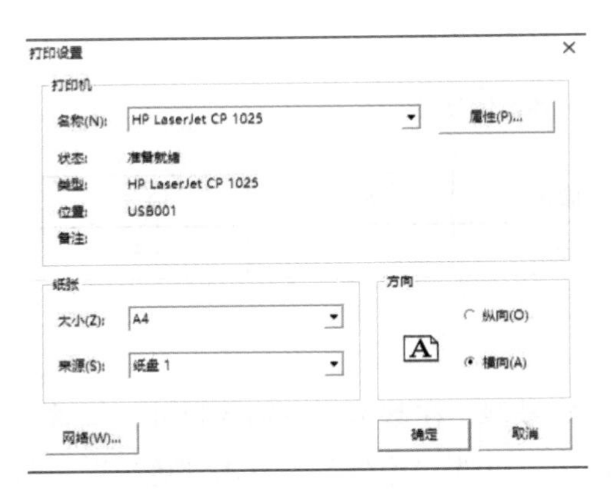

图5–3–63　选择打印机

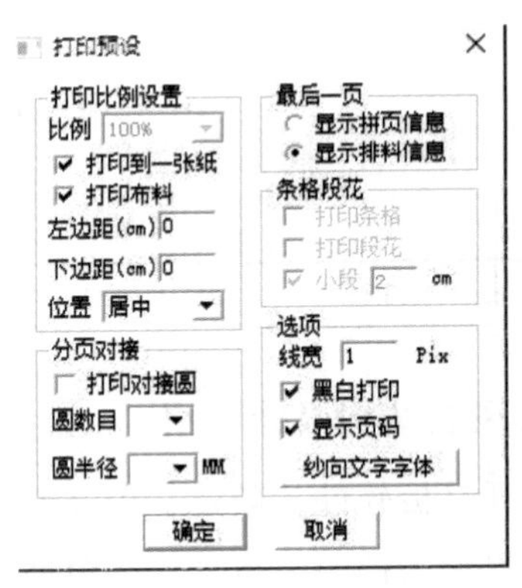

图5–3–64　打印预设

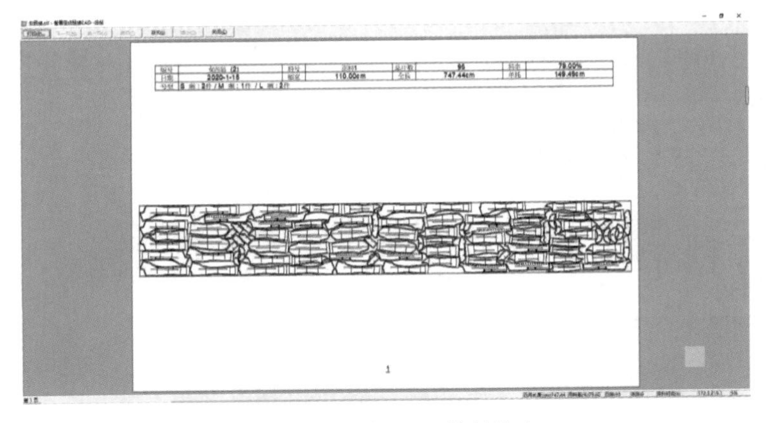

图5–3–65　打印A4排料信息

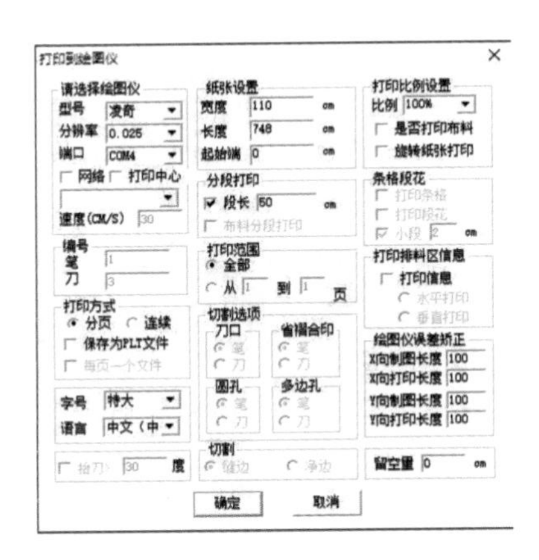

图5–3–66　打印到绘图仪

5.4 女式风衣

款式分析：此款风衣为宽松型插肩袖设计，双排扣大翻领，领口装有立翻领，后中开衩，肩部和袖口有装饰肩襻和袖襻，前后片都有覆片，结构设计较有难度（图5-4-1）。各部位尺寸如表5-4-1所示。

图5-4-1　款式分析图

表5-4-1　各部位尺寸

单位：cm

部位	衣长	胸围	腰围	肩宽	袖长	袖口宽
尺寸	116	100	96	39	58	26

5.4.1　女式风衣结构设计

（1）打开打板软件，新建一个文件，设置好号型，在基本码里输入尺寸，勾选“相对档差方式”，在L号里输入档差，点选“等分所有部位”，点选“等分”，点击“确定”，号型规格设置完成（图5-4-2）。

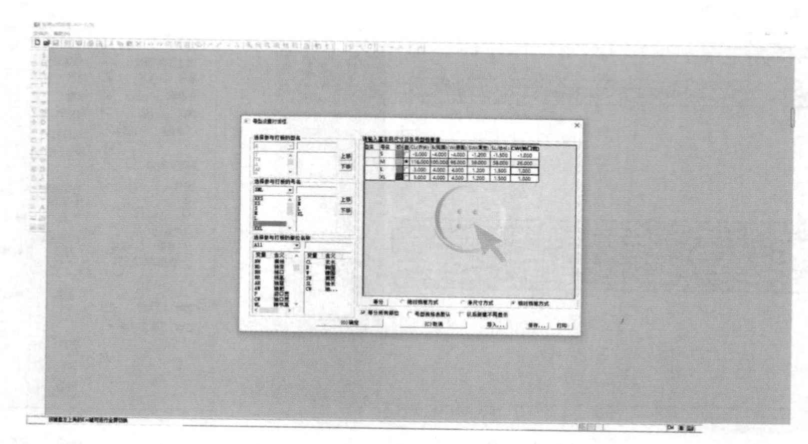

图5-4-2　设置风衣号型规格

（2）在点击界面右下角的 B ，出现规格表，左键点住不放拖动至右侧位置。选择智尊笔工具，在工作区任意位置左键单击下拉出一条接近直线的线段，在数据栏输入衣长“116”，回车确认。光标放置在下端接近水平的位置，在数据栏输入“B/2＋1”，回车确认。光标向上移动，在数据栏输入前衣长“119.5”，回车确认（图5-4-3）。

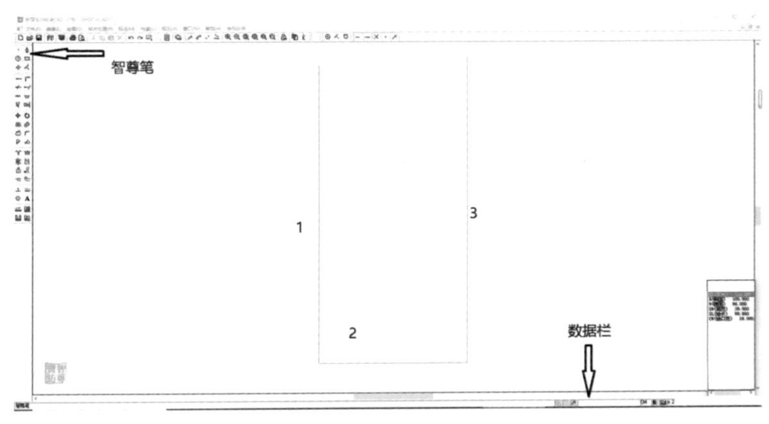

图5-4-3　风衣结构设计（1）

（3）选择智尊笔工具，在后中端点左键单击拉出直线，放置于基本水平，在数据栏输入后横开领宽“7.6”，回车确认，右键单击结束。选择平行线工具，左键单击后横开领线向下拖动，在数据栏输入后腰线高“38”，回车确认。选择延长线工具，左键单击腰围线靠端点位置，拖动鼠标至前中线上（会出现漏斗型接触点），左键单击固定。选择平行线工具，左键单击腰围线向下拖动，在数据栏输入“18”，回车确认，为臀围线。继续使用平行线工具，点击腰围线，拖动至前中端点上左键单击，定下前上平线，用延长线工具缩短上平线（图5-4-4）。

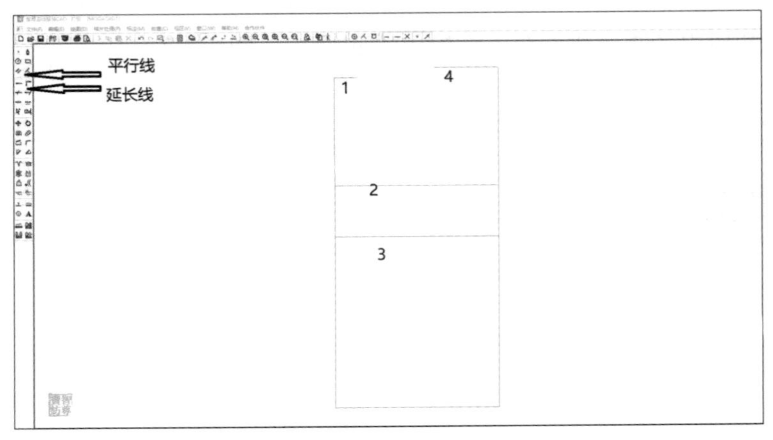

图5-4-4　风衣结构设计（2）

（4）选择平行线工具，左键单击前上平线，向下拖动，输入“27.5”为插肩袖袖窿深，并选择延长线工具使线条延伸至后中线。选择平行线工具，左键单击前中线，拖动至胸围线中点（中点捕捉需打开）左键单击确定，为侧缝线。选择延长线工具，左键单击侧缝线上端，移动鼠标缩短至袖窿深线，再左键单击向上拖动，输入“3.5”，为胸省量。选择智尊笔工具，确保“定长点捕捉”在打开状态，在数据栏输入“1.2”，鼠标放在前上平线靠近前中位置，出现1.2位置时左键单击拖动线条至前袖窿深位置，左键单击确定，右键单击断开，再右键单击结束。选择延长线工具，鼠标在侧缝端点处单击，在数据栏输入“－1”，回车确定，胸省由于前中劈门而减小1cm（图5-4-5）。

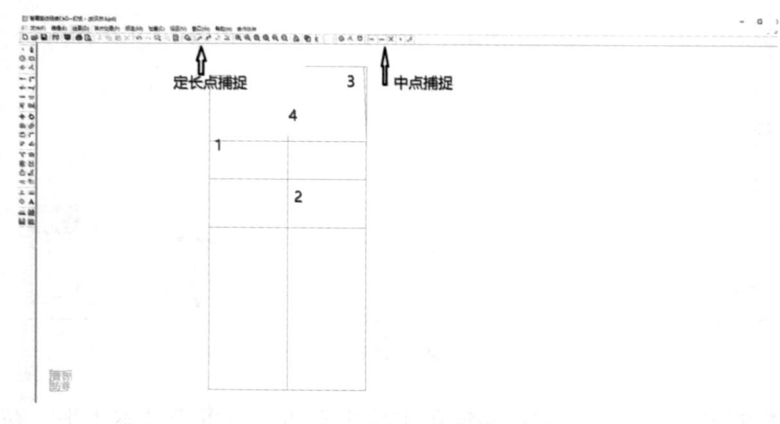

图5-4-5　风衣结构设计（3）

（5）选择断开工具，左键单击臀围线，然后在中点位置左键单击，即把臀围线分成两段，同理把腰围线、袖窿深线断开。选择移动工具，点选或框选后片线条，右键结束，在空白处左键单击移动结构线，在数据栏输入“@0,1”，即把后片向上抬高1cm。选择智尊笔工具，画好前片抬高后的线条，并左键双击后左键单击拉成弧线，选择移动工具，打开右下角的复制，左键单击弧线，右键结束，再次左键单击弧线端点拖动鼠标到合适位置，左键单击确定。完成后右键退出工具，左键单击前片原来的直线成红色，左键单击删除×（图5-4-6）。

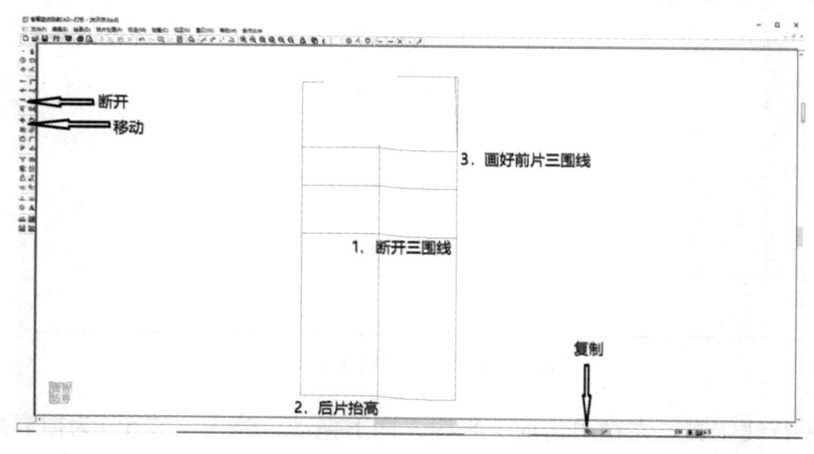

图5-4-6　风衣结构设计（4）

（6）选择移动工具，点选所有前片线条，右键结束，左键在空白处单击后拖动鼠标，按住Shift键不放，可水平拖动。选择智尊笔工具，在后横开领处左键单击拖出直线，在数据栏输入“2.5”，为后领深，回车确认。继续水平方向拖动线条，在数据栏输入“15”，回车确认，再向下拖动垂直线，在数据栏输入“5”，回车确认，为肩斜角度。继续拖动线条至后领深端点，左键单击确定，右键断开右键结束，为肩斜线（图5–4–7）。

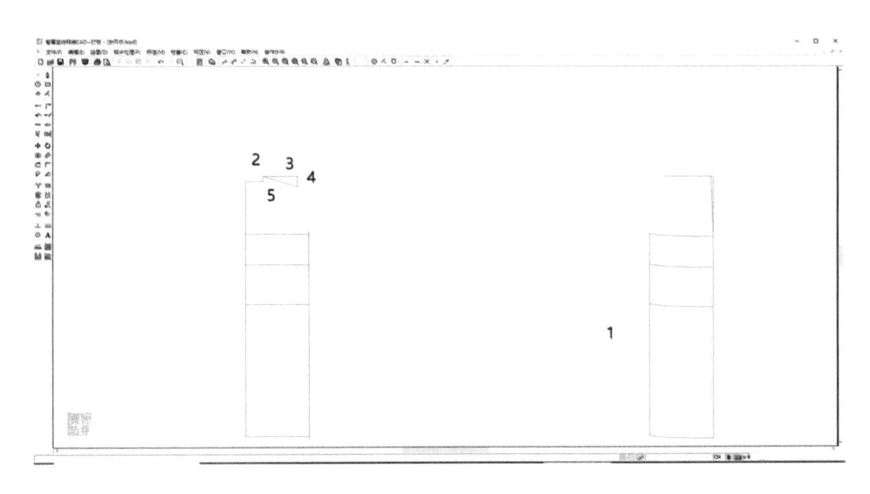

图5–4–7 绘制后肩斜

（7）选择智尊笔工具，左键单击后中上端点，点击打开“投影点捕捉”，在数据栏输入“肩宽/2”，即“19.5”，回车，光标放在肩斜线上左键单击，光标会自动找到肩端点。选择延长线工具，把肩线缩短至肩端点，再次左键单击延长线工具，在数据栏输入袖长“58”，回车确认。选择垂线工具，左键单击袖长线，再左键单击袖口端点，拖出垂直线，在数据栏输入“袖口/2 + 1”，即“14”，回车确认（图5–4–8）。

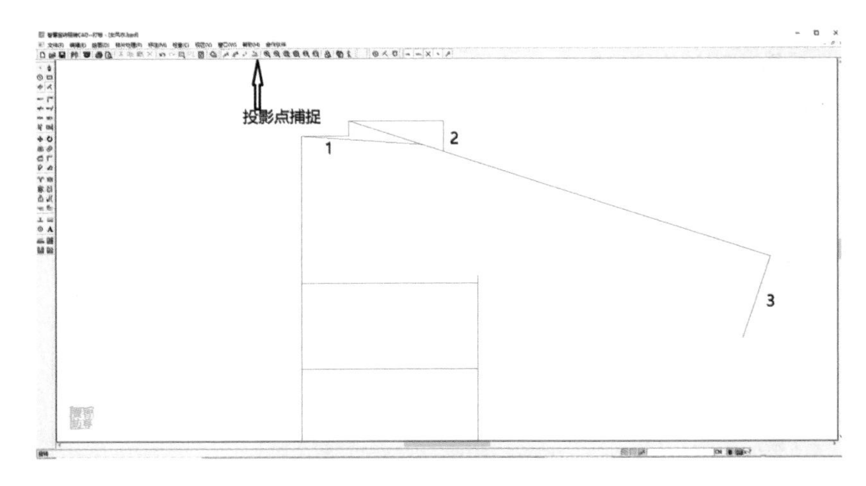

图5–4–8 绘制袖长线

（8）选择垂线工具，左键单击袖长线，在数据栏输入“10”，光标放置于肩端点下，出现10的定长点后左键单击，向下拉出直线，在数据栏输入“2B/10＋1”，即“24.2”，回车确认。再次做袖肘线，肩端点向下32左右拖出任意垂直线。选择智尊笔连接袖肥和袖窿深端点，选择垂线工具，选择线条，在中点处拉出垂直线，在数据栏输入“7”，回车确认。选择智尊笔工具，在数据栏输入“1”，在肩斜线处找到1cm点，左键单击跟后领中画成直线，然后左键双击再单击拉成弧线为后领圈弧线（图5–4–9）。

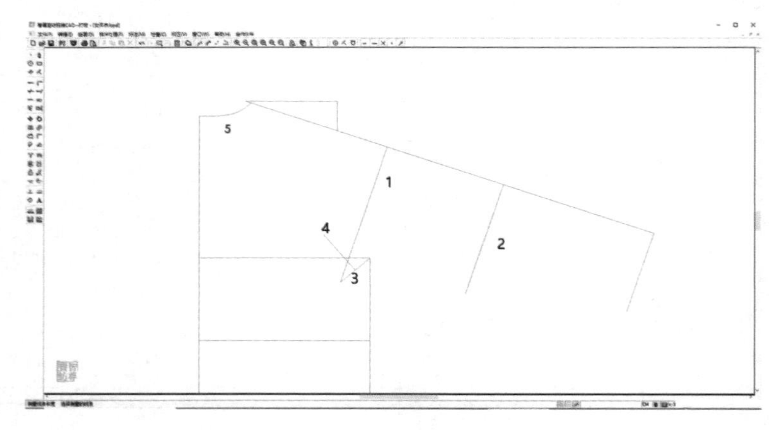

图5–4–9　绘制袖子辅助线

（9）选择智尊笔工具，从领圈处左键单击拉出线条，按照款式造型画好插肩袖衣身线条。继续使用智尊笔工具，画好插肩袖袖子线条（确保两段线条等长），继续依次画好袖底缝线，右键退出工具。左键双击袖底线变成可编辑状态，然后左键单击拖动线条使之成弧线。选择延长线工具，单击袖底线袖口位置，拖动鼠标，在数据栏输入“1”，回车确认，选择智尊笔工具，从延长1cm位置至袖长端点画直线，右键退出工具选择后左键双击，再左键单击拖动线条至两端垂直状态（图5–4–10）。

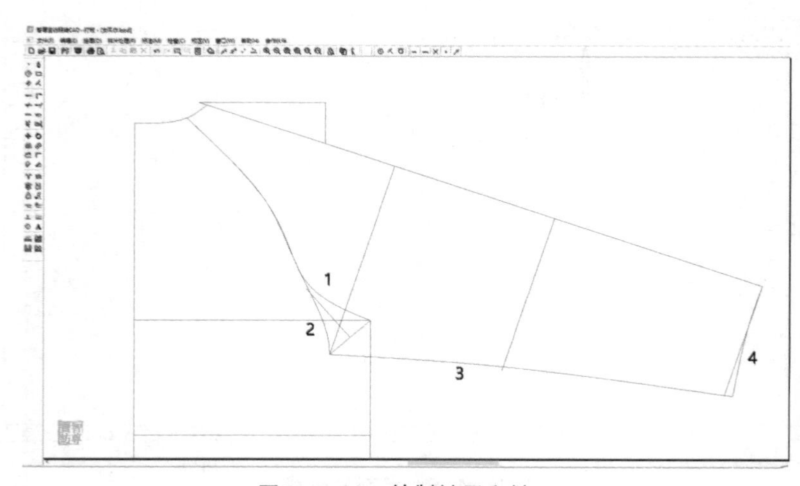

图5–4–10　绘制袖子和袖口

（10）选择智尊笔工具，左键单击后中上半部分，拖动鼠标下拉，在胸围线处数据栏输入“0.6”，找到点后左键单击，再下拖动至腰围线处数据栏输入“1.8”，找到点后左键单击，继续拖动鼠标至臀围线后中端点处左键单击，然后沿着后中线向下画至下摆处。选择智尊笔工具，从侧缝端点处左键单击拉出线条至腰围线，在数据栏输入“1.5”，找到对应点后左键单击，向下拖动，在臀围线位置点击“相对点捕捉”，点击臀围线端点，在数据栏输入“@1.5,0”，回车确定。右键退出工具，左键双击线条，右键在空白处单击，选择“修改切矢”，线条会出现切矢手柄，左键单击手柄拖动线条至合适位置，腰围至臀围线之间线条如果不太顺，可以加点再调节。选择延长线工具，延长刚画好的线条至下摆处，选择角连接工具，左键单击下摆线（靠近侧缝处），再左键单击侧缝线，将两个线条连接在一起。选择延长线工具，左键单击侧缝线下摆处，拖动鼠标，在数据栏输入“－1.5”，回车确认，完成侧缝起翘。选择智尊笔工具，重新连接后中下摆和侧缝端点成直线，右键退出工具，左键双击再单击线条拖动至合适位置（按Ctrl键不让线条自动吸附）（图5-4-11）。

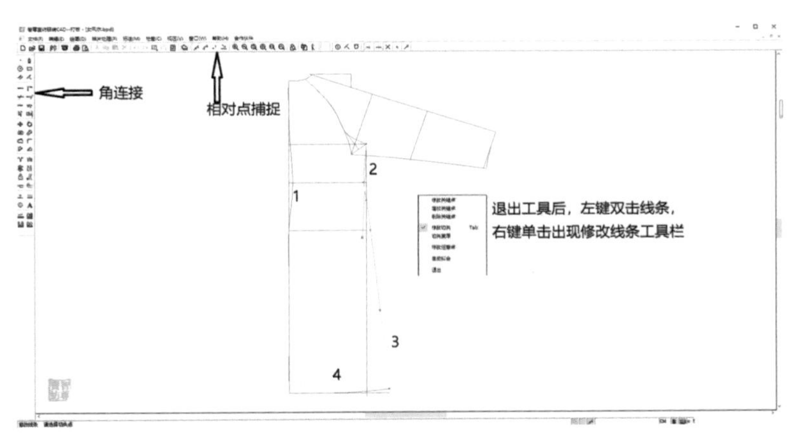

图5-4-11　绘制侧缝

（11）根据款式定后覆片位置，后片结构设计完成（图5-4-12）。

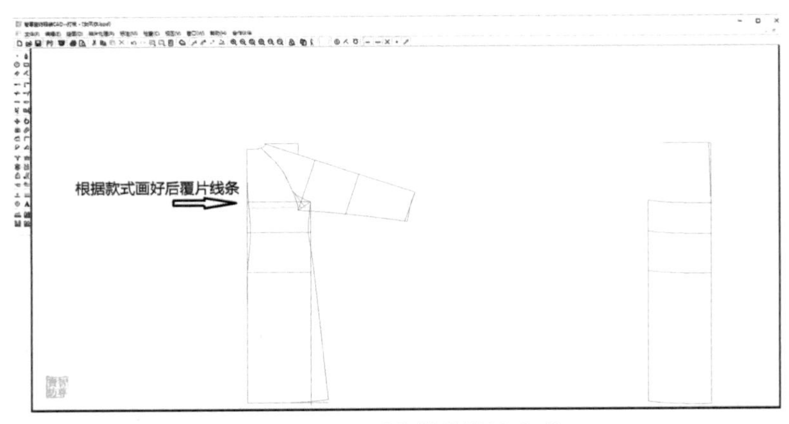

图5-4-12　后片结构设计完成

（12）① 选择延长线工具，延长劈门线，选择点工具 ，在数据栏输入“7.3”，鼠标放在上平线劈门线左侧位置，出现位置点时左键单击定下点。② 选择垂线工具，点选劈门线为垂直基准线，点选7.3的点为垂线起始点，拖动鼠标至劈门线左键单击定下垂线。③ 选择延长线工具，点选垂线拖动鼠标，在数据栏输入“15”，回车确认。④ 点选垂线工具，点击斜线为基准线，端点为起始点，拖动鼠标在数据栏输入“6”，为肩斜角度。⑤ 选择智尊笔工具，左键单击两边端点连成直线，右键断开右键结束，为肩斜线。⑥ 打开“定长点捕捉”的状态下，在数据栏输入“1”，找到肩斜线上1cm的位置，左键单击拉出直线成基本垂直状态，在数据栏输入“4”，回车确认，拖动鼠标成水平状态，在数据栏输入“1”，回车确认，拖动鼠标至原来肩颈点左键单击，右键断开右键结束（图5-4-13）。

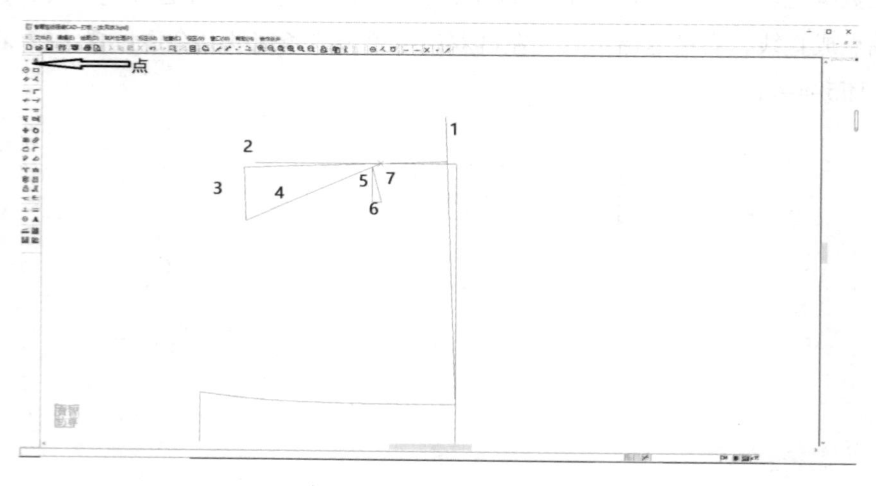

图5-4-13　绘制前肩斜

（13）选择测量工具，左键单击后袖长线，右键结束得到后袖长度。选择延长线工具，左键单击肩斜线拖动鼠标，在数据栏输入后袖长“58”，回车确定，即可画出跟后袖等长的前袖长线。选择垂线工具，左键单击前袖窿线为垂线基准线，在数据栏输入“8”，为袖山高，光标移动找到此点左键单击拖出线条，在数据栏输入“22.2”，回车确认，为前袖肥线。选择“检查—测量—点距测量”，鼠标从后片测量袖肘线高度，用垂线工具画出前袖轴线，选择垂线工具，左键单击袖口点拖出线条，在数据栏输入“袖口/2-1”，即“11”，为前袖口宽，回车确认，画好前袖口（图5-4-14）。

（14）① 左键双击前领圈线成可编辑直线，再左键单击拖动鼠标成弧线。② 选择智尊笔工具，连接袖肥端点和袖窿底点。③ 选择垂线工具，左键单击连接线为垂直基准线，找到中点（黄色三角形表示中点）左键单击拖出直线，在数据栏输入“7”，回车确认。④ 选择智尊笔工具，左键单击从领圈中间位置拉出线条，画好前衣身线条和袖山线条，确保两条线条长度一致。⑤ 选择智尊笔工具，连接袖底至袖口为直线，左键双击后再单击拖动线条，在袖肘处数据栏输入“1”，袖肘底放于1cm点上做内收弧线。⑥ 选择测量工具，左键单击后袖底弧线，右键结束，弹出的“长度”对话框，记住后袖底线长度，选择延长线工具，左键单击前袖底线靠袖口位置拖动鼠标，在数据栏输入后袖底线长（测量所得），回车确认，就是前袖底长。选择智尊笔工具画好前袖口线，并修正成两端直角的弧线（图5-4-15）。

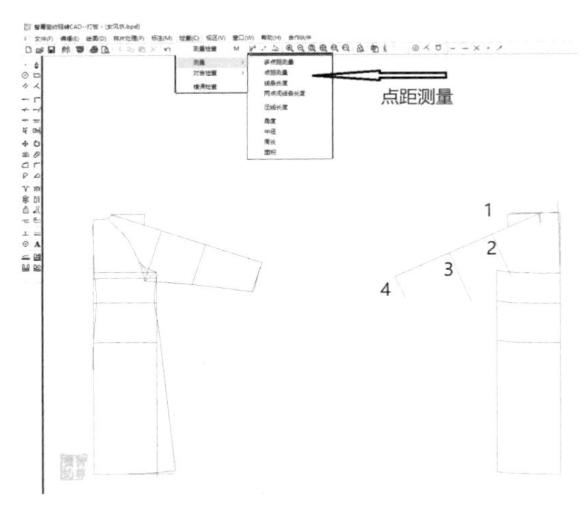

图5-4-14　绘制前袖长

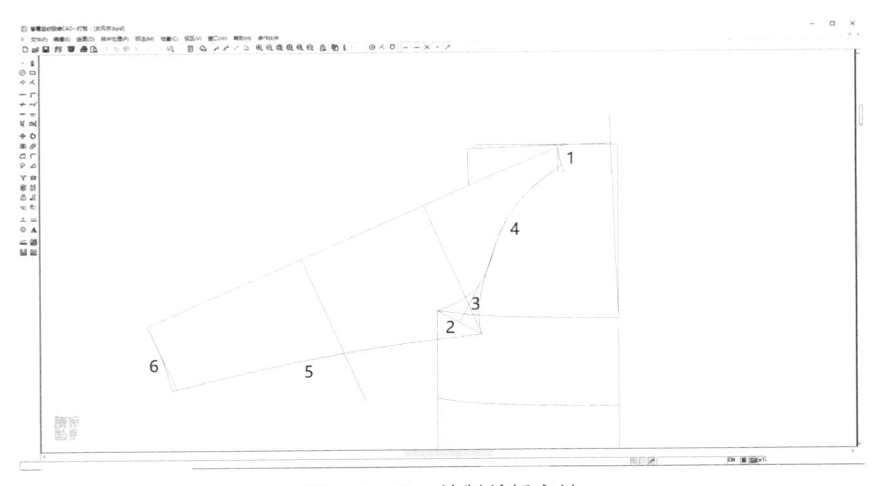

图5-4-15　绘制前插肩袖

（15）选择移动工具，打开右下角的复制开关，左键单击后片侧缝弧线和下摆弧线，右键结束选择光标成 ，左键单击侧缝线上端点，移动鼠标，把侧缝线和下摆线移动至前片侧缝处，端点重合，左键单击固定位置，选择镜像工具，左键点选刚移过来的侧缝和下摆线，右键结束选择，左键单击前侧缝直线的上端点和下端点（也可按住Shift键不放），该侧缝线即被镜像至前片。选择点移动工具 ，左键单击下摆前端点，移动至前片下摆处左键单击确定。左键双击下摆线，左键单击弧线内点，移动点使弧线圆顺（图5-4-16）。

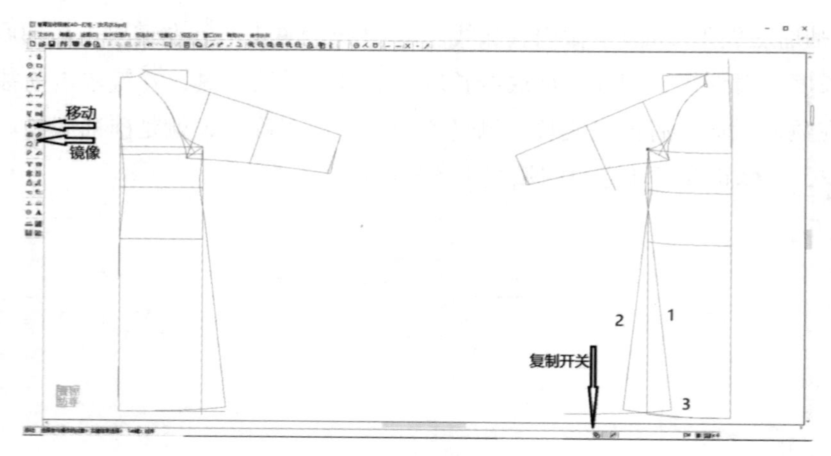

图5-4-16　绘制前侧缝

（16）选择平行线工具，左键单击前中线移动鼠标拖出线条，在数据栏输入叠门宽“8”，回车确认。选择修剪工具，左键点住不放从右下角往左上角拉框选择要修剪的线条，右键单击结束选择，出现剪刀工具后左键单击要修剪的线条。选择智尊笔工具，重新按照款式画好前领圈，需要跟原领圈重合，完成后框选将原领圈删除。选择延长线工具，把门襟线缩短至款式要求的位置（图5-4-17）。

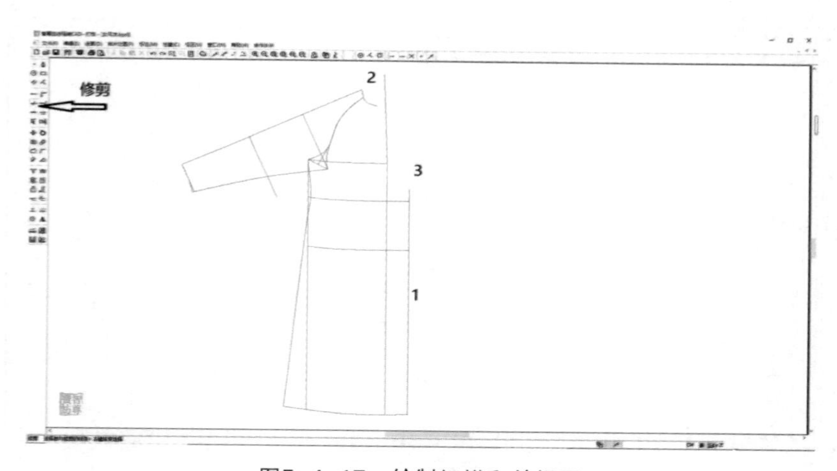

图5-4-17　绘制门襟和前领圈

（17）选择智尊笔工具，从领圈点至叠门点画一条直线为翻折线，然后右键退出工具。右键单击该线条成红色，按住Ctrl + L键出现“线型选择”对话框，选择双点画线，线型修改完成。选择智尊笔工具，依据款式将翻领造型画好，圆角处用加圆角工具，把尖角改成款式图上的圆角。选择镜像工具，打开复制模式，左键点选或框选角造型，右键结束，左键单击翻折线的两端，将翻领造型按照翻折线对称到另一边（图5-4-18）。

（18）选择矩形工具，在腰围线和臀围线的中间位置左键单击拖动鼠标出现长方形，在数据栏输入“@2.5,-13”，回车确认，结构图上会出现长方形。选择旋转工具，左键点选该长方形，右键结束，然后在长方形下端任意端点左键单击拖动鼠标，将长方形袋位旋转至合适角度后左键单击确定。选择移动工具，点选袋位线右键结束，左键单击拖动袋位至款式合适位置左键单击确定。选择智尊笔工具，在门襟处画好扣眼位，选择圆工具，画好扣位，选择移动工具+复制工具，将扣眼位和扣位复制到款式指定位置（图5-4-19）。

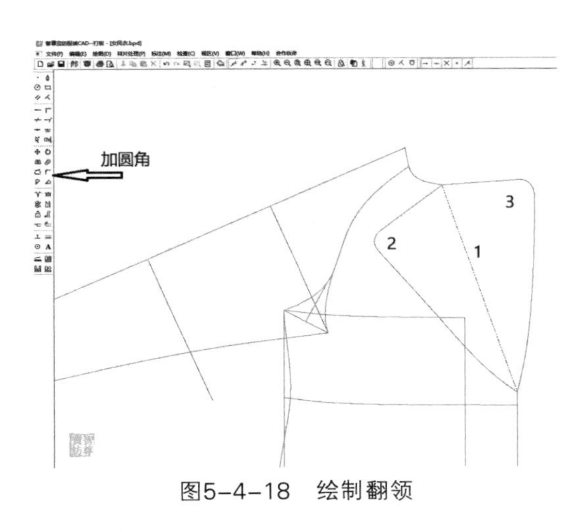

图5-4-18 绘制翻领

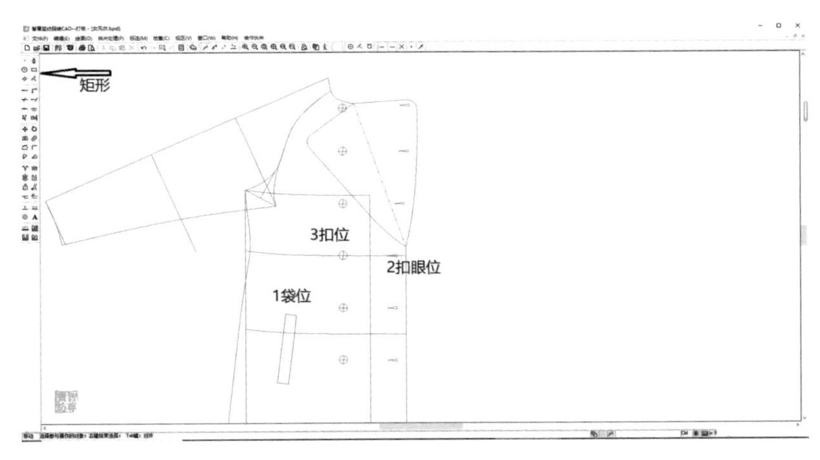

图5-4-19 绘制袋位和扣位

（19）选择测量工具，左键单击后领圈和前领圈为红色，右键单击确认，弹出“测量数值”对话框，记住测量数值（图5-4-20）。

（20）选择智尊笔工具，左键单击拖出直线，在数据栏输入前后领圈总长“18.462”，回车确认。鼠标继续向上拖动成垂直线，在数据栏输入“3”，回车确认。继续拖动鼠标至直线起点，左键单击定点，右键断开，再右键单击结束，左键双击该斜线成可编辑线段，左键单击拖动线条至圆顺弧线。选择延长线工具，左键单击弧线起点，在数据栏输入“18.462”，回车确认，该弧线直接定下总长为前后领圈长度。选择垂线工具，左键立领弧线，再左键单击后领中拖出弧线，在数据栏输入“3”，回车确认，同理做前立领垂直线3。选择相似工具，左键单击下领口弧线，跟着光标会拉出指示线，把指示线放在相应端点上左键单击，即可复制一条跟领底线平行的线段（图5-4-21）。

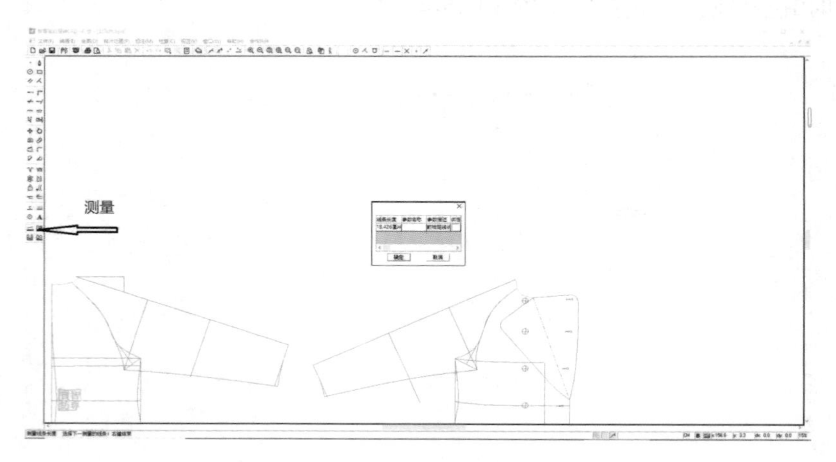

图5-4-20　领圈测量

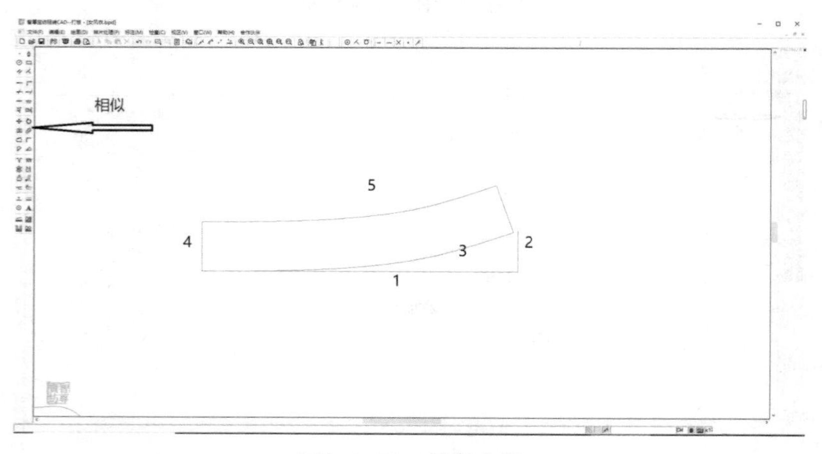

图5-4-21　绘制立领

（21）选择延长线工具，延长后领中线。选择智尊笔工具，左键单击立领上口鼠标，拖出直线，按住Shift键，画至后领中线。选择“检查—测量—点距测量”，量出立领上口距离&。选择延长线工具，延长后领中“& + 0.5”。选择智尊笔工具，画好领面下口线（图5-4-22）。

（22）选择延长线工具，点击后领中线，在数据栏输入“5”，回车确认。选择智尊笔工具画好领外口弧线和领角线。选择测量工具，左键单击后领圈线，右键结束弹出“尺寸”对话框。选择刀眼工具，在数据栏输入后领圈长度，光标放在立领下口线上，出现刀眼位置后左键单击，再左键单击确定（图5-4-23）。

（23）结合智尊笔工具、加圆角工具、矩形工具、圆工具，画好后衩、前育克、后育克、袖襻、肩襻和腰带（图5-4-24）。

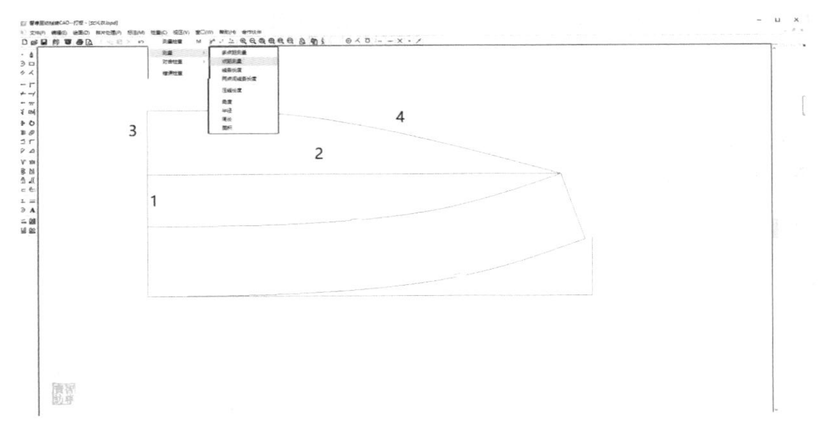

图5-4-22　绘制领面（1）

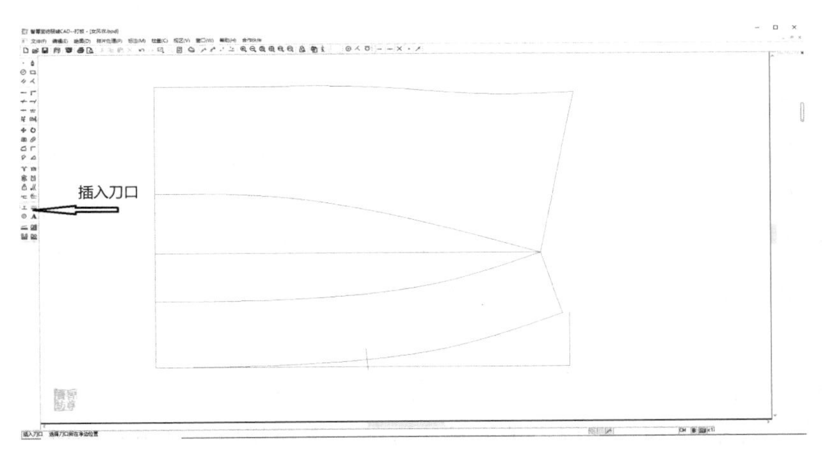

图5-4-23　绘制领面（2）

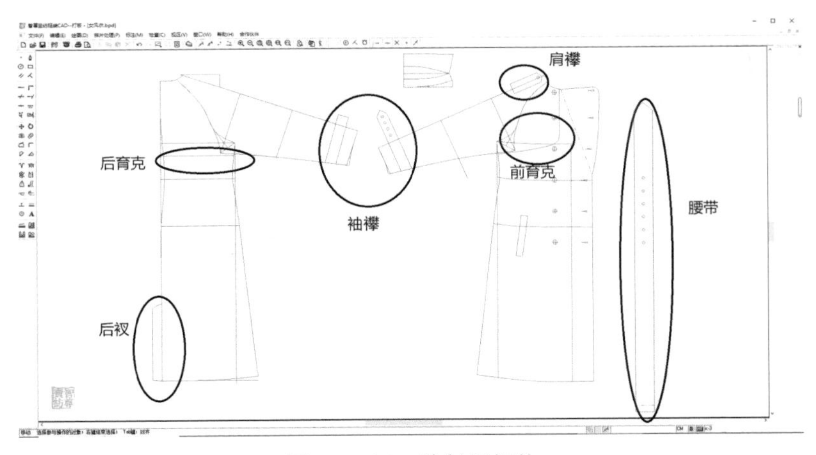

图5-4-24　绘制零部件

（24）选择移动工具，打开复制模式，左键单击后育克的全部线条，右键结束选择，左键在界面空白处单击拖动到左边，再左键单击确定位置。选择修剪工具，左键单击拉框选择线条，右键结束，出现修剪工具✂后，修剪掉不需要的线条（图5-4-25）。

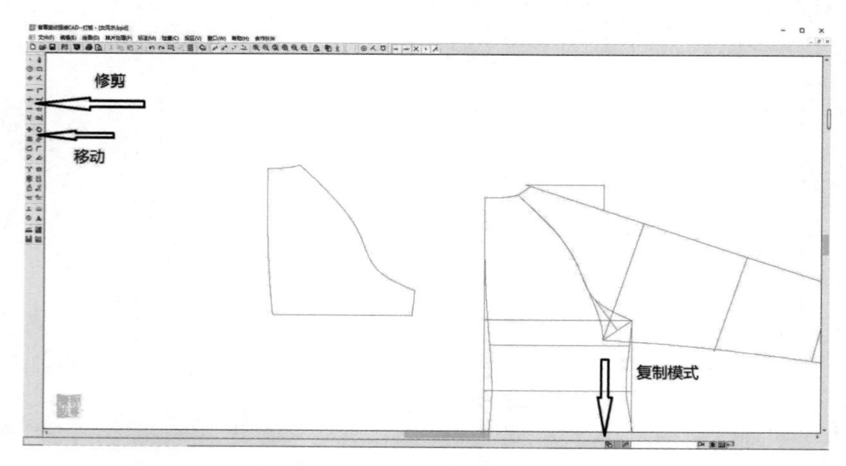

图5-4-25　复制后育克

（25）选择智尊笔工具，后中画一条直线。选择角连接，左键单击后育克下口线和后中线连成后中直线。右键退出工具，左键单击原弧线成红色，选择删除工具删除。选择“绘图—等分线”，左键单击后领口线，右键结束，再左键单击后育克下口线，右键结束，在弹出的“等分线”对话框里输入“3”，点击“确定”，即加上2条等分线。选择样片取出工具，框选后育克，在视图空白位置右键单击，弹出“裁片命名”对话框，输入对应信息，点击“确定”（图5-4-26）。

（26）选择样片剪开移动工具，左键单击要剪开的线条（内部等分线），右键结束，弹出“样片剪开移动”对话框，在对话框里填入相应数值，选择相应展开方式（圆顺），勾选或不勾选“显示内部线”（都可），点击“确定”，即可将该样板展开（图5-4-27）。

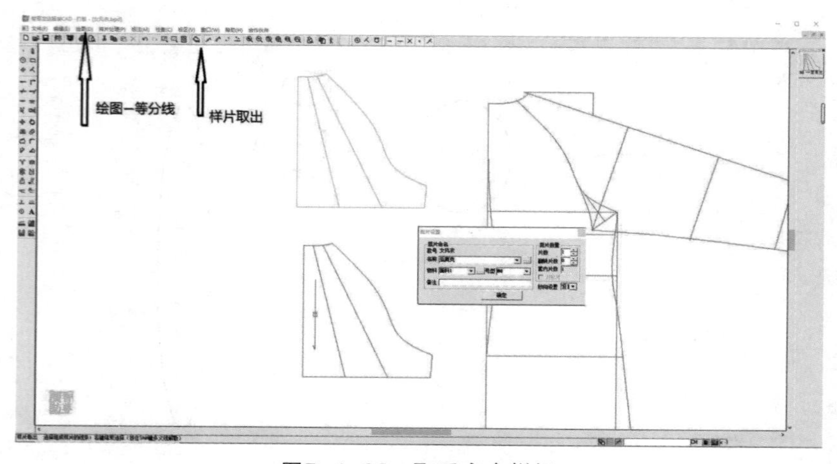

图5-4-26　取后育克样板

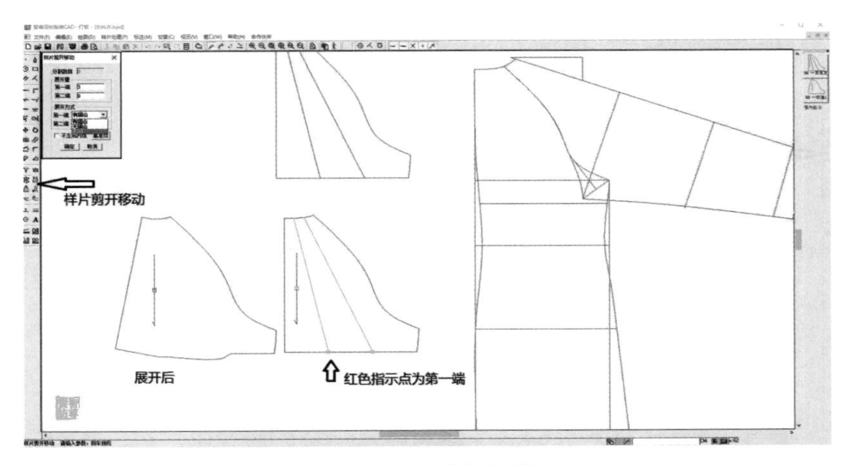

图5-4-27 后育克展开

（27）选择直立工具，左键框选后育克右键结束，左键单击后中线即直立。选择智尊笔工具，在下口画一条圆顺弧线。选择“样片处理—样片换净边”，左键单击要替换的线条成红色，右键结束，再左键单击刚画好的圆顺弧线，后育克下摆即成圆顺弧线。选择“标注—纱向—平行纱向”，左键单击后中线，在空白位置左键单击拉出直线，再左键单击，即重新设定纱向线（图5-4-28）。

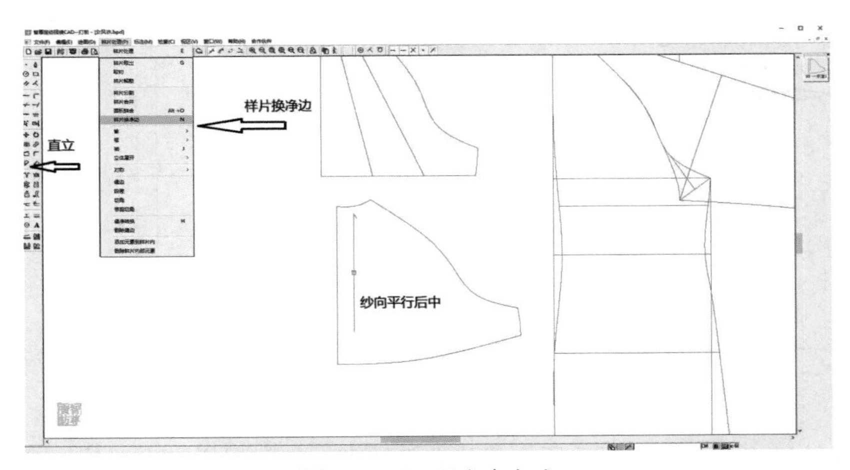

图5-4-28 后育克完成

（28）选择对齐工具，左键单击前插肩袖线条，右键结束选择，左键单击前袖肥端点拖动鼠标至后袖肥端点左键单击，继续左键单击前袖肘端点拖动鼠标至后袖肘端点左键单击，即把前后插肩袖合成一片插肩袖。选择延长线工具，左键单击袖袢线缩短，右键退出工具，左键单击袖襻线成红色，选择Ctrl + L键，选择虚线为袖襻位置。选择智尊笔工具，在数据栏输入“4”，点击肩缝处4cm的点后画出挂面线，右键退出工具，左键单击挂面线成红色，选择Ctrl + L键，将挂面线改成虚线（图5-4-29）。

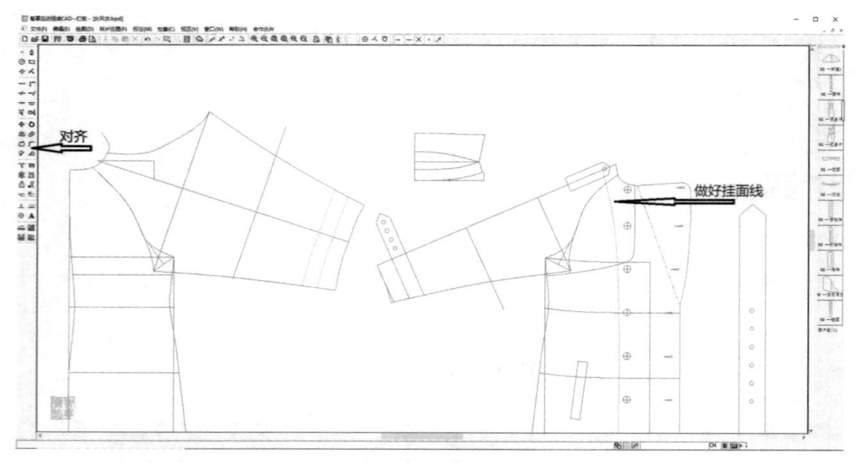

图5-4-29　合并插肩袖

（29）选择样片取出工具，把所有需要的样板取出。选择样片对称展开工具，把需要展开的样片展开（图5-4-30）。

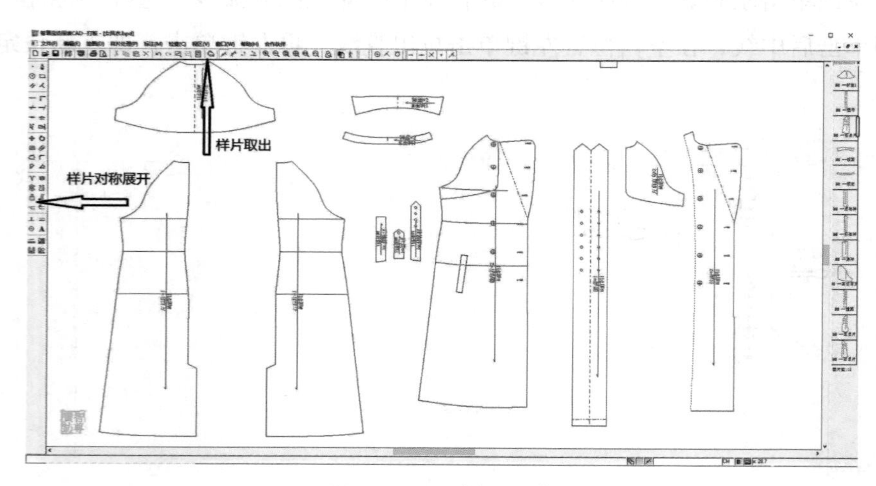

图5-4-30　样片取出

（30）选择缝边工具，左键框选所有裁片右键结束，在数据栏输入“1”，回车确认。框选前后片下摆线和袖口线右键结束，在数据栏输入“4”，回车确认。左键单击右后片衩位，右键结束，在数据栏输入衩长“15.2”，衩宽“4”，角度方式选择“90°”，回车确认。选择测量工具，左键单击挂面底部线条，右键结束，弹出“测量”对话框显示线条长度，选择段差工具，左键单击前片下摆，出现“段差设置”对话框，选择好段差方式，输入相应尺寸，点击“确定”，段差设置完成。选择插入刀口工具，在样片需要刀眼的地方左键单击插入刀口（图5-4-31）。

（31）选择压线工具，左键单击需要加压线的净边，右键结束，在弹出的“设置压线参数”对话框里输入合适的数值，点击“确定”（图5-4-32）。

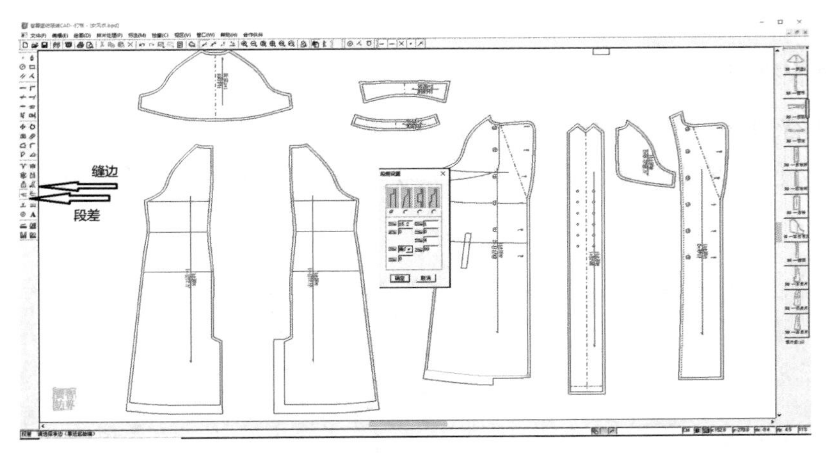

图5-4-31 加缝边、加段差

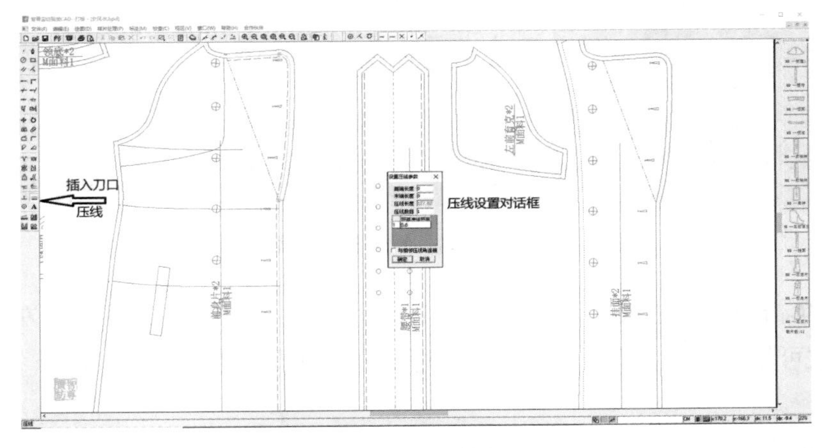

图5-4-32 压线设置

（32）选择裁片显示设置工具，在弹出的“裁片显示设置”对话框里勾选所需要的信息，点击“确定”。全面检查结构图和裁片设置、纱向、刀眼、压线等细节，确认无误后保存至指定位置（图5-4-33）。

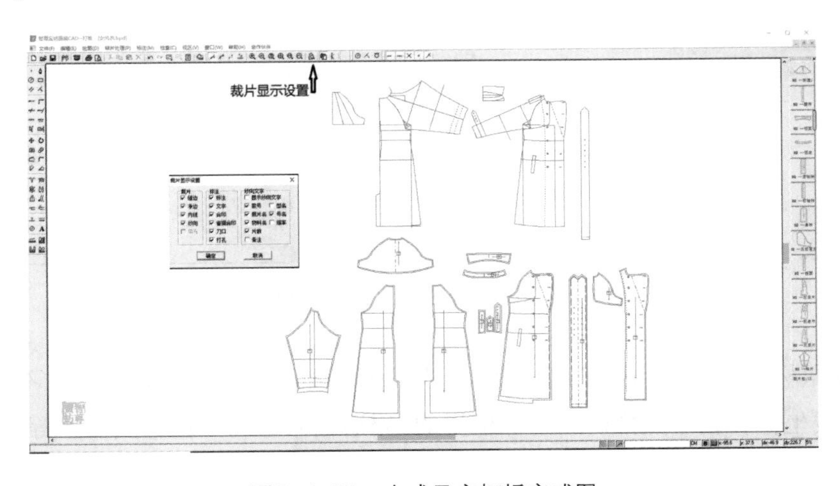

图5-4-33 女式风衣打板完成图

5.4.2 女式风衣推码

（1）打开智尊宝纺推码软件，出现Flash动画后左键单击，打开女式风衣文件所在位置，左键单击文件，单击“确定”，弹出“号型设置”对话框，检查无误后点击“确定”（图5-4-34）。

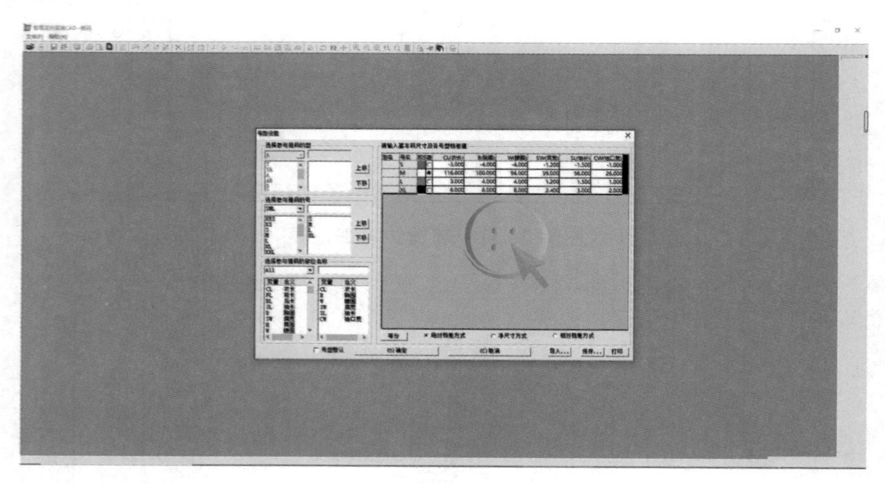

图5-4-34 设置推码号型

（2）左键单击屏幕右边裁片管理区的裁片，所选裁片会出现在工作区，左键点住工作区裁片中心圆点不放可拖动裁片，把所有裁片按顺序排列。选择点推码工具，打开“点推码”对话框（图5-4-35）。

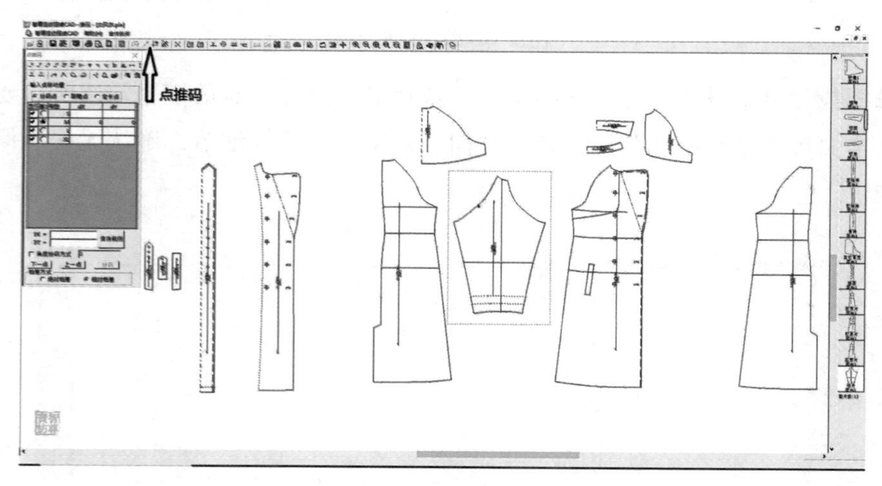

图5-4-35 放置裁片，打开点推码工具

（3）滚动鼠标，把后片和袖子部位放大，先做插肩袖部分放码。左键点住不放框选后领圈，出现放码基准线坐标，在“点推码”对话框里的L码后输入放码数据，点击“等分DX”或“等分

DY”，均等分该方向（也可逐个输入放码量，点击“放码”按钮）。插肩线条完成。选择拼合检查工具，左键单击衣身线条右键结束，再左键单击袖子后片线条右键结束，弹出“检查”对话框，检查两组线条是否需要调整，然后点击“确定”（如需调整需重新放码再检查）（图5-4-36）。

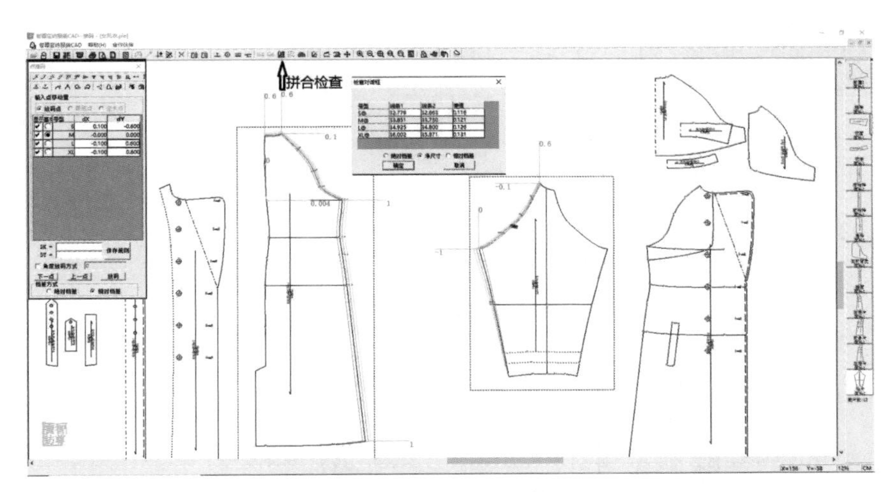

图5-4-36　插肩袖推码

（4）后片完成图（图5-4-37）。

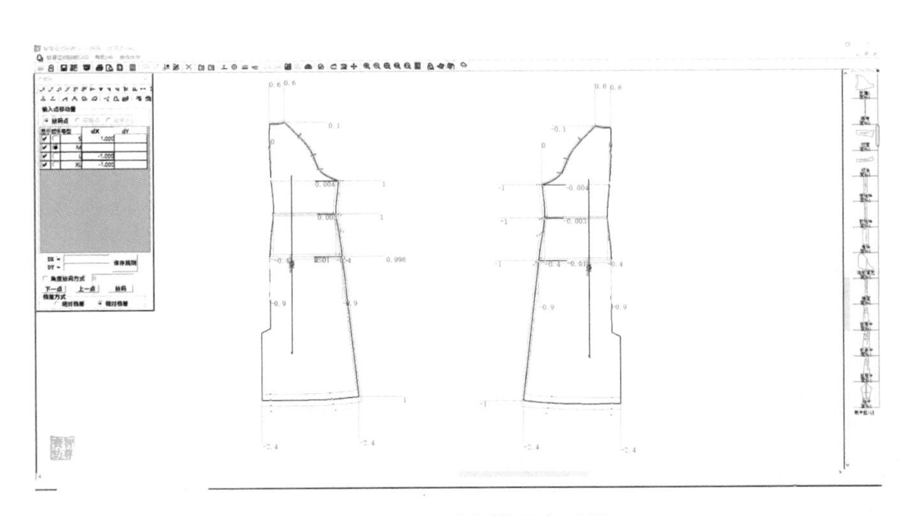

图5-4-37　后片推码完成图

（5）袖子完成图（图5-4-38）。

（6）前片、挂面完成图（因放码线太多，显示三个码，放码点数据太多，按空格键＋K键关闭）（图5-4-39）。

（7）前后育克、领子完成图（图5-4-40）。

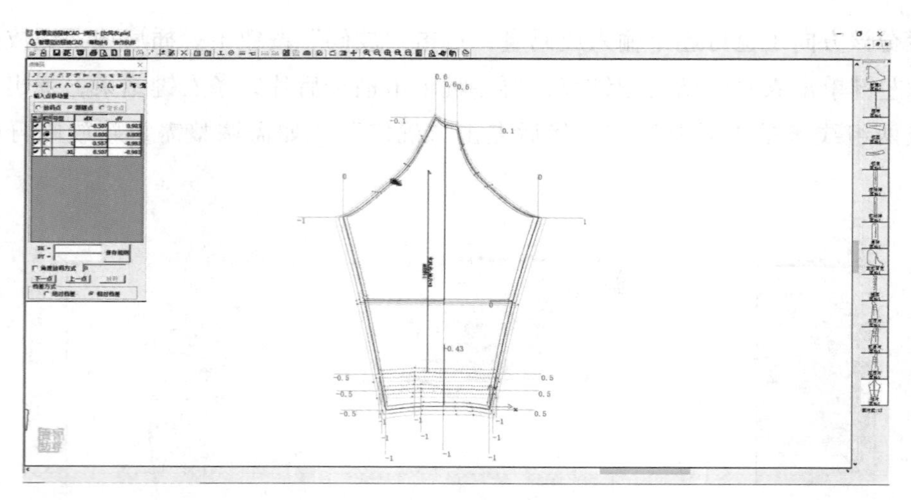

图5-4-38　袖子推码

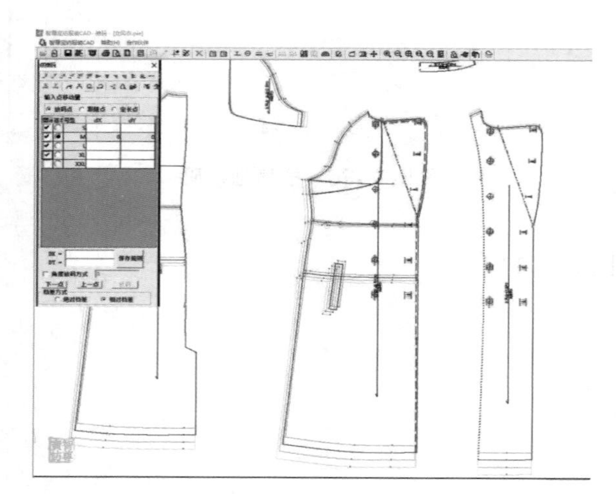

图5-4-39　前片、挂面推码完成图

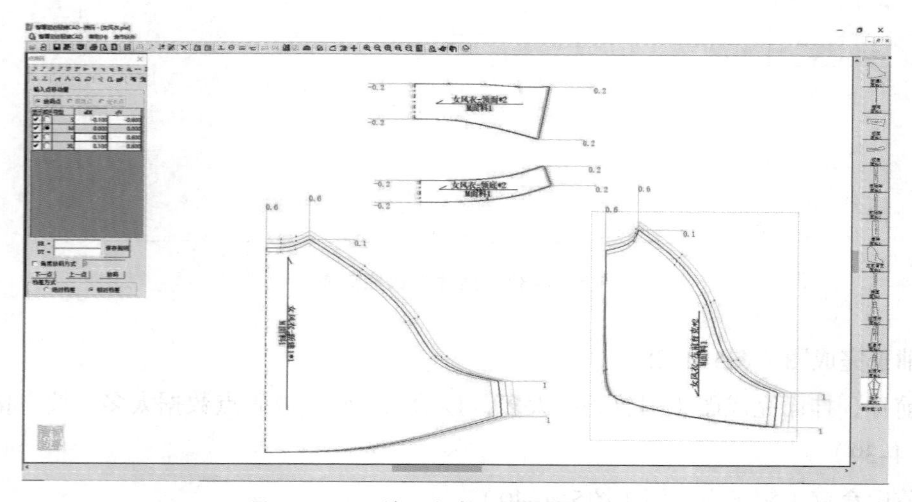

图5-4-40　前后育克、领子推码完成图

（8）放码全视图（图5-4-41）。

图5-4-41 风衣推码完成图